变频器与伺服电机、步进电机驱动技术自学一本通

蔡杏山　主编

U0217913

电子工业出版社
Publishing House of Electronics Industry
北京•BEIJING

内 容 简 介

本书介绍了变频器、伺服电机与伺服驱动器、步进电机与步进驱动器应用技术，主要内容有变频调速与变频器，变频器的操作使用与参数设置，变频器的应用电路，PLC 与变频器的综合应用，变频器的选用、安装与维护，伺服电机与伺服驱动器，伺服驱动器的硬件介绍，伺服驱动器的操作使用与参数设置，PLC 与伺服驱动器的综合应用，步进电机与步进驱动器，PLC 与步进驱动器的综合应用，变频器的电路原理与检修。

本书起点低，内容由浅入深，语言通俗易懂，结构安排符合读者的学习认知规律，适合作为变频器、伺服电机与伺服驱动器、步进电机与步进驱动器应用技术的自学用书，以及职业院校电类专业相关内容的教材。

未经许可，不得以任何方式复制或抄袭本书之部分或全部内容。
版权所有，侵权必究。

图书在版编目（CIP）数据

变频器与伺服电机、步进电机驱动技术自学一本通/蔡杏山主编. —北京：电子工业出版社，2022.6
ISBN 978-7-121-43358-0

Ⅰ.①变… Ⅱ.①蔡… Ⅲ.①变频器②伺服系统③步进电机 Ⅳ.①TN773②TP275③TM35

中国版本图书馆 CIP 数据核字（2022）第 073345 号

责任编辑：张　楠　　文字编辑：刘真平
印　　刷：北京七彩京通数码快印有限公司
装　　订：北京七彩京通数码快印有限公司
出版发行：电子工业出版社
　　　　　北京市海淀区万寿路 173 信箱　　邮编：100036
开　　本：787×1092　1/16　印张：17.5　字数：448 千字
版　　次：2022 年 6 月第 1 版
印　　次：2024 年 11 月第 6 次印刷
定　　价：79.80 元

凡所购买电子工业出版社图书有缺损问题，请向购买书店调换。若书店售缺，请与本社发行部联系，联系及邮购电话：（010）88254888，88258888。

质量投诉请发邮件至 zlts@phei.com.cn，盗版侵权举报请发邮件至 dbqq@phei.com.cn。

本书咨询联系方式：（010）88254579。

前言

　　PLC 又称可编程控制器，其外形像一只有很多接线端子和一些接口的箱子，接线端子分作输入端子、输出端子和电源端子，接口分为通信接口和扩展接口。通信接口用于连接计算机、变频器或触摸屏等设备，扩展接口用于连接一些特殊功能模块，增强 PLC 的控制功能。当用户从输入端子给 PLC 发送命令（如按下输入端子外接的开关）时，PLC 内部的程序运行，从输出端子输出控制信号，驱动外围执行部件（如接触器线圈），从而完成控制要求。PLC 输出怎样的控制信号由内部程序决定。该程序一般在计算机中用专门的编程软件编写，再下载到 PLC。

　　变频器是一种电动机驱动设备，在工作时，先将工频（50Hz 或 60Hz）交流电源转换成频率可变的交流电源再提供给电动机，只要改变输出交流电源的频率，就能改变电动机的转速。由于变频器输出电源的频率可连续变化，故电动机的转速也可连续变化，从而实现电动机的无级变速调节。

　　触摸屏是一种带触摸显示功能的数字输入/输出设备，又称人机界面（HMI）。当触摸屏与 PLC 连接起来后，在触摸屏上不但可以对 PLC 进行操作，还可以在触摸屏上实时监视 PLC 内部一些软元件的工作状态。要使用触摸屏操作和监视 PLC，须在计算机中用专门的组态软件为触摸屏制作（又称组态）相应的操作和监视画面项目，再把画面项目下载到触摸屏。

　　本书主要有以下特点。

- **基础起点低。**读者只需具有初中文化程度即可阅读本书。
- **语言通俗易懂。**书中较少使用专业化的术语，遇到较难理解的内容多用形象比喻说明，尽量避免复杂的理论分析和烦琐的公式推导，读者阅读起来会感觉十分顺畅。
- **内容解说详细。**考虑到自学时一般无人指导，因此在编写过程中对书中的知识技能进行详细解说，让读者能轻松理解所学内容。
- **采用图文并茂的表现方式。**书中大量采用读者喜欢的直观形象的图表方式表现内容，使阅读变得非常轻松，不易产生疲劳。
- **内容安排符合认知规律。**书中按照循序渐进、由浅入深的原则来确定各章节内容，读者只需从前往后阅读，便会水到渠成。
- **突出显示知识要点。**为了帮助读者掌握知识要点，书中用阴影和文字加粗的方法突出显示知识要点，指示学习重点。
- **网络免费辅导。**读者在阅读时如遇到难以理解的问题，可登录易天电学网观看有关辅导材料或向老师提问，也可在该网站了解本套丛书的新书信息。

　　本书在编写过程中得到了许多教师的支持，在此一并表示感谢。由于编者水平有限，书中的错误和疏漏在所难免，敬请广大读者和同人予以批评指正。

编　者

变频调速与变频器

1.1 三相异步电动机的两种调速方式

当三相异步电动机定子绕组通入三相交流电后，定子绕组会产生旋转磁场，旋转磁场的转速 n_0 与交流电源的频率 f 和电动机的磁极对数 p 有如下关系：

$$n_0=60f/p$$

电动机转子的旋转速度 n（即电动机的转速）略低于旋转磁场的旋转速度 n_0（又称同步转速），两者的转速差称为转差 s，电动机的转速为

$$n=(1-s)60f/p$$

由于转差 s 很小，一般为 0.01～0.05，为了计算方便，可认为电动机的转速近似为

$$n=60f/p$$

从上面的近似公式可以看出，三相异步电动机的转速 n 与交流电源的频率 f 和电动机的磁极对数 p 有关，当交流电源的频率 f 发生改变时，电动机的转速也会发生变化。**通过改变交流电源的频率来调节电动机转速的方法称为变频调速；通过改变电动机的磁极对数来调节电动机转速的方法称为变极调速。**

变极调速只适用于笼型异步电动机（不适用于绕线型转子异步电动机），它通过改变电动机定子绕组的连接方式来改变电动机的磁极对数，从而实现变极调速。适合变极调速的电动机称为多速电动机。常见的多速电动机有双速电动机、三速电动机和四速电动机等。

变极调速方式只适用于结构特殊的多速电动机，而且由一种速度转换为另一种速度时，速度变化较大，采用变频调速则可解决这些问题。如果对异步电动机进行变频调速，需要用到专门的电气设备——变频器。变频器先将工频（50Hz 或 60Hz）交流电源转换成频率可变的交流电源再提供给电动机，只要改变输出交流电源的频率就能改变电动机的转速。由于变频器输出电源的频率可连续变化，故电动机的转速也可连续变化，从而实现电动机无级变速调节。图 1-1 列出了几种常见的变频器。

图 1-1　几种常见的变频器

1.2 变频器的基本结构与原理

如前所述，变频器通过改变交流电源的频率来对电动机进行调速控制。变频器的种类很多，主要可分为两类：交-直-交型变频器和交-交型变频器。

1.2.1 交-直-交型变频器的结构与原理

交-直-交型变频器利用电路先将工频电源转换成直流电源，再将直流电源转换成频率可变的交流电源，然后提供给电动机，通过调节输出电源的频率来改变电动机的转速。交-直-交型变频器的典型结构框图如图 1-2 所示。

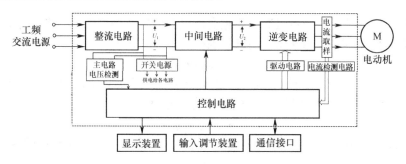

图 1-2　交-直-交型变频器的典型结构框图

下面对照图 1-2 所示框图说明交-直-交型变频器的工作原理。

三相或单相工频交流电源经整流电路转换成脉动的直流电，直流电再经中间电路进行滤波平滑，然后送到逆变电路，与此同时，控制系统会产生驱动脉冲，经驱动电路放大后送到逆变电路，在驱动脉冲的控制下，逆变电路将直流电转换成频率可变的交流电并送给电动机，驱动电动机运转。改变逆变电路输出交流电的频率，电动机转速就会发生相应的变化。

整流电路、中间电路和逆变电路构成变频器的主电路，用来完成交-直-交的转换。由于主电路工作在高电压大电流状态，为了保护主电路，变频器通常设有主电路电压检测和输出电流检测电路，当主电路电压过高或过低时，电压检测电路则将该情况反映给控制电路，当变频器输出电流过大（如电动机负荷大）时，电流取样元件或电路会产生过流信号，经电流检测电路处理后也送到控制电路。当主电路电压不正常或输出电流过大时，控制电路通过检测电路获得该情况后，会根据设定的程序做出相应的控制，如让变频器主电路停止工作，并发出相应的报警指示。

控制电路是变频器的控制中心，当它接收到输入调节装置或通信接口送来的指令信号后，会发出相应的控制信号去控制主电路，使主电路按设定的要求工作；同时，控制电路还会将有关的设置和机器状态信息送到显示装置，以显示有关信息，便于用户操作或了解变频器的工作情况。

变频器的显示装置一般采用显示屏和指示灯；输入调节装置主要包括按钮、开关和旋钮等；通信接口用来与其他设备（如可编程控制器 PLC）进行通信，接收它们发送过来的信息，同时还将变频器的有关信息反馈给这些设备。

 ### 1.2.2 交–交型变频器的结构与原理

交–交型变频器利用电路直接将工频电源转换成频率可变的交流电源并提供给电动机，通过调节输出电源的频率来改变电动机的转速。交–交型变频器的结构框图如图 1-3 所示。从图中可以看出，交–交型变频器与交–直–交型变频器的主电路不同，它采用交–交变频电路直接将工频电源转换成频率可调的交流电源，以此方式进行变频调速。

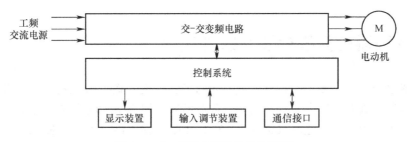

图 1-3 交-交型变频器的结构框图

交–交变频电路一般只能将输入交流电频率降低输出，而工频电源频率本来就低，所以交–交型变频器的调速范围很窄。另外，这种变频器要采用大量的晶闸管等电力电子器件，导致装置体积大、成本高，故交–交型变频器的应用远没有交–直–交型变频器广泛。因此，本书主要介绍交–直–交型变频器。

第2章

变频器的操作使用与参数设置

2.1 变频器的面板拆装与组件说明

变频器生产厂家很多，主要有三菱、西门子、富士、施耐德、ABB、安川和台达等。虽然变频器种类繁多，但由于基本功能一致，所以使用方法大同小异。三菱 FR-700 系列变频器在我国应用非常广泛，包括 FR-A700、FR-L700、FR-F700、FR-E700 和 FR-D700 等系列。本章以功能强大的通用型 FR-A740 型变频器为例来介绍变频器的使用。三菱 FR-700 系列变频器的型号含义如图 2-1 所示（以 FR-A740 型为例）。

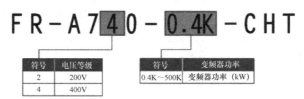

符号	电压等级
2	200V
4	400V

符号	变频器功率
0.4K～500K	变频器功率（kW）

图 2-1　三菱 FR-700 系列变频器的型号含义（以 FR-A740 型为例）

 ### 2.1.1 外形

三菱 FR-A740 型变频器的外形如图 2-2 所示，面板上的 "A700" 表示该变频器属于 A700 系列，在变频器左下方有一个标签标注 "FR-A740-3.7K-CHT" 为具体型号，变频器功率越大，一般体积越大。

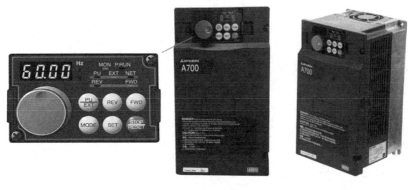

图 2-2　三菱 FR-A740 型变频器的外形

2.1.2　面板的拆卸与安装

1．操作面板的拆卸

三菱 FR-A740 型变频器操作面板的拆卸如图 2-3 所示，首先拧松操作面板的固定螺钉，然后按住操作面板两侧的卡扣，将其从机体上拉出来。

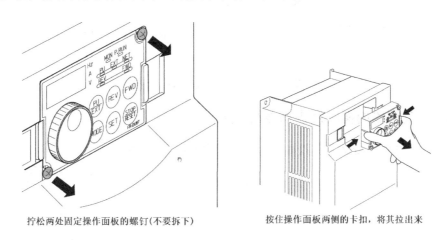

拧松两处固定操作面板的螺钉(不要拆下)　　　按住操作面板两侧的卡扣，将其拉出来

图 2-3　三菱 FR-A740 型变频器操作面板的拆卸

2．前盖板的拆卸与安装

三菱 FR-A740 型变频器前盖板的拆卸与安装如图 2-4 所示。不同功率的变频器，其外形会有所不同，图中以功率在 22K 以下的 A740 型变频器为例，功率在 22K 以上的变频器，其前盖板的拆卸与安装与此大同小异。

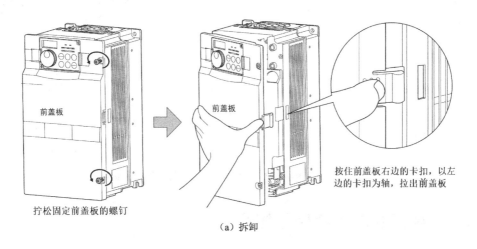

前盖板　　　　　前盖板

拧松固定前盖板的螺钉　　　　按住前盖板右边的卡扣，以左边的卡扣为轴，拉出前盖板

（a）拆卸

图 2-4　三菱 FR-A740 型变频器前盖板的拆卸与安装

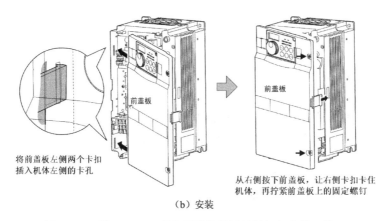

将前盖板左侧两个卡扣
插入机体左侧的卡孔

从右侧按下前盖板，让右侧卡扣卡住
机体，再拧紧前盖板上的固定螺钉

（b）安装

图 2-4　三菱 FR-A740 型变频器前盖板的拆卸与安装（续）

2.1.3　变频器的面板及内部组件说明

三菱 FR-A740 型变频器的面板及内部组件说明如图 2-5 所示。

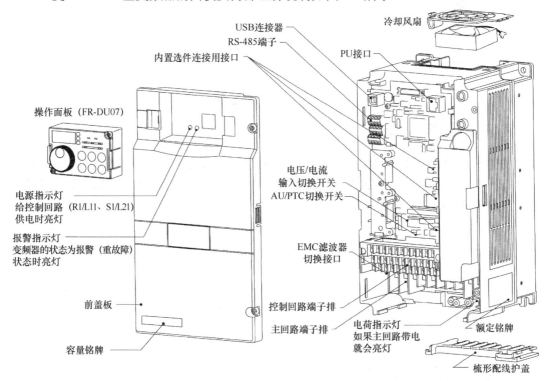

图 2-5　三菱 FR-A740 型变频器的面板及内部组件说明

2.2　变频器的端子功能与接线

2.2.1　总接线图

三菱 FR-A740 型变频器的端子可分为主回路端子、输入端子、输出端子和通信接口，其总接线图如图 2-6 所示。

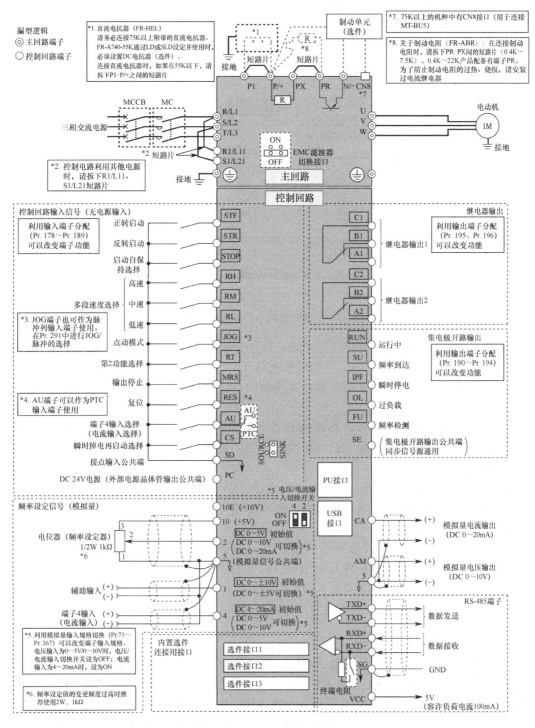

图 2-6　三菱 FR-A740 型变频器的总接线图

2.2.2 主回路端子接线及说明

1. 主回路结构与外部接线原理图

主回路结构与外部接线原理图如图2-7所示。主回路外部端子说明如下。

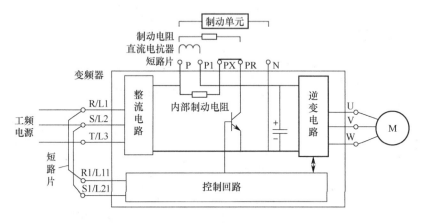

图 2-7 主回路结构与外部接线原理图

R/L1、S/L2、T/L3 端子外接工频电源,内接变频器整流电路。

U、V、W 端子外接电动机,内接逆变电路。

P、P1 端子外接短路片(或提高功率因数的直流电抗器),将整流电路与逆变电路连接起来。

PX、PR 端子外接短路片,将内部制动电阻和制动控制器件连接起来。如果内部制动电阻制动效果不理想,可将 PX、PR 端子之间的短路片取下,再在 P、PR 端子之间外接制动电阻。

P、N 端子分别为内部直流电压的正、负端,对于大功率变频器,如果要增强减速时的制动能力,可将 PX、PR 端子之间的短路片取下,再在 P、N 端子之间外接专用制动单元(即外部制动电路)。

R1/L11、S1/L21 端子内接控制回路,外部通过短路片与 R/L1、S/L2 端子连接,R/L1、S/L2 端子的电源通过短路片由 R1/L11、S1/L21 端子提供给控制回路作为电源。如果希望 R/L1、S/L2、T/L3 端子无工频电源输入时控制回路也能工作,可以取下 R/L1、R1/L11 和 S/L2、S1/L21 之间的短路片,将两相工频电源直接接到 R1/L11、S1/L21 端子。

2. 主回路端子的实际接线

主回路端子的实际接线(以 FR-A740-0.4K~3.7K-CHT 型变频器为例)如图 2-8 所示。端子排上的 R/L1、S/L2、T/L3 端子与三相工频电源连接,若与单相工频电源连接,必须接 R/L1、S/L2 端子;U、V、W 端子与电动机连接;P1、P/+端子,PR、PX 端子,R/L1、R1/L11 端子和 S/L2、S1/L21 端子用短路片连接;接地端子与接地线用螺钉连接固定。

3. 主回路端子功能说明

三菱 FR-A740 型变频器主回路端子功能说明如表 2-1 所示。

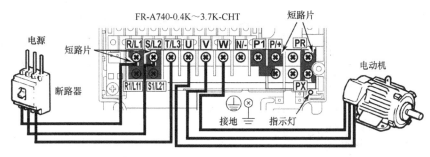

图 2-8　主回路端子的实际接线

表 2-1　三菱 FR-A740 型变频器主回路端子功能说明

端子符号	名　称	说　明
R/L1、S/L2、T/L3	交流电源输入	连接工频电源。 当使用高功率因数变流器（FR-HC、MT-HC）及共直流母线变流器（FR-CV）时不要连接任何东西
U、V、W	变频器输出	接三相鼠笼电动机
R1/L11、S1/L21	控制回路用电源	与交流电源端子 R/L1、S/L2 相连。在保持异常显示或异常输出，以及使用高功率因数变流器（FR-HC、MT-HC）、共直流母线变流器（FR-CV）等时，请拆下端子 R/L1-R1/L11、S/L2-S1/L21 间的短路片，从外部对该端子输入电源。在主回路电源（R/L1、S/L2、T/L3）设为 ON 的状态下请勿将控制回路用电源（R1/L11、S1/L21）设为 OFF，否则可能造成变频器损坏。在控制回路用电源（R1/L11、S1/L21）为 OFF 的情况下，请在回路设计上保证主回路电源（R/L1、S/L2、T/L3）同时也为 OFF 表格： 变频器容量 | 15K 以下 | 18.5K 以上 电源容量 | 60V·A | 80V·A
P/+、PR	制动电阻连接（22K 以下）	拆下端子 PR-PX 间的短路片（7.5K 以下），在端子 P/+-PR 间连接作为任选件的制动电阻（FR-ABR）。 22K 以下的产品通过连接制动电阻，可以得到更大的再生制动力
P/+、N/–	连接制动单元	连接制动单元（FR-BU2、FR-BU、BU、MT-BU5）、共直流母线变流器（FR-CV）、电源再生转换器（MT-RC）及高功率因数变流器（FR-HC、MT-HC）
P/+、P1	连接改善功率因数直流电抗器	对于 55K 以下的产品，请拆下端子 P/+-P1 间的短路片，连接上 DC 电抗器（75K 以上的产品已配备 DC 电抗器，必须连接。FR-A740-55K 通过 LD 或 SLD 设定并使用时，必须设置 DC 电抗器（选件））
PR、PX	内置制动器回路连接	在端子 PX-PR 间连接有短路片（初始状态）的状态下，内置的制动器回路有效（7.5K 以下的产品已配备）
⏚	接地	变频器外壳接地用。必须接大地

 2.2.3　输入、输出端子功能说明

1. 控制逻辑的设置

（1）设置操作方法

　　三菱 **FR-A740** 型变频器有漏型和源型两种控制逻辑，出厂时设置为漏型逻辑。若要将变频器的控制逻辑改为源型逻辑，可按图 2-9 进行操作，先将变频器前盖板拆下，然后松开控制回路端子排螺钉，取下端子排，在控制回路端子排的背面，将 SINK（漏型）跳线上的短路片取下，安装到旁边的 SOURCE（源型）跳线上，这样就将变频器的控制逻辑由漏型控制转设成源型控制。

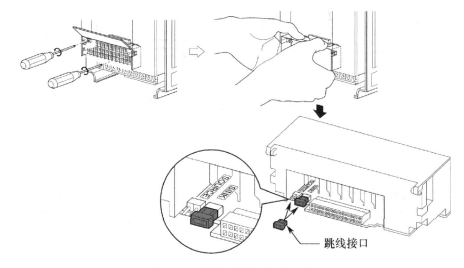

图 2-9   变频器控制逻辑的设置

（2）漏型控制逻辑

变频器工作在漏型控制逻辑时有以下特点。

① 输出信号从输出端子流入，输入信号由输入端子流出。

② SD 端子是输入端子的公共端，SE 端子是输出端子的公共端。

③ PC、SD 端子内接 24V 电源，PC 接电源正极，SD 接电源负极。

图 2-10 所示是变频器工作在漏型控制逻辑时的接线图及信号流向。正转按钮接在 STF 端子与 SD 端子之间，当按下正转按钮时，变频器内部电源产生电流从 STF 端子流出，电流途径为 24V 正极→二极管→电阻 R→光电耦合器的发光管→二极管→STF 端子→正转按钮→SD 端子→24V 负极，光电耦合器的发光管有电流流过而发光，光电耦合器的光敏管（图中未画出）受光导通，从而为变频器内部电路送入一个输入信号。当变频器需要从输出端子（图中为 RUN 端子）输出信号时，内部电路会控制三极管导通，有电流流入输出端子，电流途径为 24V 正极→功能扩展模块→输出端子（RUN 端子）→二极管→三极管→二极管→SE 端子→24V 负极。图中虚线连接的二极管在漏型控制逻辑下不会导通。

（3）源型控制逻辑

变频器工作在源型控制逻辑时有以下特点。

① 输入信号从输入端子流入，输出信号由输出端子流出。

② PC 端子是输入端子的公共端，SE 端子是输出端子的公共端。

③ PC、SD 端子内接 24V 电源，PC 接电源正极，SD 接电源负极。

图 2-11 所示是变频器工作在源型控制逻辑时的接线图及信号流向。图中的正转按钮需接在 STF 端子与 PC 端子之间，当按下正转按钮时，变频器内部电源产生电流从 PC 端子流出，经正转按钮从 STF 端子流入，回到内部电源的负极，该电流的途径如图所示。

在变频器输出端子外接电路时，须以 SE 端子作为输出端子的公共端，当变频器输出信号时，内部三极管导通，有电流从 SE 端子流入，经内部有关的二极管和三极管后从输出端子（图中为 RUN 端子）流出，电流的途径如图中箭头所示，图中虚线连接的二极管在源型控制逻辑下不会导通。

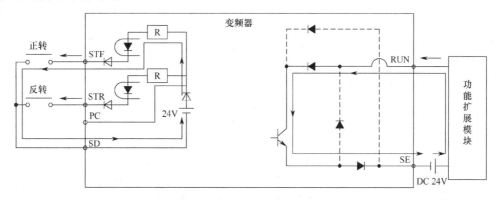

图 2-10　变频器工作在漏型控制逻辑时的接线图及信号流向

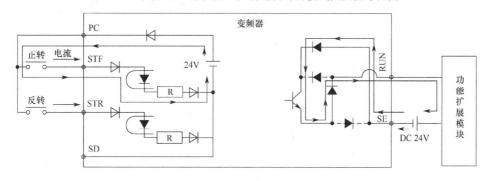

图 2-11　变频器工作在源型控制逻辑时的接线图及信号流向

2．输入端子功能说明

变频器的输入信号有开关信号和模拟信号两种，开关信号又称接点（触点）信号，用于给变频器输入 **ON/OFF** 信号；模拟信号是指连续变化的电压或电流信号，用于设置变频器的频率。三菱 FR-A740 型变频器输入端子功能说明如表 2-2 所示。

表 2-2　三菱 FR-A740 型变频器输入端子功能说明

种类	端子记号	端子名称	端子功能说明		额定规格
接点输入	STF	正转启动	STF 信号为 ON 时正转，OFF 时停止	STF、STR 信号同时为 ON 时变成停止指令	输入电阻 4.7kΩ；开路时电压 DC 21～27V；短路时电流 DC 4～6mA
	STR	反转启动	STR 信号为 ON 为逆转，OFF 时停止		
	STOP	启动自保持选择	使 STOP 信号为 ON，可以选择启动信号自保持		
	RH、RM、RL	多段速选择	用 RH、RM 和 RL 信号的组合可以选择多段速度		
	JOG	点动模式选择	JOG 信号为 ON 时选择点动运行（初始设定），用启动信号 STF 或 STR 时可以点动运行		

（续表）

种类	端子记号	端子名称	端子功能说明	额定规格
接点输入	JOG	脉冲列输入	JOG 端子也可作为脉冲列输入端子使用。 作为脉冲输入端子使用时，有必要对 Pr.291 进行变更 （最大输入脉冲数：100k 脉冲/s）	输入电阻 2kΩ； 短路时电流 DC 8～13mA
	RT	第 2 功能选择	RT 信号为 ON 时，第 2 功能被选择。 设定了[第 2 转矩提升][第 2V/F（基准频率）]时，也可以用 RT 信号为 ON 来确定选择这些功能	
	MRS	输出停止	MRS 信号为 ON（20ms 以上）时，变频器输出停止。用电磁制动停止电动机时用于断开变频器的输出	
	RES	复位	在保护电路动作时的报警输出复位时使用。 使端子 RES 信号为 ON（0.1s 以上），然后断开。 工厂出厂时，通常设置为复位。根据 Pr.75 的设定，仅在变频器报警发生时可能复位。复位解除后约 1s 恢复	输入电阻 4.7kΩ； 开路时电压 DC 21～27V； 短路时电流 DC 4～6mA
	AU	端子 4 输入选择	只有把 AU 信号置为 ON 时端子 4 才能使用（频率设定信号在 DC 4～20mA 之间可以操作）。 AU 信号置为 ON 时端子 2（电压输入）的功能将无效	
		PTC 输入	AU 端子也可以作为 PTC 输入端子使用（电动机的热继电器保护）。用作 PTC 输入端子时要把 AU/PTC 切换开关切换到 PTC 侧	
	CS	瞬时掉电再启动选择	CS 信号预先置为 ON，瞬时停电再恢复时变频器便可自动启动。但用这种运行必须设定有关参数，因为出厂设定为不能再启动	
	SD	接点输入公共端（漏型）（初始设定）	接点输入端子（漏型逻辑）和端子 FM 的公共端	—
		外部晶体管公共端（源型）	在源型逻辑时连接可编程控制器等的晶体管输出（开放式集电极输出），将晶体管输出用的外部电源公共端连接到该端子上，可防止因漏电而造成的误动作	
		DC 24V 电源公共端	DC 24V、0.1A 电源（端子 PC）的公共输出端。 端子 5 和端子 SE 绝缘	
	PC	外部电源晶体管输出公共端（漏型）（初始设定）	在漏型逻辑时连接可编程控制器等的晶体管输出（开放式集电极输出），将晶体管输出用的外部电源公共端连接到该端子上，可防止因漏电而造成的误动作	电源电压范围 DC 19.2～28.8V； 容许负载电流 100mA
		接点输入公共端（源型）	接点输入端子（源型逻辑）的公共端	
		DC 24V 电源	可以作为 DC 24V、0.1A 的电源使用	
频率设定	10E	频率设定用电源	按出厂状态连接频率设定电位器时，与端子 10 连接。 当连接到端子 10E 时，请改变端子 2 的输入规格	DC 10±0.4V； 容许负载电流 10mA
	10			DC 5.2±0.2V； 容许负载电流 10mA

（续表）

种类	端子记号	端子名称	端子功能说明	额定规格
频率设定	2	频率设定（电压）	输入 DC 0～5V（或者 0～10V、4～20mA），输入 5V 时对应输出最高频率（10V、20mA），输出、输入成正比。DC 0～5V（出厂值）与 DC 0～10V、0～20mA 的输入切换用 Pr.73 进行控制。电流输入为 0～20mA 时，电流/电压输入切换开关设为 ON[1]	电压输入情况下，输入电阻为 10±1kΩ，最大许可电压为 DC 20V。电流输入情况下，输入电阻为 245±5Ω，最大许可电流为 30mA
	4	频率设定（电流）	输入 DC 4～20mA（或 0～5V，0～10V），输入 20mA 时对应输出最高频率，输出、输入成正比。只有 AU 信号置为 ON 时此输入信号才会有效（端子 2 的输入将无效）。4～20mA（出厂值）、DC 0～5V、DC 0～10V 的输入切换用 Pr.267 进行控制。电压输入为 0～5V/0～10V 时，电流/电压输入切换开关为 OFF。端子功能的切换通过 Pr.858 进行设定[1]	
	1	辅助频率设定	输入 DC 0～±5V 或 DC 0～±10V 时，端子 2 或 4 的频率设定信号与这个信号相加，用参数单元 Pr.73 进行输入 DC 0～±5V 和 DC 0～±10V（初始设定）的切换。端子功能的切换通过 Pr.868 进行设定	输入电阻为 10±1kΩ，最大许可电压为 DC ±20V
	5	频率设定公共端	频率设定信号（端子 2、1 或 4）和模拟输出端子 CA、AM 公共端子，请不要接大地	—

注：[1] 请正确设置 Pr.73、Pr.267 和电压/电流输入切换开关后，输入符合设置的模拟信号。

打开电压/电流输入切换开关输入电压（电流输入规格）时和关闭开关输入电流（电压输入规格）时，换流器和外围机器的模拟回路会发生故障。

3. 输出端子功能说明

变频器的输出信号有接点信号、晶体管集电极开路输出信号和模拟量信号几种。接点信号是由输出端子内部的继电器触点通、断产生的；晶体管集电极开路输出信号是由输出端子内部的晶体管导通、截止产生的；模拟量信号是输出端子输出的连续变化的电压或电流。三菱 FR-A740 型变频器输出端子功能说明如表 2-3 所示。

表 2-3 三菱 FR-A740 型变频器输出端子功能说明

种类	端子记号	端子名称	端子功能说明	额定规格
接点	A1、B1、C1	继电器输出 1（异常输出）	指示变频器因保护功能动作时输出停止的 1c 转换接点。故障时：B-C 间不导通（A-C 间导通）；正常时：B-C 间导通（A-C 间不导通）	接点容量 AC 230V、0.3A，DC 30V、0.3A
	A2、B2、C2	继电器输出 2	1 个继电器输出（常开/常闭）	

（续表）

种类	端子记号	端子名称	端子功能说明		额定规格
集电极开路	RUN	变频器正在运行	变频器输出频率为启动频率（初始值 0.5Hz）以上时为低电平，正在停止或正在直流制动时为高电平[1]		容许负载为 DC 24V（最大 DC 27V），0.1A（打开时最大电压下降 2.8V）
	SU	频率到达	输出频率达到设定频率的±10%（初始值）时为低电平，正在加/减速或停止时为高电平[1]	报警代码（4 位）输出	
	OL	过负载报警	当失速保护功能动作时为低电平，失速保护解除时为高电平[1]		
	IPF	瞬时停电	瞬时停电，电压不足保护动作时为低电平[1]		
	FU	频率检测	输出频率为任意设定的检测频率以上时为低电平，未达到时为高电平[1]		
	SE	集电极开路输出公共端	端子 RUN、SU、OL、IPF、FU 的公共端		—
模拟	CA	模拟电流输出	可以从输出频率等多种监视项目中选择一种作为输出[2] 输出信号与监视项目的大小成比例	输出项目：输出频率（初始值设定）	容许负载阻抗 200～450Ω；输出信号 DC 0～20mA
	AM	模拟电压输出			输出信号 DC 0～10V；许可负载电流 1mA（负载阻抗 10kΩ 以上）；分辨率 8 位

注：[1] 低电平表示集电极开路输出用的晶体管为 ON（导通状态），高电平为 OFF（不导通状态）。

[2] 变频器复位中不被输出。

2.2.4 通信接口

三菱 FR-A740 型变频器通信接口有 RS-485 接口和 USB 接口两种类型。变频器使用这两种接口与其他设备进行通信连接。

1. 通信接口功能说明

三菱 FR-A740 型变频器通信接口功能说明如表 2-4 所示。

表 2-4 三菱 FR-A740 型变频器通信接口功能说明

种类	端子记号		端子名称	端子功能说明
RS-485	—		PU 接口	通过 PU 接口，进行 RS-485 通信（仅 1 对 1 连接）。 • 遵守标准：EIA-485（RS-485） • 通信方式：多站点通信 • 通信速率：4800～38400bps • 最长距离：500m
	RS-485 端子排	TXD+	变频器发送端子	通过 RS-485 端子，进行 RS-485 通信。 • 遵守标准：EIA-485（RS-485） • 通信方式：多站点通信 • 通信速率：300～38400bps • 最长距离：500m
		TXD−		
		RXD+	变频器接收端子	
		RXD−		
		SG	接地	

（续表）

种 类	端 子 记 号	端子名称	端子功能说明
USB	—	USB 接口	与个人计算机通过 USB 连接后，可以实现 FR-Configurator 的操作。 ● 接口：支持 USB1.1 ● 传输速度：12Mbps ● 连接器：USB B 连接器（B 插口）

2. PU 接口

PU 接口属于 RS-485 类型的接口，操作面板安装在变频器上时，两者是通过 PU 接口连接通信的。有时为了操作方便，可将操作面板从变频器上取下，再用专用延长电缆将两者的 PU 接口连接起来，这样可用操作面板远程操作变频器，如图 2-12 所示。

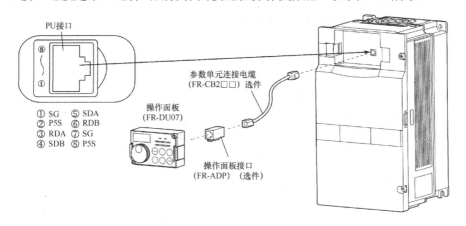

图 2-12　用专用延长电缆通过 PU 接口连接操作面板和变频器

PU 接口外形与计算机网卡 RJ-45 接口相同，但接口的引脚功能定义与网卡 RJ-45 接口不同，PU 接口外形与各引脚定义如图 2-12 所示。如果不连接操作面板，变频器可使用 PU 接口与其他设备（如计算机、PLC 等）进行 RS-485 通信，具体连接方法可参见图 2-14 所示的 RS-485 接口连接，连接线可自己制作。

3. RS-485 端子排

三菱 FR-A740 变频器有两组 RS-485 接口，可通过 RS-485 端子排与其他设备连接通信。

（1）外形

RS-485 端子排的外形如图 2-13 所示。

（2）与其他设备 RS-485 接口的连接

变频器可通过 RS-485 接口与其他设备连接通信。图 2-14（a）所示是 PLC 与一台变频器的 RS-485 接口连接，在接线时，要将一台设备的发送端+、发送端−分别与另一台设备的接收端+、接收端−连接。图 2-14（b）所示是一台 PLC 连接控制多台变频器的 RS-485 接口连接，在接线时，将所有变频器的相同端连接起来，而变频器与 PLC 之间则要将发送端+、发送端−分别与对方的接收端+、接收端−连接。

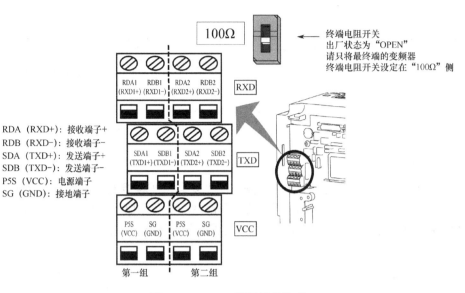

图 2-13　RS-485 端子排的外形

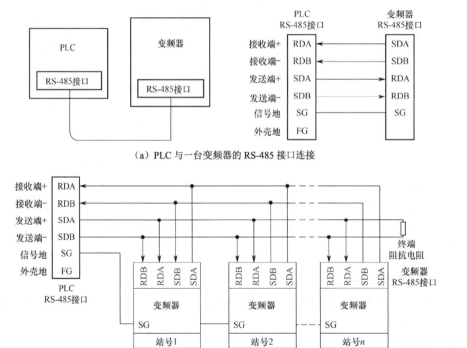

（a）PLC 与一台变频器的 RS-485 接口连接

（b）一台 PLC 连接控制多台变频器的 RS-485 接口连接

图 2-14　变频器与其他设备的 RS-485 接口连接

4. USB 接口

　　三菱 FR-A740 变频器有一个 USB 接口，如图 2-15 所示，用 USB 电缆将变频器与计算机连接起来，在计算机中可以使用 FR-Configurator 软件对变频器进行参数设定或监视等。

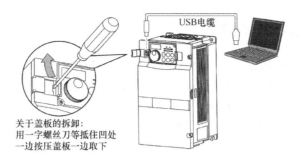

图 2-15　变频器的 USB 接口

2.3　变频器操作面板的使用

2.3.1　操作面板说明

三菱 FR-A740 变频器安装有操作面板（FR-DU07），用户可以使用操作面板操作、监视变频器，还可以设置变频器的参数。FR-DU07 型操作面板的外形及各组成部分说明如图 2-16 所示。

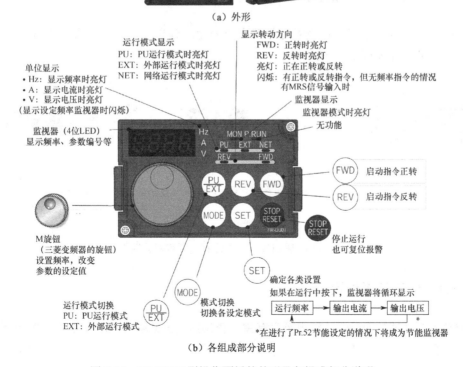

图 2-16　FR-DU07 型操作面板的外形及各组成部分说明

2.3.2 运行模式切换的操作

变频器有 EXT（外部）、PU 和 JOG（点动）三种运行模式。当变频器处于 EXT（外部）运行模式时，可通过操作变频器输入端子外接的开关和电位器来控制电动机运行和调速；当处于 PU 运行模式时，可通过操作面板上的按键和旋钮来控制电动机运行和调速；当处于 JOG（点动）运行模式时，可通过操作面板上的按键来控制电动机点动运行。在操作面板上进行运行模式切换的操作如图 2-17 所示。

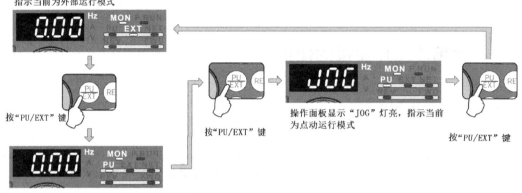

图 2-17　在操作面板上进行运行模式切换的操作

2.3.3 输出频率、电流和电压监视的操作

在操作面板的显示器上可查看变频器当前的输出频率、电流和电压。输出频率、电流和电压监视的操作如图 2-18 所示。

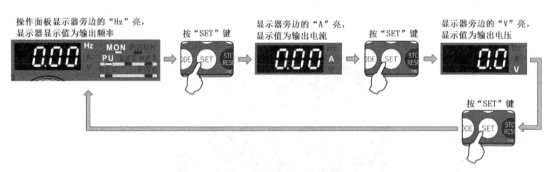

图 2-18　输出频率、电流和电压监视的操作

2.3.4 输出频率设置的操作

电动机的转速与变频器的输出频率有关，变频器输出频率设置的操作如图 2-19 所示。

图 2-19　变频器输出频率设置的操作

 2.3.5　参数设置的操作

变频器有大量的参数，这些参数就像各种各样的功能指令，变频器是按参数的设置值来工作的。由于参数很多，为了区分各个参数，每个参数都有一个参数号，用户可根据需要设置参数的参数值。比如，参数 Pr.1 用于设置变频器输出频率的上限值，参数值可在 0~120（Hz）范围内设置，变频器工作时输出频率不会超出这个频率值。变频器参数设置的操作如图 2-20 所示。

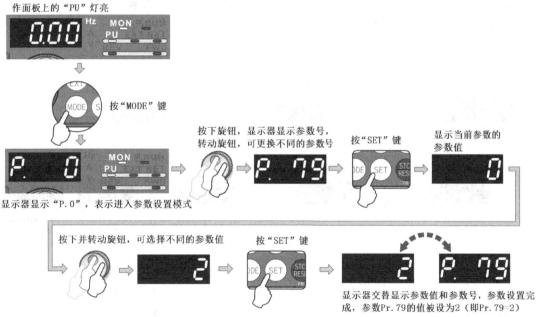

图 2-20　变频器参数设置的操作

 2.3.6　参数清除的操作

如果要清除变频器参数的设置值，可用操作面板将 Pr.CL（或 ALCC）的值设为 1，就可以将所有参数的参数值都恢复到初始值。变频器参数清除的操作如图 2-21 所示。如果参数 Pr.77 的值先前已被设为 1，则无法执行参数清除操作。

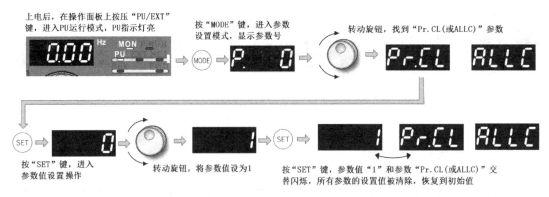

图 2-21 变频器参数清除的操作

2.3.7 变频器之间参数复制的操作

参数的复制是指将一台变频器的参数设置值复制给其他同系列（如 A700 系列）的变频器。在进行参数复制时，先将源变频器的参数值读入操作面板，然后取下操作面板安装到目标变频器，再将操作面板中的参数值写入目标变频器。变频器之间参数复制的操作如图 2-22 所示。

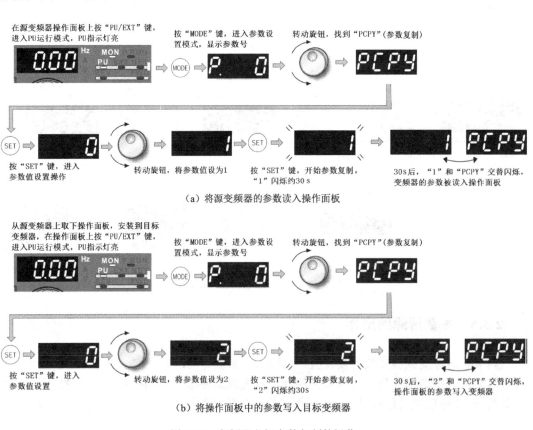

图 2-22 变频器之间参数复制的操作

2.3.8　面板锁定的操作

在变频器运行时，为避免误操作面板上的按键和旋钮引起意外，可对面板进行锁定（将参数 Pr.161 的值设为 10），面板锁定后，按键和旋钮操作无效。变频器面板锁定的操作如图 2-23 所示，按住"MODE"键持续 2s 可取消面板锁定。在面板锁定时，"STOP/RESET"键的停止和复位控制功能仍有效。

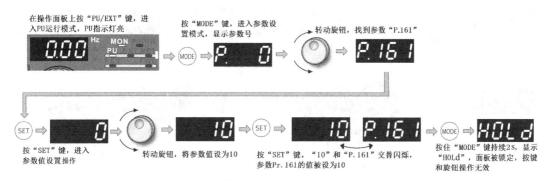

图 2-23　变频器面板锁定的操作

2.4　变频器的运行操作

变频器运行操作有面板操作（又称 PU 操作）、外部操作和组合操作三种方式。面板操作通过操作面板上的按键和旋钮来控制变频器运行；外部操作通过操作变频器输入端子外接的开关和电位器来控制变频器运行；组合操作则将面板操作和外部操作组合起来，比如使用面板上的按键控制变频器正反转，使用外部端子连接的电位器来对变频器进行调速。

2.4.1　面板操作（PU 操作）

1. 面板操作变频器驱动电动机以固定转速正反转

图 2-24 所示是变频器驱动电动机的线路图。

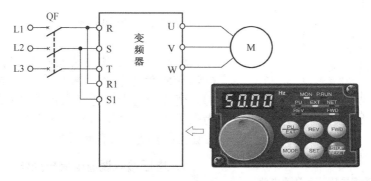

图 2-24　变频器驱动电动机的线路图

　　面板（FR-DU07）操作变频器驱动电动机以固定转速正反转的操作过程如图 2-25 所示。图中将变频器的输出频率设为 30Hz，按"FWD"（正转）键时，电动机以 30Hz 的频率正转；按"REV"（反转）键时，电动机以 30Hz 的频率反转；按"STOP/RESET"键时，电动机停转。如果要更改变频器的输出频率，可重新用旋钮和"SET"键设置新的频率，然后变频器输出新的频率。

图 2-25　面板操作变频器驱动电动机以固定转速正反转的操作过程

2．用面板旋钮（电位器）直接调速

　　用面板旋钮（电位器）直接调速可以很方便地改变变频器的输出频率。在使用这种方式调速时，需要将参数 Pr.161 的值设为 1（M 旋钮旋转调节模式）。在该模式下，当变频器运行或停止时，均可用旋钮（电位器）设定输出频率。

　　用面板旋钮（电位器）直接调速的操作过程如下。

　　① 变频器上电后，按面板上的"PU/EXT"键，切换到 PU 运行模式。

　　② 在面板上操作，将参数 Pr.161 的值设为 1（M 旋钮旋转调节模式）。

　　③ 按"FWD"键或"REV"键，启动变频器正转或反转。

　　④ 转动旋钮（电位器）将变频器输出频率调到需要的频率值，待该频率值闪烁 5s 后，变频器即输出该频率的电源驱动电动机运转。如果设定的频率值闪烁 5s 后变为 0，一般是因为 Pr.161 的值不为 1。

图 2-26　变频器电压输入调速电路

 2.4.2　外部操作

　　外部操作是通过给变频器的输入端子输入 ON/OFF 信号和模拟量信号来控制变频器运行的。变频器用于调速（设定频率）的模拟量可分为电压信号和电流信号。在进行外部操作时，需要让变频器进入外部运行模式。

1．电压输入调速电路与操作

　　图 2-26 所示是变频器电压输入调速电路，当

SA1 开关闭合时，STF 端子输入为 ON，变频器输出正转电源；当 SA2 开关闭合时，STR 端子输入为 ON，变频器输出反转电源；调节调速电位器 RP，端子 2 的输入电压发生变化，变频器输出电源频率也会发生变化，电动机转速随之变化，电压越高，频率越高，电动机转速就越快。变频器电压输入调速的操作过程如表 2-5 所示。

表 2-5 变频器电压输入调速的操作过程

序号	操 作 说 明	操 作 图
1	将电源开关闭合，给变频器通电，面板上的"EXT"灯亮，变频器处于外部运行模式。如果"EXT"灯未亮，可按"PU/EXT"键，使频器进入外部运行模式	
2	将正转开关闭合，面板上的"FWD"灯亮，变频器输出正转电源	
3	顺时针转动旋钮（电位器）时，变频器输出频率上升，电动机转速变快	
4	逆时针转动旋钮（电位器）时，变频器输出频率下降，电动机转速变慢，输出频率调到 0 时，"FWD"（正转）指示灯闪烁	
5	将正转和反转开关都断开，变频器停止输出电源，电动机停转	

2．电流输入调速电路与操作

图 2-27 所示是变频器电流输入调速电路，当 SA1 开关闭合时，STF 端子输入为 ON，变频器输出正转电源；当 SA2 开关闭合时，STR 端子输入为 ON，变频器输出反转电源；端子 4 为电流输入调速端，当电流从 4mA 变化到 20mA 时，变频器输出电源频率由 0 变化到 50Hz，AU 端子为端子 4 的功能选择端，AU 输入为 ON 时，端子 4 用于 4～20mA 电流输入调速，此时端子 2 的电压输入调速功能无效。变频器电流输入调速的操作过程如表 2-6 所示。

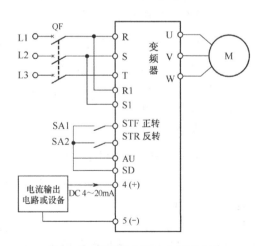

图 2-27 变频器电流输入调速电路

表 2-6　变频器电流输入调速的操作过程

序号	操作说明	操作图
1	将电源开关闭合，给变频器通电，面板上的"EXT"灯亮，变频器处于外部运行模式。如果"EXT"灯未亮，可按"PU/EXT"键，使变频器进入外部运行模式。如果无法进入外部运行模式，应将参数 Pr.79 设为 2（外部运行模式）	ON ⇒ 0.00 Hz
2	将正转开关闭合，面板上的"FWD"灯亮，变频器输出正转电源	正转 反转 ON ⇒ 0.00 Hz
3	让输入变频器端子 4 的电流增大，变频器输出频率上升，电动机转速变快，输入电流为 20mA 时，输出频率为 50Hz	4mA→20mA ⇒ 50.00 Hz
4	让输入变频器端子 4 的电流减小，变频器输出频率下降，电动机转速变慢，输入电流为 4mA 时，输出频率为 0Hz，电动机停转，"FWD"灯闪烁	4mA→20mA ⇒ 50.00 Hz 闪烁
5	将正转和反转开关都断开，变频器停止输出电源，电动机停转	正转 反转 OFF ⇒ 0.00 Hz

2.4.3　组合操作

组合操作又称外部/PU 操作，将外部操作和面板操作组合起来使用。这种操作方式使用灵活，既可以用面板上的按键控制正反转，用外部端子输入电压或电流来调速，也可以用外部端子连接的开关控制正反转，用面板上的旋钮来调速。

1. 面板启动运行外部电压调速的线路与操作

面板启动运行外部电压调速的线路如图 2-28 所示，操作时将运行模式参数 Pr.79 的值设为 4（外部/PU 运行模式 2），然后按面板上的"FWD"键或"REV"键启动正转或反转，再调节电位器 RP，端子 2 输入电压在 0～5V 范围内变化，变频器输出频率则在 0～50Hz 范围内变化。面板启动运行外部电压调速的操作过程如表 2-7 所示。

2. 面板启动运行外部电流调速的线路与操作

面板启动运行外部电流调速的线路如图 2-29 所示，操作时将运行模式参数 Pr.79 的值设为 4（外部/PU 运行模式 2）。为了将端子 4 用作电流调速输入，需要 AU 端子输入为 ON，故将 AU 端子与 SD 端子接在一起，然后按面板上的"FWD"键或"REV"键启动正转或反转，再让电流输出电路或设备输出电流，端子 4 输入直流电流在 4～20mA 范围内变化，变频器输出频率则在 0～50Hz 范围内变化。面板启动运行外部电流调速的操作过程如表 2-8 所示。

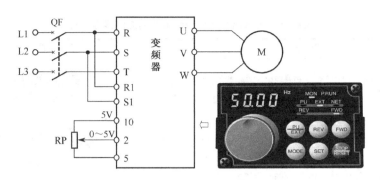

图 2-28　面板启动运行外部电压调速的线路

表 2-7　面板启动运行外部电压调速的操作过程

序号	操作说明	操作图
1	将电源开关闭合，给变频器通电，将参数 Pr.79 的值设为 4，使变频器进入外部/PU 运行模式 2	ON
2	在面板上按"FWD"键，"FWD"灯闪烁，启动正转。如果同时按"FWD"键和"REV"键，则无法启动；运行时同时按两键，会减速至停止	闪烁
3	顺时针转动旋钮（电位器）时，变频器输出频率上升，电动机转速变快	
4	逆时针转动旋钮（电位器）时，变频器输出频率下降，电动机转速变慢，输出频率为 0 时，"FWD"灯闪烁	闪烁
5	按面板上的"STOP/RESET"键，变频器停止输出电源，电动机停转，"FWD"灯熄灭	

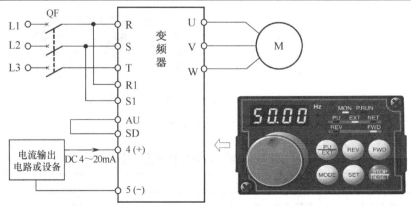

图 2-29　面板启动运行外部电流调速的线路

表2-8　面板启动运行外部电流调速的操作过程

序号	操作说明	操作图
1	将电源开关闭合，给变频器通电，将参数 Pr.79 的值设为 4，使变频器进入外部/PU 运行模式 2	ON
2	在面板上按"FWD"键，"FWD"灯闪烁，启动正转。如果同时按"FWD"键和"REV"键，则无法启动；运行时同时按两键，会减速至停止	FWD REV
3	将变频器端子 4 的输入电流增大，变频器输出频率上升，电动机转速变快，输入电流为 20mA 时，输出频率为 50Hz	4mA→20mA
4	将变频器端子 4 的输入电流减小，变频器输出频率下降，电动机转速变慢，输入电流为 4mA 时，输出频率为 0Hz，电动机停转，"FWD"灯闪烁	20mA→4mA
5	按面板上的"STOP/RESET"键，变频器停止输出电源，电动机停转，"FWD"灯熄灭	STOP/RESET

3. 外部启动运行面板旋钮调速的线路与操作

外部启动运行面板旋钮调速的线路如图 2-30 所示，操作时将运行模式参数 Pr.79 的值设为 3（外部/PU 运行模式 1），将变频器 STF 或 STR 端子外接开关闭合启动正转或反转，然后调节面板上的旋钮，变频器输出频率则在 0～50Hz 范围内变化，电动机转速也随之变化。外部启动运行面板旋钮调速的操作过程如表 2-9 所示。

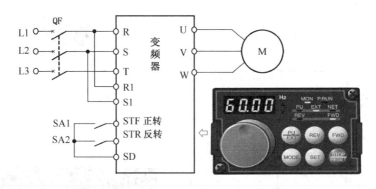

图 2-30　外部启动运行面板旋钮调速的线路

表 2-9　外部启动运行面板旋钮调速的操作过程

序号	操作说明	操作图
1	将电源开关闭合，给变频器通电，将参数 Pr.79 的值设为 3，使变频器进入外部/PU 运行模式 1	ON

（续表）

序号	操作说明	操作图
2	将正转开关闭合，"FWD" 灯亮，启动正转	
3	转动面板上的旋钮，设定变频器的输出频率，调到需要的频率后停止转动旋钮，设定频率约闪烁 5s	
4	在设定频率闪烁时按"SET"键，设定频率值与"F"交替显示，频率设置成功。变频器输出设定频率的电源驱动电动机运转	
5	将正转和反转开关都断开，变频器停止输出电源，电动机停转	

2.5 常用参数说明

变频器在工作时要受到参数的控制，在出厂时，这些参数已设置了初始值，对于一些要求不高的场合，可不设置参数，让变频器各参数值保持初始值工作；但对于情况特殊、要求高的场合，为了发挥变频器的最佳性能，必须对一些参数按实际情况进行设置。

变频器的参数可分为简单参数（也称基本参数）和扩展参数。 简单参数是一些最常用的参数，数量少、设置频繁，用户尽量要掌握，简单参数及说明如表 2-10 所示；扩展参数数量很多，通过设置扩展参数可让变频器在各种场合下发挥良好的性能，扩展参数的功能说明可查看相应型号的变频器使用手册。

表 2-10　简单参数及说明

参数编号	名　称	最小设置单位	初始值	设定范围	说　明
0	转矩提升	0.1%	6/4/3/2/1%	0%～30%	V/F 控制时，想进一步提高启动时的转矩，在加负载后电动机不转，输出报警（OL），在过流（OC1）发生跳闸的情况下使用。初始值因变频器的容量不同而不同（0.4K，0.75K/1.5K～3.7K/5.5K，7.5K/11K～55K/75K 以上）
1	上限频率	0.01Hz	120/60Hz	0～120Hz	在想设置输出频率的上限的情况下进行设定。初始值根据变频器容量的不同而不同（55K 以下/75K 以上）
2	下限频率	0.01Hz	0Hz	0～120Hz	在想设置输出频率的下限的情况下进行设定
3	基准频率	0.01Hz	50Hz	0～400Hz	请查看电动机的额定铭牌进行确认

（续表）

参数编号	名　称	最小设置单位	初始值	设定范围	说　明
4	多段速度设定（高速）	0.01Hz	50Hz	0～400Hz	想用参数设定运转速度，在用端子切换速度时进行设定
5	多段速度设定（中速）	0.01Hz	30Hz	0～400Hz	
6	多段速度设定（低速）	0.01Hz	10Hz	0～400Hz	
7	加速时间	0.1s	5s/15s	0～3600s	可以设定加/减速时间。初始值根据变频器容量的不同而不同（7.5K 以下/11K 以上）
8	减速时间	0.1s	5s/15s	0～3600s	
9	电子过电流保护	0.01/0.1A	变频器额定电流	0～500A/0～3600A	用变频器对电动机进行热保护。设定电动机的额定电流。其单位、范围根据变频器容量的不同而不同（55K 以下/75K 以上）
79	运行模式选择	1	0	0、1、2、3、4、6、7	选择启动指令场所和频率设定场所
125	端子 2 频率设定增益频率	0.01Hz	50Hz	0～400Hz	电位器最大值（5V 初始值）对应的频率
126	端子 4 频率设定增益频率	0.01Hz	50Hz	0～400Hz	电流最大输入（20mA 初始值）对应的频率
160	用户参数组读取选择	1	0	0、1、9999	可以限制通过操作面板或参数单元读取的参数

 ### 2.5.1　用户参数组读取选择参数

三菱 FR-A740 型变频器有几百个参数，为了设置时查找参数快速方便，可用 Pr.160 参数来设置操作面板显示器能显示出来的参数，比如设置 Pr.160=9999，面板显示器只会显示简单参数，无法查看到扩展参数。

Pr.160 参数说明如表 2-11 所示。

表 2-11　Pr.160 参数说明

参数编号	名　称	初始值	设定范围	说　明
160	用户参数组读取选择	0	9999	仅能显示简单模式参数
			0	能够显示简单模式参数+扩展模式参数
			1	仅能显示在用户参数组登记的参数

 ### 2.5.2　运行模式选择参数

操作变频器主要有 PU（面板）操作、外部（端子）操作和 PU/外部操作，在使用不同的操作方式时，需要让变频器进入相应的运行模式。参数 Pr.79 用于设置变频器的运行模式，比如设置 Pr.79=1，变频器进入固定 PU 运行模式，无法通过面板上的"PU/EXT"键切换到外部运行模式。

Pr.79 参数说明如表 2-12 所示。

表 2-12　Pr.79 参数说明

参数编号	名　称	初始值	设定范围	说　明
79	运行模式选择	0	0	外部/PU 切换模式（通过 键可以切换 PU 与外部运行模式）。电源投入时为外部运行模式
			1	PU 运行模式固定
			2	外部运行模式固定。可以切换外部和网络运行模式
			3	外部/PU 组合运行模式 1 <table><tr><td>运行频率</td><td>启动信号</td></tr><tr><td>用 PU（FR-DU07/FR-PU04-CH）设定或外部信号输入（多段速设定，端子 4-5 间（AU 信号 ON 时有效））</td><td>外部信号输入（端子 STF、STR）</td></tr></table>
			4	外部/PU 组合运行模式 2 <table><tr><td>运行频率</td><td>启动信号</td></tr><tr><td>外部信号输入（端子 2、4、1，JOG，多段速选择等）</td><td>在 PU（FR-DU07/FR-PU04-CH）中输入（FWD、REV）</td></tr></table>
			6	切换模式。可以一边继续运行状态，一边实施 PU 运行、外部运行、网络运行的切换
			7	外部运行模式（PU 操作互锁）X12 信号 ON[*1]：可切换到 PU 运行模式（正在外部运行时输出停止）。X12 信号 OFF[*1]：禁止切换到 PU 运行模式

注：[*1] 对于 X12 信号（PU 运行互锁信号）输入所使用的端子，请通过将 Pr.178～Pr.189（输入端子功能选择）设定为"12"来进行功能的分配。未分配 X12 信号时，MRS 信号的功能从 MRS（输出停止）切换为 PU 运行互锁信号。

2.5.3　转矩提升参数

如果电动机施加负载后不转动或变频器出现 **OL**（过载）、**OC**（过流）而跳闸等情况，可设置参数 **Pr.0** 来提升转矩（转力）。Pr.0 参数说明如图 2-31 所示，提升转矩是在变频器输出频率低时提高输出电压，提供给电动机的电压升高，能产生较大的转矩带动负载。在设置参数时，带上负载观察电动机的动作，每次把 Pr.0 值提高 1%（最多每次增加 10% 左右）。Pr.46、Pr.112 分别为第 2、第 3 转矩提升参数。

参数编号	名称	初　始　值		设定范围	说　明
0	转矩提升	0.4K～0.75K	6%	0%～30%	可以根据负载的情况，提高低频时电动机的启动转矩
		1.5K～3.7K	4%		
		5.5K～7.5K	3%		
		11K～55K	2%		
		75K 以上	1%		

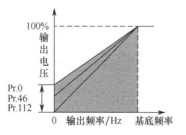

图 2-31　Pr.0 参数说明

2.5.4　频率相关参数

变频器常用频率有设定（给定）频率、输出频率、基准频率、上限频率、下限频率和回避频率等。

1. 设定频率

设定频率是指给变频器设定的运行频率。设定频率可由操作面板设定，也可通过外部方式设定，其中外部方式又分为电压设定和电流设定。

（1）操作面板设定频率

操作面板设定频率是指操作变频器面板上的旋钮来设置设定频率。

（2）电压设定频率

电压设定频率是指给变频器有关端子输入电压来设置设定频率，输入电压越高，设置的设定频率越高。电压设定频率方式可分为电位器设定、直接电压设定（如图 2-32 所示）和辅助设定。

图 2-32（a）所示为电位器设定方式。给变频器 10、2、5 端子按图示方法接一个 1/2W，1kΩ 的电位器，通电后变频器 10 脚会输出 5V 或 10V 电压，调节电位器会使 2 脚电压在 0～5V 或 0～10V 范围内变化，设定频率就在 0～50Hz 之间变化。端子 2 输入电压由 Pr.73 参数决定，当 Pr.73=1 时，端子 2 允许输入 0～5V；当 Pr.73=0 时，端子 2 允许输入 0～10V。

图 2-32（b）所示为直接电压设定方式。该方式是在 2、5 端子之间直接输入 0～5V 或 0～10V 电压，设定频率就在 0～50Hz 之间变化。

端子 1 为辅助频率设定端，该端输入信号与主设定端输入信号（端子 2 或 4 输入的信号）叠加进行频率设定。

（3）电流设定频率

电流设定频率是指给变频器有关端子输入电流来设置设定频率，输入电流越大，设置的设定频率越高。电流设定频率方式如图 2-33 所示。要选择电流设定频率方式，需要将电流选择端子 AU 与 SD 接通，然后给变频器端子 4 输入 4～20mA 的电流，设定频率就在 0～50Hz 之间变化。

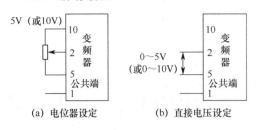

图 2-32　电压设定频率方式

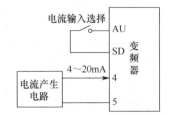

图 2-33　电流设定频率方式

2. 输出频率

变频器实际输出的频率称为输出频率。在给变频器设置设定频率后，为了改善电动机的运行性能，变频器会根据一些参数自动对设定频率进行调整而得到输出频率，因此输出频率不一定等于设定频率。

3. 基准频率

变频器最大输出电压所对应的频率称为基准频率，又称基底频率或基本频率，如图 2-34 所示。参数 Pr.3 用于设置基准频率，初始值为 50Hz，设置范围为 0～400Hz，基准频率一般设置为与电动机的额定频率相同。

4. 上限频率和下限频率

上限频率是指不允许超过的最高输出频率；下限频率是指不允许超过的最低输出频率。

Pr.1 参数用来设置输出频率的上限频率（最大频率），如果运行频率设定值高于该值，输出频率会钳位在上限频率上。**Pr.2** 参数用来设置输出频率的下限频率（最小频率），如果运行频率设定值低于该值，输出频率会钳位在下限频率上。这两个参数值设定后，输出频率只能在这两个频率之间变化，如图 2-35 所示。

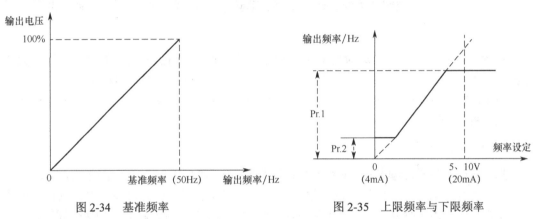

图 2-34 基准频率　　　　　　　图 2-35 上限频率与下限频率

在设置上限频率时，一般不要超过变频器的最大频率，若超出最大频率，自动会以最大频率作为上限频率。

5. 回避频率

回避频率又称跳变频率，是指变频器禁止输出的频率。

任何机械都有自己的固有频率（由机械结构、质量等因素决定），当机械运行的振动频率与固有频率相同时，将会引起机械共振，使机械振荡幅度增大，可能导致机械磨损和损坏。为了防止共振给机械带来的危害，可给变频器设置禁止输出的频率，避免这些频率在驱动电动机时引起机械共振。

回避频率设置参数有 **Pr.31**、**Pr.32**、**Pr.33**、**Pr.34**、**Pr.35**、**Pr.36**。这些参数可以设置三个可跳变的频率区域，每两个参数设定一个跳变区域，如图 2-36 所示。变频器工作时不会输出跳变区内的频率，当设定频率在跳变区频率范围内时，变频器会输出低参数号设置的频率。例如，当设置 Pr.33=35Hz、Pr.34=30Hz 时，变频器不会输出 30～35Hz 范围内的频率，若设定的频率在这个范围内，变频器会输出低号参数 Pr.33 设置的频率（35Hz）。

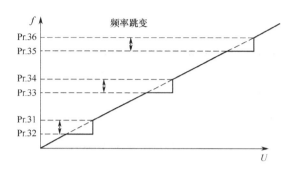

图 2-36　回避频率参数功能

2.5.5　启动、加/减速控制参数

与启动、加/减速控制有关的参数主要有启动频率、加/减速时间、加/减速方式。

1. 启动频率

启动频率是指电动机启动时的频率。启动频率可以从 0Hz 开始，但对于惯性较大或摩擦力较大的负载，为了更容易启动，可设置合适的启动频率以增大启动转矩。

Pr.13 参数用来设置电动机启动时的频率。如果启动频率较设定频率高，电动机将无法启动。Pr.13 参数功能如图 2-37 所示。

2. 加/减速时间

加速时间是指输出频率从 **0Hz** 上升到基准频率所需的时间。加速时间越长，启动电流越小，启动越平缓。对于频繁启动的设备，加速时间要求短些；对惯性较大的设备，加速时间要求长些。**Pr.7 参数用于设置电动机加速时间，Pr.7 的值设置越大，加速时间越长。**

减速时间是指从输出频率由基准频率下降到 **0Hz** 所需的时间。**Pr.8 参数用于设置电动机减速时间，Pr.8 的值设置越大，减速时间越长。**

Pr.20 参数用于设置加/减速基准频率。Pr.7 设置的时间是指从 0Hz 变化到 Pr.20 设定的频率所需的时间；Pr.8 设置的时间是指从 Pr.20 设定的频率变化到 0Hz 所需的时间，如图 2-38 所示。

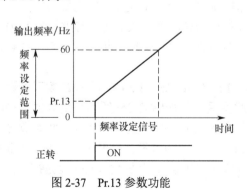

图 2-37　Pr.13 参数功能　　　　图 2-38　加/减速基准频率参数功能

3. 加/减速方式

为了适应不同机械的启动、停止要求，可给变频器设置不同的加/减速方式。加/减速

方式主要有以下三种，由 **Pr.29** 参数设定。

（1）直线加/减速方式（Pr.29=0）

这种方式的加/减速时间与输出频率变化成正比，如图 2-39（a）所示。大多数负载采用这种方式，出厂设定为该方式。

（2）S 形加/减速 A 方式（Pr.29=1）

这种方式是开始和结束阶段升速和降速比较缓慢，如图 2-39（b）所示。电梯、传送带等设备常采用该方式。

（3）S 形加/减速 B 方式（Pr.29=2）

这种方式是在两个频率之间提供一个 S 形加/减速 A 方式，如图 2-39（c）所示。该方式具有缓和振动的效果。

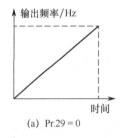 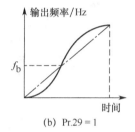 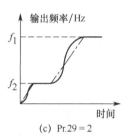

图 2-39　加/减速参数功能

 ### 2.5.6　点动控制参数

点动控制参数包括点动运行频率参数（Pr.15）和点动加/减速时间参数（Pr.16）。

Pr.15 参数用于设置点动状态下的运行频率。当变频器处于外部操作模式时，用输入端子选择点动功能（接通 JOG 和 SD 端子即可）；当点动信号为 ON 时，用启动信号（STF 或 STR）进行点动运行；在 PU 操作模式时，用操作面板上的"FWD"键或"REV"键进行点动操作。

Pr.16 参数用来设置点动状态下的加/减速时间。

点动控制参数功能如图 2-40 所示。

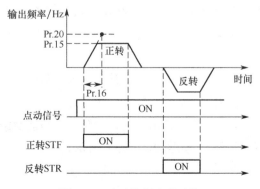

图 2-40　点动控制参数功能

2.5.7 瞬时停电再启动参数

瞬时停电再启动功能的作用是当电动机由工频切换到变频供电或瞬时停电再恢复供电时，保持一段自由运行时间，然后变频器再自动启动进入运行状态，从而避免重新复位再启动操作，保证系统连续运行。

当需要启用瞬时停电再启动功能时，须将 CS 端子与 SD 端子短接。设定瞬时停电再启动功能后，变频器的 IPF 端子在发生瞬时停电时不动作。瞬时停电再启动参数如表 2-13 所示。

表 2-13　瞬时停电再启动参数

参数	功　　能	出厂设定	设置范围	说　　明
Pr.57	再启动自由运行时间	9999	0	0.5s（0.4K～1.5K）、1.0s（2.2K～7.5K）、3.0s（11K以上）
			0.1～5s	瞬时停电再恢复后变频器再启动前的等待时间。根据负荷的转动惯量和转矩，该时间可设定在 0.1～5s 之间
			9999	无法启动
Pr.58	再启动上升时间	1.0s	0～60s	通常可用出厂设定值运行，也可根据负荷（转动惯量、转矩）调整这些值
Pr.162	瞬停再启动动作选择	0	0	频率搜索开始。检测瞬时掉电后开始频率搜索
			1	没有频率搜索。电动机以自由速度独立运行，输出电压逐渐升高，而频率保持为预测值
Pr.163	再启动第一缓冲时间	0	0～20s	通常可用出厂设定值运行，也可根据负荷（转动惯量、转矩）调整这些值
Pr.164	再启动第一缓冲电压	0%	0%～100%	
Pr.165	再启动失速防止动作水平	150%	0%～200%	

 2.5.8 负载类型选择参数

当变频器配接不同负载时，要选择与负载相匹配的输出特性（*V/f* 特性）。**Pr.14** 参数用来设置合适负载的类型。

当 Pr.14=0 时，变频器输出特性适用于恒转矩负载，如图 2-41（a）所示。

当 Pr.14=1 时，变频器输出特性适用于变转矩负载（二次方律负载），如图 2-41（b）所示。

当 Pr.14=2 时，变频器输出特性适用于提升类负载（势能负载），正转时按 Pr.0 提升转矩设定值，反转时不提升转矩，如图 2-41（c）所示。

当 Pr.14=3 时，变频器输出特性适用于提升类负载（势能负载），反转时按 Pr.0 提升转矩设定值，正转时不提升转矩，如图 2-41（d）所示。

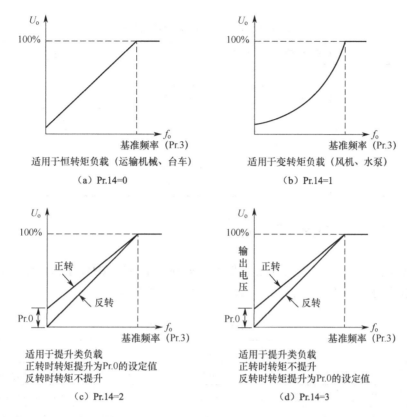

图 2-41　负载类型选择参数功能

 2.5.9　MRS 端子输入选择参数

Pr.17 参数用来选择 MRS 端子的逻辑。当 Pr.17=0 时，MRS 端子外接常开触点闭合后变频器停止输出；当 Pr.17=2 时，MRS 端子外接常闭触点断开后变频器停止输出。Pr.17 参数功能如图 2-42 所示。

（a）Pr.17 = 0（常开触点闭合后变频器停止输出）　　（b）Pr.17 = 2（常闭触点断开后变频器停止输出）

图 2-42　Pr.17 参数功能

 2.5.10　禁止写入和逆转防止参数

Pr.77 用于设置参数写入允许或禁止，可以防止参数被意外改写。**Pr.78** 用来设置禁止电动机反转，如泵类设备。Pr.77 和 Pr.78 参数说明如表 2-14 所示。

表 2-14 Pr.77 和 Pr.78 参数说明

参数编号	名　称	初始值	设定范围	说　明
77	参数写入选择	0	0	仅限于停止中可以写入
			1	不可写入参数
			2	在所有的运行模式下，不管状态如何都能写入
78	反转防止选择	0	0	正转、反转都允许
			1	不允许反转
			2	不允许正转

2.5.11　高、中、低速设置参数

Pr.4（高速）、**Pr.5**（中速）、**Pr.6**（低速）分别用于设置 **RH**、**RM**、**RL** 端子输入为 **ON** 时的输出频率。Pr.4、Pr.5、Pr.6 参数说明如表 2-15 所示。

表 2-15 Pr.4、Pr.5、Pr.6 参数说明

参数编号	名　称	初始值	设定范围	说　明
4	多段速度设定（高速）	50Hz	0～400Hz	设定仅 RH 为 ON 时的频率
5	多段速度设定（中速）	30Hz	0～400Hz	设定仅 RM 为 ON 时的频率
6	多段速度设定（低速）	10Hz	0～400Hz	设定仅 RL 为 ON 时的频率

2.5.12　电子过电流保护参数

Pr.9 用于设定变频器的额定输出电流，防止电动机因电流大而过热。Pr.9 参数说明如表 2-16 所示。

表 2-16 Pr.9 参数说明

参数编号	名　称	初始值	设定范围		说　明
9	电子过电流保护	变频器额定电流[1]	55K 以下	0～500A	设定电动机额定电流
			75K 以下	0～3600A	

注：[1] 0.4K、0.75K 应设定为变频器额定电流的 85%。

在设置电子过电流保护参数时要注意以下几点。

① 当参数值设定为 0 时，电子过电流保护（电动机保护功能）无效，但变频器输出晶体管保护功能有效。

② 当变频器连接两台或三台电动机时，电子过电流保护功能不起作用，请给每台电动机均安装外部热继电器。

③ 当变频器和电动机容量相差过大及设定过小时，电子过电流保护特性将恶化，在此情况下，请安装外部热继电器。

④ 特殊电动机不能采用电子过电流保护，请安装外部热继电器。

⑤ 当变频器连接一台电动机时，该参数一般设定为 1～1.2 倍的电动机额定电流。

2.5.13 端子 2、4 设定增益频率参数

Pr.125 用于设置变频器端子 **2** 最高输入电压对应的频率，**Pr.126** 用于设置变频器端子 **4** 最大输入电流对应的频率。Pr.125、Pr.126 参数说明如表 2-17 所示。

表 2-17 Pr.125、Pr.126 参数说明

参数编号	名 称	最小设置单位	初始值	设定范围	说 明
125	端子 2 频率设定增益频率	0.01Hz	50Hz	0～400Hz	电位器最大值（5V 初始值）对应的频率
126	端子 4 频率设定增益频率	0.01Hz	50Hz	0～400Hz	电流最大输入（20mA 初始值）对应的频率

Pr.125 默认值为 50Hz，表示当端子 2 输入最高电压（5V 或 10V）时，变频器输出频率为 50Hz；Pr.126 默认值为 50Hz，表示当端子 4 输入最大电流（20mA）时，变频器输出频率为 50Hz。若将 Pr.125 值设为 40，那么端子 2 输入 0～5V 时，变频器输出频率为 0～40Hz。

2.6 三菱 FR-700 与 FR-500 系列变频器特点与异同比较

三菱变频器有 FR-500 和 FR-700 两个系列。**FR-700 系列是从 FR-500 系列升级而来的**，**故 FR-700 与 FR-500 系列变频器的接线端子功能及参数功能大多数都是相同的**，不管先掌握哪个系列变频器的使用，只要再学习两者的不同，就能很快掌握另一个系列的变频器。

2.6.1 三菱 FR-700 系列变频器的特点说明

三菱 FR-700 系列变频器又可分为 FR-A700、FR-F700、FR-E700、FR-D700 和 FR-L700 系列，各系列变频器的特点说明如表 2-18 所示。

表 2-18 三菱 FR-A700、FR-F700、FR-E700、FR-D700、FR-L700 系列变频器的特点说明

系 列	外 形	说 明
FR-A700		A700 产品适合于各类对负载要求较高的设备，如起重、电梯、印包、印染、材料卷取及其他通用场合。 A700 产品具有高水准的驱动性能： ◆具有独特的无传感器矢量控制模式，在不需要采用编码器的情况下可以使各式各样的机械设备在超低速区域高精度运转。 ◆带转矩控制模式，并且在速度控制模式下可以使用转矩限制功能。 ◆具有矢量控制功能（带编码器），变频器可以实现位置控制和快响应、高精度的速度控制（零速控制、伺服锁定等）及转矩控制

（续表）

系 列	外 形	说 明
FR-F700		F700 产品除应用在很多通用场合外，特别适用于风机、水泵、空调等行业。 F700 产品具有先进、丰富的功能： ◆除具备与其他变频器相同的常规 PID 控制功能外，还扩充了多泵控制功能。 F700 产品具有良好的节能效果： ◆具有最佳励磁控制功能，除恒速时可以使用外，在加/减速时也可以起作用，可以进一步优化节能效果。 ◆新开发的节能监视功能，可以通过操作面板、输出端子（端子 CA、AM）和通信来确认节能效果，节能效果一目了然
FR-E700		E700 产品为可实现高驱动性能的经济型产品，其价格相对较低。 E700 产品具有良好的驱动性能： ◆具有多种磁通矢量控制方式，在 0.5Hz 情况下，使用先进磁通矢量控制模式可以使转矩提高到 200（3.7kW 以下）。 ◆短时超载增加到 200 时允许持续时间为 3s，误报警将更少发生。经过改进的限转矩及限电流功能可以为机械提供必要的保护
FR-D700		D700 产品为多功能、紧凑型产品。 ◆具有通用磁通矢量控制方式，在 1Hz 情况下，可以使转矩提高到 150%扩充浮辊控制和三角波功能。 ◆带安全停止功能，实现紧急停止有两种方法：通过控制 MC 接触器来切断输入电源或直接切断变频器内部逆变模块驱动回路，以符合欧洲标准的安全功能，目的是节约设备投入
FR-L700		L700 产品拥有先进的控制模式，能广泛应用于各种专业用途，特别适用于印刷包装、线缆/材料、纺织印染、橡胶轮胎、物流机械等行业。 ◆具有高标准的驱动性能，进行无传感器矢量控制时，可以驱动不带编码器的普通电动机，实现高精度控制和高响应速度。 ◆高精度转矩控制（使用在线自动调整）时，可以减小运行时由于电动机温度变化而导致的电动机转子参数变动所造成的影响。该功能尤其适用于需要进行张力控制的机械，如拉丝机、造纸及印刷机械等。 ◆内置张力控制功能。特别添加了收/放卷的张力控制功能，可实现速度张力控制、转矩张力控制、恒张力控制等多种控制方式。 ◆内置 PLC 编程功能，降低成本，简化结构，取代 PLC 主机+I/O+模拟量+变频器的经济型配置，特别适合小设备的简易应用，便于安装、调试及维护

2.6.2　三菱 FR-A700、FR-F700、FR-E700、FR-D700、FR-L700 系列变频器异同比较

三菱 FR-A700、FR-F700、FR-E700、FR-D700、FR-L700 系列变频器异同比较如表 2-19 所示。

表 2-19　三菱 FR-A700、FR-F700、FR-E700、FR-D700、FR-L700 系列变频器异同比较

项　目		FR-A700	FR-L700	FR-F700	FR-E700	FR-D700
容量范围	三相 200V	0.4K～90K	—	0.75K～110K	0.1K～15K	0.1K～15K
	三相 400V	0.4K～500K	0.75K～55K	0.75K～S630K	0.4K～15K	0.4K～15K
	单相 200V	0.4K～7.5K	—	—	0.1K～2.2K	0.1K～2.2K
控制方式		V/F 控制、先进磁通矢量控制、无传感器矢量控制、矢量控制（需选件 FR-A7AP/FR-A7AL）	V/F 控制、先进磁通矢量控制、无传感器矢量控制、矢量控制（需选件 FR-A7AP/FR-A7AL）	V/F 控制、最佳励磁控制、简易磁通矢量控制	V/F 控制、先进磁通矢量控制、通用磁通矢量控制、最佳励磁控制	V/F 控制、通用磁通矢量控制、最佳励磁控制
转矩限制		○	○	×	○	×
内置制动晶体管		0.4K～22K	0.75K～22K	—	0.4K～15K	0.4K～7.5K
内置制动电阻		0.4K～7.5K	0.75K～22K	—	—	—
运行特性	再启动功能	有频率搜索方式	有频率搜索方式	有频率搜索方式	有频率搜索方式	有频率搜索方式
瞬时停电	停电时继续	○	○	○	○	○
	停电时减速	○	○	○	○	○
	多段速	15 速	15 速	15 速	15 速	15 速
	极性可逆	○	○	○	×	×
	PID 控制	○	△（仅张力控制 PID）	○	○	○
	工频运行切换功能	○	×	○	×	×
	制动序列列功能	○	×	×	○	×
	高速频率控制	○	×	×	×	×
	挡块定位控制	○	×	×	×	×
	输出电流检测	○	○	○	×	○
	异常时再试功能	○	○	○	○	○
	冷却风扇 ON-OFF 控制	○	○	○	○	○
	再生回避功能	○	○	○	○	○
	零电流检测	○	○	○	○	○
	机械分析器	○	○	×	×	×
	其他功能	最短加/减速、最佳加/减速、升降机模式、节电模式	张力控制、内置 PLC 编程功能	节电模式、最佳励磁控制	最短加/减速、节电模式、最佳励磁控制	节电模式、最佳励磁控制

（续表）

项目		FR-A700	FR-L700	FR-F700	FR-E700	FR-D700
操作面板	标准配置	FR-DU07	FR-DU07	FRDU-07	操作面板固定	操作面板固定
	复制功能	○	○	○	×	×
参数单元	RF-PU04	△（参数不能复制）	△（参数不能复制）	△（参数不能复制）	△（参数不能复制）	△（参数不能复制）
	FR-DU04	△（参数不能复制）	△（参数不能复制）	△（参数不能复制）	△（参数不能复制）	△（参数不能复制）
	RF-PU07	○（可保存三台变频器参数）	○（可保存三台变频器参数）	○（可保存三台变频器参数）	○（可保存三台变频器参数）	○（可保存三台变频器参数）
	FR-DU07	○（参数能复制）	○（参数能复制）	○（参数能复制）	×	○（参数能复制）
	FR-PA07	△（有些功能不能使用）	△（有些功能不能使用）	△（有些功能不能使用）		
	RS-485	○标准2个	○标准2个	○标准2个	○标准1个	○标准1个
通信	Modbus-RTU	○	○	○	○	—
	CC-Link	○（选件 FR-A7NC）	○（选件 FR-A7NC）	○（选件 FR-A7NC）	○（选件 FR-A7NC E kit）	—
	PROFIBUS-DP	○（选件 FR-A7NP）	○（选件 FR-A7NP）	○（选件 FR-A7NP）	○（选件 FR-A7NP E kit）	—
	Device Net	○（选件 FR-A7ND）	○（选件 FR-A7ND）	○（选件 FR-A7ND）	○（选件 FR-A7ND E kit）	—
	LONWORKS	○（选件 FR-A7NL）	○（选件 FR-A7NL）	○（选件 FR-A7NL）	○（选件 FR-A7NL E kit）	—
	USB	○	×	—	○	—
构造	控制电路端子	螺丝式端子	螺丝式端子	螺丝式端子	螺丝式端子	螺丝式端子
	主电路端子	螺丝式端子	螺丝式端子	螺丝式端子	螺丝式端子	螺丝式端子
	控制电路电源与主电路分开	○	○	○	×	×
	冷却风扇更换方式	○（风扇位于变频器上部）	○（风扇位于变频器上部）	○（风扇位于变频器上部）	○（风扇位于变频器上部）	○（风扇位于变频器上部）
	可脱卸端子排	○	○	○	—	—
	内置EMC滤波器	○	○	△（55kW以下不带）	—	○
	内置选件	可插3个不同性能的选件卡	可插3个不同性能的选件卡	可插1个选件卡	可插1个选件卡	—
	设置软件	FR Configurator（FR-SW3、FR-SW2）	FR Configurator（FR-SW3、FR-SW2）	FR Configurator（FR-SW3、FR-SW2）	FR Configurator（FR-SW3）	FR Configurator（FR-SW3）
高次谐波对策	交流电抗器	○（选件）	○（选件）	○（选件）	○（选件）	○（选件）
	直流电抗器	○（选件，75K以上标准配备）	○（选件）	○（选件，75K以上标准配备）	○（选件）	○（选件）
	高功率因数变流器	○（选件）	○（选件）	○（选件）	○（选件）	○（选件）

注：○表示可用，×表示不可用，△表示有些功能不能使用。

2.6.3　三菱 FR-A500 系列变频器的接线图与端子功能说明

三菱 FR-500 是 FR-700 的上一代变频器，社会拥有量也非常大，其端子功能接线与 FR-700 大同小异。图 2-43 所示为最有代表性的三菱 FR-A500 系列变频器的接线图，其主回路端子功能说明如表 2-20 所示，控制回路端子功能说明如表 2-21 所示。

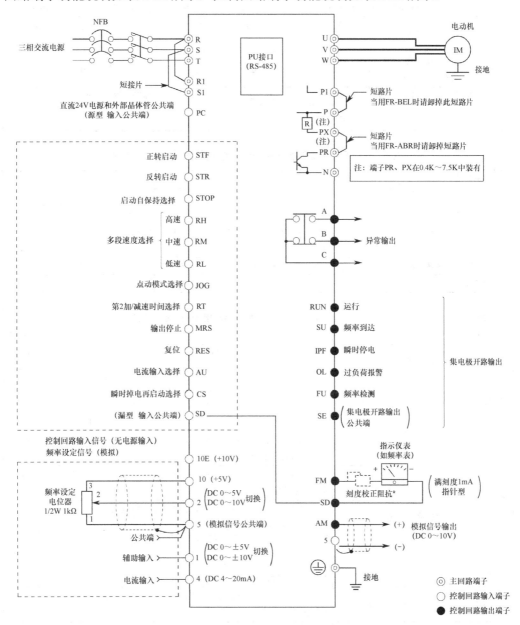

图 2-43　三菱 FR-A500 系列变频器的接线图

表 2-20　三菱 FR-A500 系列变频器的主回路端子功能说明

类型	端子记号	端子名称	说　明
主回路	R、S、T	交流电源输入	连接工频电源。当使用高功率因数转换器时，确保这些端子不连接（FR-HC）
	U、V、W	变频器输出	接三相鼠笼电动机
	R1、S1	控制回路电源	与交流电源输入端子 R、S 连接。在保持异常显示和异常输出，或当使用高功率因数转换器（FR-HC）时，请拆下 R–R1 和 S–S1 之间的短路片，并提供外部电源到此端子
	P、PR	连接制动电阻	拆开端子 PR–PX 之间的短路片，在 P–PR 之间连接选件制动电阻（FR-ABR）
	P、N	连接制动单元	连接选件 FR-BU 型制动单元、电源再生单元（FR-RC）或高功率因数转换器（FR-HC）
	P、P1	连接改善功率因数 DC 电抗器	拆开端子 P–P1 之间的短路片，连接选件改善功率因数电抗器（FR-BEL）
	PR、PX	连接内部制动回路	用短路片将 PX–PR 之间短路时（出厂设定），内部制动回路便生效（7.5K 以下装有）
	⏚	接地	变频器外壳接地用，必须接大地

表 2-21　三菱 FR-A500 系列变频器的控制回路端子功能说明

类型		端子记号	端子名称	说　明	
输入信号	启动接点·功能设定	STF	正转启动	STF 信号为 ON 便正转，为 OFF 便停止。处于程序运行模式时为程序运行开始信号（ON 开始，OFF 静止）	当 STF 和 STR 信号同时为 ON 时，相当于给出停止指令
		STR	反转启动	STR 信号为 ON 时逆转，为 OFF 时停止	
		STOP	启动自保持选择	使 STOP 信号为 ON，可以选择启动信号自保持	
		RH、RM、RL	多段速度选择	用 RH、RM 和 RL 信号的组合可以选择多段速度	输入端子功能选择：通过 Pr.180～Pr.186 改变端子功能
		JOG	点动模式选择	JOG 信号为 ON 时选择点动运行（出厂设定）。用启动信号（STF 和 STR）可以点动运行	
		RT	第 2 加/减速时间选择	RT 信号为 ON 时选择第 2 加/减速时间。设定了[第 2 力矩提升][第 2V/F（基底频率）]时，也可以在 RT 信号为 ON 时选择这些功能	
		MRS	输出停止	MRS 信号为为 ON（20ms 以上）时，变频器输出停止。用电磁制动停止电动机时，用于断开变频器的输出	
		RES	复位	用于解除保护回路动作的保持状态。使端子 RES 信号为 ON（在 0.1s 以上），然后断开	
		AU	电流输入选择	只在端子 AU 信号为 ON 时，变频器才可用直流 4～20mA 作为频率设定信号	输入端子功能选择：通过 Pr.180～Pr.186 改变端子功能
		CS	瞬时掉电再启动选择	CS 信号预先为 ON，瞬时停电再恢复时变频器便可自动启动。但用这种运行必须设定有关参数，因为出厂时设定为不能再启动	
		SD	输入公共端（漏型）	接点输入端子和 FM 端子的公共端。直流 24V、0.1A（PC 端子）电源的输出公共端	
		PC	直流 24V 电源和外部晶体管公共端；接点输入公共端（源型）	当连接晶体管输出（集电极开路输出），如可编程控制器时，将晶体管输出用的外部电源公共端接到这个端子时，可以防止因漏电引起的误动作，该端子可用于直流 24V、0.1A 电源输出。当选择源型时，该端子作为接点输入的公共端	

（续表）

类型		端子记号	端子名称	说明		
模拟	频率设定	10E	频率设定用电源	DC 10V，容许负荷电流10mA	按出厂设定状态连接频率设定电位器时，与端子 10 连接。	
		10		DC 5V，容许负荷电流10mA	当连接到 10E 时，请改变端子 2 的输入规格	
		2	频率设定（电压）	输入 DC 0～5V（或 DC 0～10V）时 5V（DC 10V）对应最大输出频率，输入、输出正成比。用参数单元进行输入 DC 0～5V（出厂设定）和 DC 0～10V 的切换。输入阻抗 10kΩ，容许最大电压为直流 20V		
		4	频率设定（电流）	DC 4～20mA，20mA 对应最大输出频率，输入、输出成正比。只在端子 AU 信号为 ON 时，该输入信号有效。输入阻抗 250Ω，容许最大电流 30mA		
		1	辅助频率设定	输入 DC 0～±5V 或 DC 0～±10V 时，端子 2 或 4 的频率设定信号与这个信号相加。用参数单元进行输入 DC 0～±5V 或 DC 0～±10V（出厂设定）的切换。输入阻抗 10kΩ，容许电压 DC ±20V		
		5	频率设定公共端	频率设定信号（端子 2、1 或 4）和模拟信号输出端子 AM 的公共端。请不要接大地		
输出信号	接点	A、B、C	异常输出	指示变频器因保护功能动作而输出停止的转换接点，AC 200V、0.3A，DC 30V、0.3A，异常时，B-C 间不导通（A-C 间导通），正常时，B-C 间导通（A-C 间不导通）		
	集电极开路	RUN	运行	变频器输出频率为启动频率（出厂时为 0.5Hz，可变更）以上时为低电平，正在停止或正在直流制动时为高电平。容许负荷为 DC 24V、0.1A	输出端子功能选择：通过 Pr.190～Pr.195 改变端子功能	
		SU	频率到达	输出频率达到设定频率的±10%（出厂设定，可变更）时为低电平，正在加/减速或停止时为高电平。容许负荷为 DC 24V、0.1A		
		OL	过负荷报警	当失速保护功能动作时为低电平，失速保护解除时为高电平。容许负荷为 DC 24V、0.1A		
		IPF	瞬时停电	瞬时停电，电压不足保护动作时为低电平，容许负荷为 DC 24V、0.1A		
		FU	频率检测	输出频率为任意设定的检测频率以上时为低电平，以下时为高电平，容许负荷为 DC 24V、0.1A		
		SE	集电极开路输出公共端	端子 RUN、SU、OL、IPF、FU 的公共端子		
	脉冲	FM	指示仪表用	可以从 16 种监视项目中选一种作为输出，如输出频率，输出信号与监视项目的大小成比例	出厂设定的输出项目：频率容许负荷电流 1mA，60Hz 时为 1440 脉冲/s	
	模拟	AM	模拟信号输出		出厂设定的输出项目：频率输出信号 DC 0～10V，容许负荷电流 1mA	
通信	RS-485	—	PU 接口	通过操作面板的接口进行 RS-485 通信。 ● 遵守标准：EIA RS-485 标准 ● 通信方式：多任务通信 ● 通信速率：最大 19200bps ● 最长距离：500m		

2.6.4 三菱 FR-500 与 FR-700 系列变频器的异同比较

三菱 FR-700 系列是以 FR-500 系列为基础升级而来的，因此两个系列有很多共同点。下面将三菱 FR-A500 与 FR-A700 系列变频器进行比较，这样在掌握 FR-A700 系列变频器后可以很快了解 FR-A500 系列变频器。

1. 总体比较

三菱 FR-A500 与 FR-A700 系列变频器的总体比较如表 2-22 所示。

表 2-22 三菱 FR-A500 与 FR-A700 系列变频器的总体比较

项　　目	FR-A500	FR-A700
控制系统	*V/F* 控制方式，先进磁通矢量控制	*V/F* 控制方式，先进磁通矢量控制，无传感器矢量控制
变更、删除功能	A700 系列对一些参数，如 Pr.22、60、70、72、73、76、79、117～124、133、160、171、173、174、240、244、900～905、991 进行了变更	
	A700 系列删除了一些参数，如 Pr.175、176、199、200、201～210、211～220、221～230、231	
	A700 系列增加了一些参数，如 Pr.178、179、187～189、196、241～243、245～247、255～260、267～269、989 和 288～899 中的一些参数	
端子排	拆卸式端子排	拆卸式端子排、向下兼容（可以安装 A500 端子排）
PU	FR-PU04-CH、DU04	FR-PU07、DU07，不可使用 DU04（使用 FR-PU04-CH 时有部分制约）
内置选件	专用内置选件（无法兼容）	
	计算机连接，继电器输出选件 FR-A5NR	变频器主机内置（RS-485 端子，继电器输出 2 点）
安装尺寸	FR-A740-0.4K～7.5K、18.5K～55K、110K、160K，可以和同容量 FR-A540 安装尺寸互换，对于 FR-A740-11K、15K，需选用安装互换附件（FR-AAT）	

2. 端子比较

三菱 FR-A500 与 FR-A700 系列变频器的端子比较如表 2-23 所示，从表中可以看出，两个系列变频器的端子绝大多数相同（阴影部分为不同）。

表 2-23 三菱 FR-A500 与 FR-A700 系列变频器的端子比较

种　　类	A500（L）端子名称	A700 对应端子名称
主回路	R、S、T	R、S、T
	U、V、W	U、V、W
	R1、S1	R1、S1
	P/+、PR	P/+、PR
	P/+、N/–	P/+、N/–
	P/+、P1	P/+、P1
	PR、PX	PR、PX
	⏚	⏚

（续表）

种　类		A500（L）端子名称	A700 对应端子名称
控制回路输入信号	接点	STF	STF
		STR	STR
		STOP	STOP
		RH	RH
		RM	RM
		RL	RL
		JOG	JOG
		RT	RT
		AU	AU
		CS	CS
		MRS	MRS
		RES	RES
		SD	SD
		PC	PC
模拟量输入	频率设定	10E	10E
		10	10
		2	2
		4	4
		1	1
		5	5
控制回路输出信号	接点	A、B、C	A1、B1、C1、A2、B2、C2
	集电极开路	RUN	RUN
		SU	SU
		OL	OL
		IPF	IPF
		FU	FU
		SE	SE
	脉冲	FM	CA
	模拟	AM	AM
通信	RS-485	PU 口	PU 口
		—	RS-485 端子 TXD+、TXD−、RXD+、RXD−、SG
制动单元控制信号		CN8（75K 以上装备）	CN8（75K 以上装备）

3．参数比较

三菱 FR-A500、FR-A700 系列变频器的大多数参数是相同的，在 FR-A500 系列参数的基础上，FR-A700 系列变更、增加和删除了一些参数，具体如下。

① 变更的参数有：Pr.22、60、70、72、73、76、79、117～124、133、160、171、173、174、240、244、900～905、991。

② 增加的参数有：Pr.178、179、187～189、196、241～243、245～247、255～260、267～269、989 和 288～899 中的一些参数。

③ 删除的参数有：Pr.175、176、199、200、201～210、211～220、221～230、231。

变频器的应用电路

3.1 电动机正转控制电路与参数设置

变频器控制电动机正转是变频器最基本的功能。正转控制既可采用开关操作式，又可采用继电器操作式。在控制电动机正转时需要给变频器设置一些基本参数，具体如表 3-1 所示。

表 3-1 变频器控制电动机正转的参数及设置值

参 数 名 称	参 数 号	设 置 值
加速时间	Pr.7	5s
减速时间	Pr.8	3s
加/减速基准频率	Pr.20	50Hz
基底频率	Pr.3	50Hz
上限频率	Pr.1	50Hz
下限频率	Pr.2	0Hz
运行模式	Pr.79	2

 ### 3.1.1 开关操作式正转控制电路

开关操作式正转控制电路如图 3-1 所示，它依靠手动操作变频器 STF 端子外接开关 SA，来对电动机进行正转控制。

电路工作过程说明如下。

① 启动准备。按下按钮 SB2→接触器 KM 线圈得电→KM 常开辅助触点和主触点均闭合→KM 常开辅助触点闭合锁定 KM 线圈得电（自锁），KM 主触点闭合为变频器接通主电源。

② 正转控制。按下变频器 STF 端子外接开关 SA，STF、SD 端子接通，相当于 STF 端子输入正转控制信号，变频器 U、V、W 端子输出正转电源电压，驱动电动机正向运转。调节端子 10、2、5 外接电位器 RP，变频器输出电源频率会发生改变，电动机转速也随之变化。

③ 变频器异常保护。若变频器运行期间出现异常或故障，变频器 B、C 端子间内部等效的常闭开关断开，接触器 KM 线圈失电，KM 主触点断开，切断变频器输入电源，对变频器进行保护。

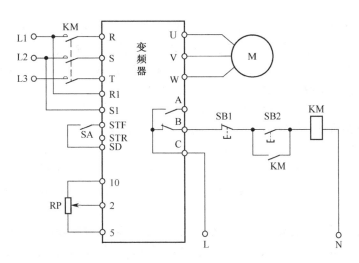

图 3-1　开关操作式正转控制电路

④ 停转控制。在变频器正常工作时，将开关 SA 断开，STF、SD 端子断开，变频器停止输出电压，电动机停转。

若要切断变频器输入主电源，可按下按钮 SB1，接触器 KM 线圈失电，KM 主触点断开，变频器输入电源被切断。

3.1.2　继电器操作式正转控制电路

继电器操作式正转控制电路如图 3-2 所示。

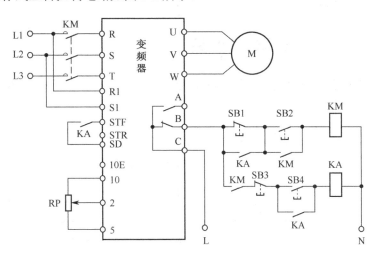

图 3-2　继电器操作式正转控制电路

电路工作过程说明如下。

① 启动准备。按下按钮 SB2→接触器 KM 线圈得电→KM 主触点和两个常开辅助触点均闭合→KM 主触点闭合为变频器接通主电源，一个 KM 常开辅助触点闭合锁定 KM 线圈得电，另一个 KM 常开辅助触点闭合为中间继电器 KA 线圈得电做准备。

② 正转控制。按下按钮 SB4→继电器 KA 线圈得电→3 个 KA 常开触点均闭合，一个

常开触点闭合锁定 KA 线圈得电，一个常开触点闭合将按钮 SB1 短接，还有一个常开触点闭合将 STF、SD 端子接通，相当于 STF 端子输入正转控制信号，变频器 U、V、W 端子输出正转电源电压，驱动电动机正向运转。调节端子 10、2、5 外接电位器 RP，变频器输出电源频率会发生改变，电动机转速也随之变化。

③ 变频器异常保护。若变频器运行期间出现异常或故障，变频器 B、C 端子间内部等效的常闭开关断开，接触器 KM 线圈失电，KM 主触点断开，切断变频器输入电源，对变频器进行保护。同时继电器 KA 线圈也失电，3 个 KA 常开触点均断开。

④ 停转控制。在变频器正常工作时，按下按钮 SB3，KA 线圈失电，3 个 KA 常开触点均断开，其中一个 KA 常开触点断开使 STF、SD 端子连接切断，变频器停止输出电源，电动机停转。

在变频器运行时，若要切断变频器输入主电源，须先对变频器进行停转控制，再按下按钮 SB1，接触器 KM 线圈失电，KM 主触点断开，变频器输入电源被切断。如果没有对变频器进行停转控制，而直接去按 SB1，是无法切断变频器输入主电源的，这是因为变频器正常工作时 KA 常开触点已将 SB1 短接，断开 SB1 无效，这样做可以防止在变频器工作时误操作 SB1 切断主电源。

3.2 电动机正反转控制电路与参数设置

变频器不但轻易就能实现控制电动机正转，控制电动机正反转也很方便。正反转控制也有开关操作式和继电器操作式。在控制电动机正反转时也要给变频器设置一些基本参数，具体如表 3-1 所示。

3.2.1 开关操作式正反转控制电路

开关操作式正反转控制电路如图 3-3 所示，它采用了一个三位开关 SA，SA 有"正转""停止""反转" 3 个位置。

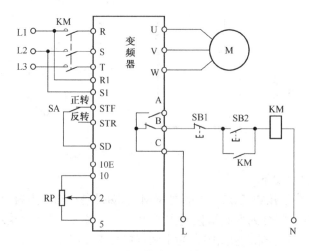

图 3-3 开关操作式正反转控制电路

电路工作过程说明如下。

① 启动准备。按下按钮 SB2→接触器 KM 线圈得电→KM 常开辅助触点和主触点均闭合→KM 常开辅助触点闭合锁定 KM 线圈得电（自锁），KM 主触点闭合为变频器接通主电源。

② 正转控制。将开关 SA 拨至"正转"位置，STF、SD 端子接通，相当于 STF 端子输入正转控制信号，变频器 U、V、W 端子输出正转电源电压，驱动电动机正向运转。调节端子 10、2、5 外接电位器 RP，变频器输出电源频率会发生改变，电动机转速也随之变化。

③ 停转控制。将开关 SA 拨至"停止"位置（悬空位置），STF、SD 端子连接切断，变频器停止输出电压，电动机停转。

④ 反转控制。将开关 SA 拨至"反转"位置，STR、SD 端子接通，相当于 STR 端子输入反转控制信号，变频器 U、V、W 端子输出反转电源电压，驱动电动机反向运转。调节电位器 RP，变频器输出电压频率会发生改变，电动机转速也随之变化。

⑤ 变频器异常保护。若变频器运行期间出现异常或故障，变频器 B、C 端子间内部等效的常闭开关断开，接触器 KM 线圈失电，KM 主触点断开，切断变频器输入电源，对变频器进行保护。

若要切断变频器输入主电源，须先将开关 SA 拨至"停止"位置，让变频器停止工作，再按下按钮 SB1，接触器 KM 线圈失电，KM 主触点断开，变频器输入电源被切断。该电路结构简单，缺点是在变频器正常工作时操作 SB1 可切断输入主电源，这样易损坏变频器。

3.2.2　继电器操作式正反转控制电路

继电器操作式正反转控制电路如图 3-4 所示，该电路采用 KA1、KA2 继电器分别进行正转和反转控制。

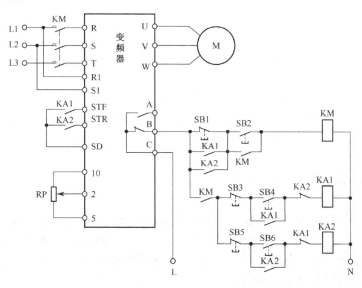

图 3-4　继电器操作式正反转控制电路

电路工作过程说明如下。

① 启动准备。按下按钮 SB2→接触器 KM 线圈得电→KM 主触点和两个常开辅助触点均闭合→KM 主触点闭合为变频器接通主电源，一个 KM 常开辅助触点闭合锁定 KM 线圈得电，另一个 KM 常开辅助触点闭合为中间继电器 KA1、KA2 线圈得电做准备。

② 正转控制。按下按钮 SB4→继电器 KA1 线圈得电→KA1 的 1 个常闭触点断开，3 个常开触点闭合→KA1 的常闭触点断开使 KA2 线圈无法得电，KA1 的 3 个常开触点闭合分别锁定 KA1 线圈得电、短接按钮 SB1 和接通 STF、SD 端子→STF、SD 端子接通，相当于 STF 端子输入正转控制信号，变频器 U、V、W 端子输出正转电源电压，驱动电动机正向运转。调节端子 10、2、5 外接电位器 RP，变频器输出电源频率会发生改变，电动机转速也随之变化。

③ 停转控制。按下按钮 SB3→继电器 KA1 线圈失电→3 个 KA 常开触点均断开，其中 1 个常开触点断开切断 STF、SD 端子的连接，变频器 U、V、W 端子停止输出电源电压，电动机停转。

④ 反转控制。按下按钮 SB6→继电器 KA2 线圈得电→KA2 的 1 个常闭触点断开，3 个常开触点闭合→KA2 的常闭触点断开使 KA1 线圈无法得电，KA2 的 3 个常开触点闭合分别锁定 KA2 线圈得电、短接按钮 SB1 和接通 STR、SD 端子→STR、SD 端子接通，相当于 STR 端子输入反转控制信号，变频器 U、V、W 端子输出反转电源电压，驱动电动机反向运转。

⑤ 变频器异常保护。若变频器运行期间出现异常或故障，变频器 B、C 端子间内部等效的常闭开关断开，接触器 KM 线圈失电，KM 主触点断开，切断变频器输入电源，对变频器进行保护。

若要切断变频器输入主电源，可在变频器停止工作时按下按钮 SB1，接触器 KM 线圈失电，KM 主触点断开，变频器输入电源被切断。由于在变频器正常工作期间（正转或反转），KA1 或 KA2 常开触点闭合将 SB1 短接，断开 SB1 无效，这样做可以避免在变频器工作时切断主电源。

3.3　工频/变频切换电路与参数设置

在变频调速系统运行过程中，如果变频器突然出现故障，这时若让负载停止工作可能会造成很大损失。为了解决这个问题，可给变频调速系统增设工频与变频切换功能，在变频器出现故障时自动将工频电源切换给电动机，以让系统继续工作。

3.3.1　变频器跳闸保护电路

变频器跳闸保护是指在变频器工作出现异常时切断电源，保护变频器不被损坏。

图 3-5 所示是一种常见的变频器跳闸保护电路。变频器 A、B、C 端子为异常输出端，A、C 之间相当于一个常开开关，B、C 之间相当于一个常闭开关，在变频器工作出现异常时，A、C 接通，B、C 断开。

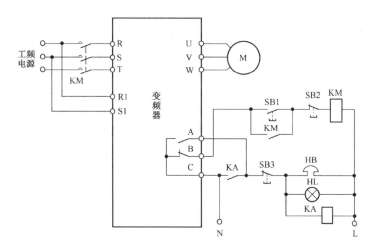

图 3-5　一种常见的变频器跳闸保护电路

电路工作过程说明如下。

（1）供电控制

按下按钮 SB1，接触器 KM 线圈得电，KM 主触点闭合，工频电源经 KM 主触点为变频器提供电源，同时 KM 常开辅助触点闭合，锁定 KM 线圈供电。按下按钮 SB2，接触器 KM 线圈失电，KM 主触点断开，切断变频器电源。

（2）异常跳闸保护

若变频器在运行过程中出现异常，A、C 之间闭合，B、C 之间断开。B、C 之间断开使接触器 KM 线圈失电，KM 主触点断开，切断变频器供电；A、C 之间闭合使继电器 KA 线圈得电，KA 触点闭合，振铃 HB 和报警灯 HL 得电，发出变频器工作异常声光报警。

按下按钮 SB3，继电器 KA 线圈失电，KA 常开触点断开，HB、HL 失电，声光报警停止。

 3.3.2　工频与变频切换电路

图 3-6 所示是一个典型的工频与变频切换控制电路。该电路在工作前需要先对一些参数进行设置。

电路工作过程说明如下。

（1）变频运行控制

① 启动准备。将开关 SA2 闭合，接通 MRS 端子，允许进行工频/变频切换。由于已设置 Pr.135=1 使切换有效，IPF、FU 端子输出低电平，中间继电器 KA1、KA3 线圈得电。KA3 线圈得电→KA3 常开触点闭合→接触器 KM3 线圈得电→KM3 主触点闭合，KM3 常闭辅助触点断开→KM3 主触点闭合将电动机与变频器输出端连接；KM3 常闭辅助触点断开使 KM2 线圈无法得电，实现 KM2、KM3 之间的互锁（KM2、KM3 线圈不能同时得电），电动机无法由变频和工频同时供电。KA1 线圈得电→KA1 常开触点闭合，为

KM1 线圈得电做准备→按下按钮 SB1→KM1 线圈得电→KM1 主触点、常开辅助触点均闭合→KM1 主触点闭合，为变频器供电；KM1 常开辅助触点闭合，锁定 KM1 线圈得电。

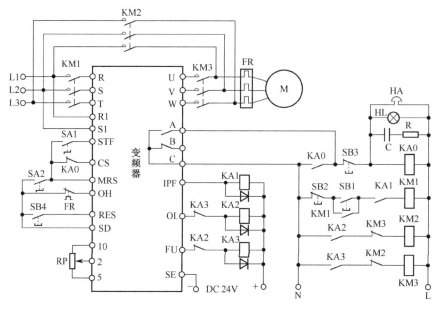

图 3-6 一个典型的工频与变频切换控制电路

② 启动运行。将开关 SA1 闭合，STF 端子输入信号（STF 端子经 SA1、SA2 与 SD 端子接通），变频器正转启动，调节电位器 RP 可以对电动机进行调速控制。

（2）变频/工频切换控制

当变频器运行中出现异常时，异常输出端子 A、C 接通，中间继电器 KA0 线圈得电，KA0 常开触点闭合，振铃 HA 和报警灯 HL 得电，发出声光报警。与此同时，IPF、FU 端子变为高电平，OL 端子变为低电平，KA1、KA3 线圈失电，KA2 线圈得电。KA1、KA3 线圈失电→KA1、KA3 常开触点断开→KM1、KM3 线圈失电→KM1、KM3 主触点断开→变频器与电源、电动机断开。KA2 线圈得电→KA2 常开触点闭合→KM2 线圈得电→KM2 主触点闭合→工频电源直接提供给电动机。（注：KA1、KA3 线圈失电与 KA2 线圈得电并不是同时进行的，有一定的切换时间，它与 Pr.136、Pr.137 的设置有关。）

按下按钮 SB3 可以解除声光报警，按下按钮 SB4，可以解除变频器的保护输出状态。若电动机在运行时出现过载，则与电动机串接的热继电器 FR 发热元件动作，使 FR 常闭触点断开，切断 OH 端子输入，变频器停止输出，对电动机进行保护。

3.3.3 参数设置

参数设置内容包括以下两部分。

（1）工频与变频切换功能设置

工频与变频切换有关参数功能及设置值如表 3-2 所示。

表 3-2　工频与变频切换有关参数功能及设置值

参数与设置值	功　能	设置值范围	说　明
Pr.135=1	工频/变频切换选择	0	切换功能无效。Pr.136、Pr.137、Pr.138 和 Pr.139 参数设置无效
		1	切换功能有效
Pr.136=0.3	继电器切换互锁时间	0～100.0s	设定 KA2 和 KA3 动作的互锁时间
Pr.137=0.5	启动等待时间	0～100.0s	设定时间应比信号输入到变频器至 KA3 实际接通的时间稍微长点（为 0.3～0.5s）
Pr.138=1	报警时的工频/变频切换选择	0	切换无效。当变频器发生故障时，变频器停止输出（KA2 和 KA3 断开）
		1	切换有效。当变频器发生故障时，变频器停止运行并自动切换到工频电源运行（KA2：ON；KA3：OFF）
Pr.139=9999	自动变频/工频电源切换选择	0～60.0Hz	当变频器输出频率达到或超过设定频率时，会自动切换到工频电源运行
		9999	不能自动切换

（2）部分输入/输出端子的功能设置

部分输入/输出端子的功能设置如表 3-3 所示。

表 3-3　部分输入/输出端子的功能设置

参数与设置值	功　能　说　明
Pr.185=7	将 JOG 端子功能设置成 OH 端子，用作过热保护输入端
Pr.186=6	将 CS 端子设置成自动再启动控制端子
Pr.192=17	将 IPF 端子设置成 KA1 控制端子
Pr.193=18	将 OL 端子设置成 KA2 控制端子
Pr.194=19	将 FU 端子设置成 KA3 控制端子

3.4　多挡速度控制电路与参数设置

变频器可以对电动机进行多挡转速驱动。在进行多挡转速控制时，需要对变频器有关参数进行设置，再操作相应端子外接开关。

3.4.1　多挡转速控制说明

变频器的 **RH、RM、RL** 为多挡转速控制端，**RH** 为高速挡，**RM** 为中速挡，**RL** 为低速挡。**RH、RM、RL** 端子组合可以进行 **7** 挡转速控制。多挡转速控制说明如图 3-7 所示，其中图 3-7（a）所示为多速控制电路图，图 3-7（b）为转速与多速控制端子通断关系图。

当开关 SA1 闭合时，RH 端子与 SD 端子接通，相当于给 RH 端子输入高速运转指令信号，变频器马上输出频率很高的电源去驱动电动机，电动机迅速启动并高速运转（1 速）。

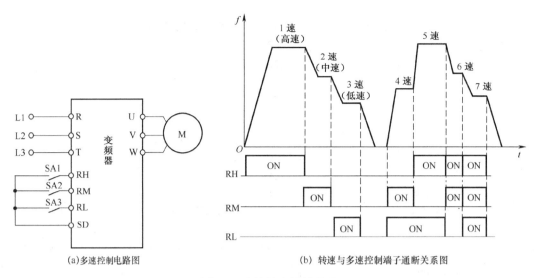

(a) 多速控制电路图　　　　　　　(b) 转速与多速控制端子通断关系图

图 3-7　多挡转速控制说明

当开关 SA2 闭合时（SA1 需断开），RM 端子与 SD 端子接通，变频器输出频率降低，电动机由高速转为中速运转（2 速）。

当开关 SA3 闭合时（SA1、SA2 需断开），RL 端子与 SD 端子接通，变频器输出频率进一步降低，电动机由中速转为低速运转（3 速）。

当 SA1、SA2、SA3 均断开时，变频器输出频率变为 0Hz，电动机由低速转为停转。

SA2、SA3 闭合，电动机 4 速运转；SA1、SA3 闭合，电动机 5 速运转；SA1、SA2 闭合，电动机 6 速运转；SA1、SA2、SA3 闭合，电动机 7 速运转。

图 3-7（b）曲线中的斜线表示变频器输出频率由一种频率转变到另一种频率需经历一段时间，在此期间，电动机也由一种转速变化到另一种转速；水平线表示输出频率稳定，电动机转速稳定。

3.4.2　多挡转速控制参数的设置

多挡转速控制参数包括多挡转速端子选择参数和多挡运行频率参数。

（1）多挡转速端子选择参数

在使用 RH、RM、RL 端子进行多速控制时，先要通过设置有关参数使这些端子控制有效。多挡转速端子选择参数设置如下。

- Pr.180=0，RL 端子控制有效；
- Pr.181=1，RM 端子控制有效；
- Pr.182=2，RH 端子控制有效；
- 以上某参数若设为 9999，则将该端子设为控制无效。

（2）多挡运行频率参数

如上所述，RH、RM、RL 端子组合可以进行 7 挡转速控制，各挡的具体运行频率需要由相应参数设置。多挡运行频率参数设置如表 3-4 所示。

表 3-4　多挡运行频率参数设置

参　数	速　度	出　厂　设　定	设　定　范　围	备　注
Pr.4	1 速	60Hz	0～400Hz	
Pr.5	2 速	30Hz	0～400Hz	
Pr.6	3 速	10Hz	0～400Hz	
Pr.24	4 速	9999	0～400Hz, 9999	9999: 无效
Pr.25	5 速	9999	0～400Hz, 9999	9999: 无效
Pr.26	6 速	9999	0～400Hz, 9999	9999: 无效
Pr.27	7 速	9999	0～400Hz, 9999	9999: 无效

 ### 3.4.3　多挡转速控制电路

图 3-8 所示是一个典型的多挡转速控制电路，它由主回路和控制回路两部分组成。该电路采用 KA0～KA3 四个中间继电器，其常开触点接在变频器的多挡转速控制输入端；电路还用 SQ1～SQ3 三个行程开关来检测运动部件的位置并进行转速切换控制。图 3-8 所示电路在运行前需要进行多挡转速控制参数的设置。

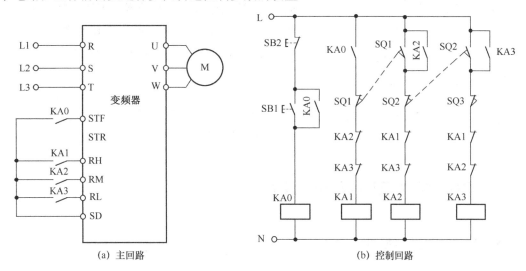

(a) 主回路　　　　　　　　　　　　　　(b) 控制回路

图 3-8　一个典型的多挡转速控制电路

电路工作过程说明如下。

① 启动并高速运转。按下启动按钮 SB1→中间继电器 KA0 线圈得电→3 个 KA0 常开触点均闭合，一个触点闭合锁定 KA0 线圈得电，一个触点闭合使 STF 端子与 SD 端子接通（即 STF 端子输入正转指令信号），还有一个触点闭合使 KA1 线圈得电→KA1 两个常闭触点断开，一个常开触点闭合→KA1 两个常闭触点断开使 KA2、KA3 线圈无法得电，KA1 常开触点闭合将 RH 端子与 SD 端子接通（即 RH 端子输入高速指令信号）→STF、RH 端子外接触点均闭合，变频器输出频率很高的电源，驱动电动机高速运转。

② 高速转中速运转。高速运转的电动机带动运动部件运行到一定位置时，行程开关 SQ1 动作→SQ1 常闭触点断开，常开触点闭合→SQ1 常闭触点断开使 KA1 线圈失电，RH

端子外接 KA1 触点断开；SQ1 常开触点闭合使继电器 KA2 线圈得电→KA2 两个常闭触点断开，两个常开触点闭合→KA2 两个常闭触点断开分别使 KA1、KA3 线圈无法得电；KA2 两个常开触点闭合，一个触点闭合锁定 KA2 线圈得电，另一个触点闭合使 RM 端子与 SD 端子接通（即 RM 端子输入中速指令信号）→变频器输出频率由高变低，电动机由高速转为中速运转。

③ 中速转低速运转。中速运转的电动机带动运动部件运行到一定位置时，行程开关 SQ2 动作→SQ2 常闭触点断开；常开触点闭合→SQ2 常闭触点断开使 KA2 线圈失电，RM 端子外接 KA2 触点断开；SQ2 常开触点闭合使继电器 KA3 线圈得电→KA3 两个常闭触点断开，两个常开触点闭合→KA3 两个常闭触点断开分别使 KA1、KA2 线圈无法得电；KA3 两个常开触点闭合，一个触点闭合锁定 KA3 线圈得电，另一个触点闭合使 RL 端子与 SD 端子接通（即 RL 端子输入低速指令信号）→变频器输出频率进一步降低，电动机由中速转为低速运转。

④ 低速转为停转。低速运转的电动机带动运动部件运行到一定位置时，行程开关 SQ3 动作→继电器 KA3 线圈失电→RL 端子与 SD 端子之间的 KA3 常开触点断开→变频器输出频率降为 0Hz，电动机由低速转为停止。按下按钮 SB2→KA0 线圈失电→STF 端子外接 KA0 常开触点断开，切断 STF 端子的输入。

图 3-8 所示电路中变频器输出频率变化曲线如图 3-9 所示，从图中可以看出，在行程开关动作时输出频率开始变化。

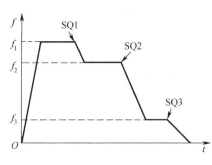

图 3-9 变频器输出频率变化曲线

3.5 PID 控制电路与参数设置

 ### 3.5.1 PID 控制原理

PID 控制又称比例微积分控制，是一种闭环控制。下面以图 3-10 所示的恒压供水系统为例来说明 PID 控制原理。

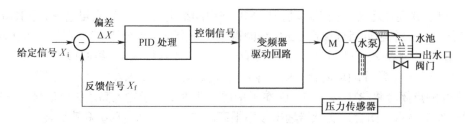

图 3-10 恒压供水系统

电动机驱动水泵将水抽入水池，水池中的水除经出水口提供用水外，还经阀门送到压力传感器，传感器将水压大小转换成相应的电信号 X_f，X_f 反馈到比较器与给定信号 X_i 进行比较，得到偏差信号 ΔX（$\Delta X=X_i-X_f$）。

若 $\Delta X>0$，表明水压小于给定值，偏差信号经 PID 处理得到控制信号，控制变频器驱动回路，使之输出频率上升，电动机转速加快，水泵抽水量增多，水压增大。

若 $\Delta X<0$，表明水压大于给定值，偏差信号经 PID 处理得到控制信号，控制变频器驱动回路，使之输出频率下降，电动机转速变慢，水泵抽水量减少，水压下降。

若 $\Delta X=0$，表明水压等于给定值，偏差信号经 PID 处理得到控制信号，控制变频器驱动回路，使之输出频率不变，电动机转速不变，水泵抽水量不变，水压不变。

控制回路的滞后性会使水压值总与给定值有偏差。例如，当用水量增多水压下降时，电路需要对有关信号进行处理，再控制电动机转速变快，提高水泵抽水量，从压力传感器检测到水压下降到控制电动机转速加快，提高抽水量，恢复水压需要一定时间。通过提高电动机转速恢复水压后，系统又要将电动机转速调回正常值，这也需要一定时间，在这段回调时间内水泵抽水量会偏多，导致水压又增大，又需进行反调。这样的结果是水池水压会在给定值上下波动（振荡），即水压不稳定。

采用 PID 处理可以有效减小控制环路滞后和过调问题（无法彻底消除）。PID 包括 P（比例）处理、I（积分）处理和 D（微分）处理。P 处理是将偏差信号 ΔX 按比例放大，提高控制的灵敏度；I 处理是对偏差信号进行积分处理，缓解 P 处理比例放大量过大引起的超调和振荡；D 处理是对偏差信号进行微分处理，以提高控制的迅速性。

 3.5.2 PID 控制参数设置

为了让 PID 控制达到理想效果，需要对 PID 控制参数进行设置。PID 控制参数说明如表 3-5 所示。

表 3-5 PID 控制参数说明

参 数	名 称	设 定 值	说 明		
Pr.128	选择 PID 控制	10	对于加热、压力等进行控制	偏差量信号输入（端子 1）	PID 负作用
		11	对于冷却等进行控制		PID 正作用
		20	对于加热、压力等进行控制	检测值输入（端子 4）	PID 负作用
		21	对于冷却等进行控制		PID 正作用
Pr.129	PID 比例范围常数	0.1～1000	如果比例范围较窄（参数设定值较小），反馈量的微小变化会引起执行量的很大改变。因此，随着比例范围变窄，响应的灵敏性（增益）得到改善，但稳定性变差，如发生振荡。 增益 $K=1/$比例范围		
		9999	无比例控制		
Pr.130	PID 积分时间常数	0.1～3600s	这个时间是指由积分（I）作用时达到与比例（P）作用时相同的执行量所需要的时间，随着积分时间的减少，到达设定值就越快，但也容易发生振荡		
		9999	无积分控制		
Pr.131	上限值	0%～100%	设定上限，如果检测值超过此设定，就输出 FUP 信号（检测值的 4mA 等于 0%，20mA 等于 100%）		
		9999	功能无效		

（续表）

参　数	名　称	设　定　值	说　明
Pr.132	下限值	0%～100%	设定下限（如果检测值超出设定范围，则输出一个报警。同样，检测值的 4mA 等于 0%，20mA 等于 100%）
		9999	功能无效
Pr.133	用 PU 设定的 PID 控制设定值	0%～100%	仅在 PU 操作或 PU/外部组合模式下对于 PU 指令有效。对于外部操作，设定值由端子 2-5 间的电压决定（Pr.902 值等于 0%，Pr.903 值等于 100%）
Pr.134	PID 微分时间常数	0.01～10.00s	时间值仅要求向微分作用提供一个与比例作用相同的检测值。随着时间的增加，偏差改变会有较大的响应
		9999	无微分控制

3.5.3　PID 控制应用举例

图 3-11 所示是一种典型的 PID 控制应用电路。在进行 PID 控制时，先要接好线路，然后设置 PID 控制参数，再设置端子功能参数，最后操作运行。

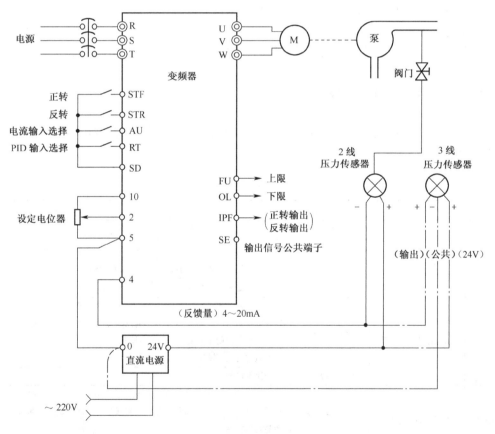

图 3-11　一种典型的 PID 控制应用电路

（1）PID 控制参数设置

图 3-11 所示电路的 PID 控制参数设置如表 3-6 所示。

表 3-6　PID 控制参数设置

参数及设置值	说　明
Pr.128=20	将端子 4 设为 PID 控制的压力检测输入端
Pr.129=30	将 PID 比例调节设为 30%
Pr.130=10	将 PID 积分时间常数设为 10s
Pr.131=100%	设定上限值范围为 100%
Pr.132=0%	设定下限值范围为 0%
Pr.133=50%	设定 PU 操作时的 PID 控制设定值（外部操作时，设定值由 2-5 端子间的电压决定）
Pr.134=3s	将 PID 微分时间常数设为 3s

（2）端子功能参数设置

PID 控制时需要通过设置有关参数定义某些端子功能。端子功能参数设置如表 3-7 所示。

表 3-7　端子功能参数设置

参数及设置值	说　明
Pr.183=14	将 RT 端子设为 PID 控制端，用于启动 PID 控制
Pr.192=16	设置 IPF 端子输出正反转信号
Pr.193=14	设置 OL 端子输出下限信号
Pr.194=15	设置 FU 端子输出上限信号

（3）操作运行

① 设置外部操作模式。设定 Pr.79=2，面板上的"EXT"指示灯亮，指示当前为外部操作模式。

② 启动 PID 控制。将 AU 端子外接开关闭合，选择端子 4 电流输入有效；将 RT 端子外接开关闭合，启动 PID 控制；将 STF 端子外接开关闭合，启动电动机正转。

③ 改变给定值。调节设定电位器，2-5 端子间的电压变化，PID 控制的给定值随之变化，电动机转速会发生变化。例如，给定值大，正向偏差（$\Delta X>0$）增大，相当于反馈值减小，PID 控制使电动机转速变快，水压增大，端子 4 的反馈值增大，偏差慢慢减小，当偏差接近 0 时，电动机转速保持稳定。

④ 改变反馈值。调节阀门，改变水压大小来调节端子 4 输入的电流（反馈值），PID 控制的反馈值变化，电动机转速就会发生变化。例如，阀门调大，水压增大，反馈值大，负向偏差（$\Delta X<0$）增大，相当于给定值减小，PID 控制使电动机转速变慢，水压减小，端子 4 的反馈值减小，偏差慢慢减小，当偏差接近 0 时，电动机转速保持稳定。

⑤ PU 操作模式下的 PID 控制。设定 Pr.79=1，面板上的"PU"指示灯亮，指示当前为 PU 操作模式。按"FWD"键或"REV"键，启动 PID 控制，运行在 Pr.133 设定值上，按"STOP"键停止 PID 运行。

PLC 与变频器的综合应用

在不外接控制器（如 PLC）的情况下，直接操作变频器有三种方式：①操作面板上的按键；②操作接线端子连接的部件（如按钮和电位器）；③复合操作（如操作面板设置频率，操作接线端子连接的按钮进行启/停控制）。为了操作方便和充分利用变频器，常常采用 PLC 来控制变频器。PLC 控制变频器有三种基本方式：①以开关量方式控制；②以模拟量方式控制；③以 RS-485 通信方式控制。

4.1 PLC 以开关量方式控制变频器的硬件连接与实例

4.1.1 PLC 以开关量方式控制变频器的硬件连接

变频器有很多开关量端子，如正转、反转和多挡转速控制端子等。不使用 PLC 时，只要给这些端子接上开关就能对变频器进行正转、反转和多挡转速控制。当使用 PLC 控制变频器时，若 PLC 以开关量方式对变频器进行控制，则需要将 PLC 的开关量输出端子与变频器的开关量输入端子连接起来，为了检测变频器某些状态，同时可以将变频器的开关量输出端子与 PLC 的开关量输入端子连接起来。

PLC 以开关量方式控制变频器的硬件连接如图 4-1 所示。当 PLC 内部程序运行使 Y001 端子内部硬触点闭合时，相当于变频器的 STF 端子外部开关闭合，STF 端子输入为 ON，

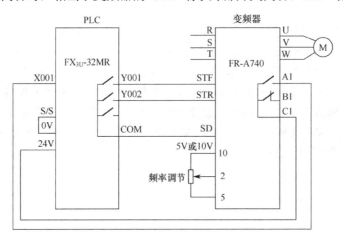

图 4-1　PLC 以开关量方式控制变频器的硬件连接

变频器启动电动机正转，调节 10、2、5 端子所接电位器可以改变端子 2 的输入电压，从而改变变频器输出电源的频率，进而改变电动机的转速。当变频器内部出现异常时，A1、C1 端子之间的内部触点闭合，相当于 PLC 的 X001 端子外部开关闭合，X001 端子输入为 ON。

4.1.2　PLC 以开关量方式控制变频器实例一——电动机正反转控制

1. 控制线路图

PLC 以开关量方式控制变频器驱动电动机正反转的线路图如图 4-2 所示。

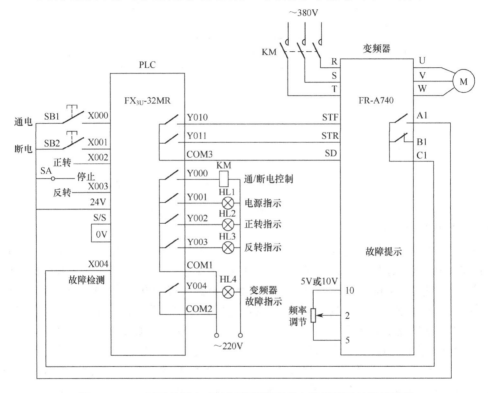

图 4-2　PLC 以开关量方式控制变频器驱动电动机正反转的线路图

2. 参数设置

在使用 PLC 控制变频器时，需要对变频器进行有关参数设置，具体如表 4-1 所示。

表 4-1　变频器的有关参数及设置值

参 数 名 称	参 数 号	设 置 值
加速时间	Pr.7	5s
减速时间	Pr.8	3s
加/减速基准频率	Pr.20	50Hz
基底频率	Pr.3	50Hz
上限频率	Pr.1	50Hz
下限频率	Pr.2	0Hz
运行模式	Pr.79	2

3. PLC 程序

变频器有关参数设置好后，还要用编程软件编写相应的 PLC 控制程序并下载到 PLC。PLC 控制变频器驱动电动机正反转的 PLC 程序如图 4-3 所示。

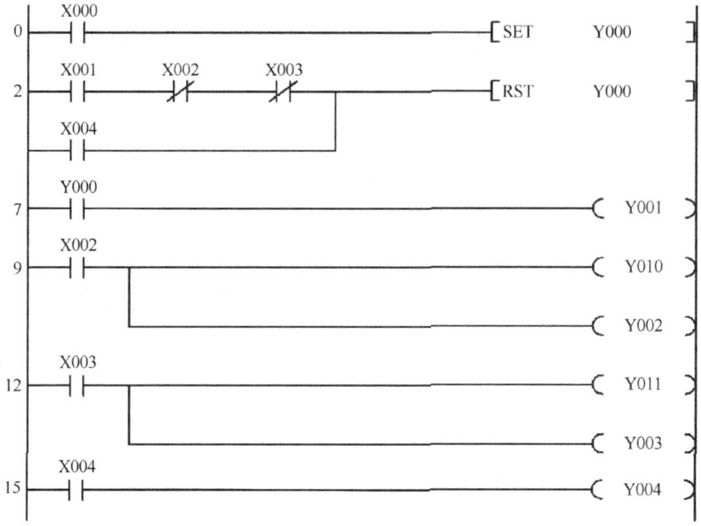

图 4-3　PLC 控制变频器驱动电动机正反转的 PLC 程序

下面对照图 4-2 所示线路图和图 4-3 所示程序来说明 PLC 以开关量方式变频器驱动电动机正反转的工作原理。

① 通电控制。当按下通电按钮 SB1 时，PLC 的 X000 端子输入为 ON，它使程序中的[0]X000 常开触点闭合，"SET Y000" 指令执行，线圈 Y000 被置 1，Y000 端子内部的硬触点闭合，接触器 KM 线圈得电，KM 主触点闭合，将 380V 的三相交流电源送到变频器的 R、S、T 端子。Y000 线圈被置 1 还会使[7]Y000 常开触点闭合，Y001 线圈得电，Y001 端子内部的硬触点闭合，HL1 指示灯通电点亮，指示 PLC 做出通电控制。

② 正转控制。将三挡开关 SA 置于"正转"位置时，PLC 的 X002 端子输入为 ON，它使程序中的[9]X002 常开触点闭合，Y010、Y002 线圈均得电。Y010 线圈得电使 Y010 端子内部的硬触点闭合，将变频器的 STF、SD 端子接通，即 STF 端子输入为 ON，变频器输出电源使电动机正转；Y002 线圈得电后使 Y002 端子内部的硬触点闭合，HL2 指示灯通电点亮，指示 PLC 做出正转控制。

③ 反转控制。将三挡开关 SA 置于"反转"位置时，PLC 的 X003 端子输入为 ON，它使程序中的[12]X003 常开触点闭合，Y011、Y003 线圈均得电。Y011 线圈得电使 Y011 端子内部的硬触点闭合，将变频器的 STR、SD 端子接通，即 STR 端子输入为 ON，变频器输出电压使电动机反转；Y003 线圈得电后使 Y003 端子内部的硬触点闭合，HL3 指示灯通电点亮，指示 PLC 做出反转控制。

④ 停转控制。在电动机处于正转或反转时，若将 SA 开关置于"停止"位置，X002 或 X003 端子输入为 OFF，程序中的 X002 或 X003 常开触点断开，Y010、Y002 或 Y011、Y003 线圈失电，Y010、Y002 或 Y011、Y003 端子内部的硬触点断开，变频器的 STF 或 STR 端子输入为 OFF，变频器停止输出电压，电动机停转，同时 HL2 或 HL3 指示灯熄灭。

⑤ 断电控制。当 SA 置于"停止"位置使电动机停转时，若按下断电按钮 SB2，则

PLC 的 X001 端子输入为 ON，它使程序中的[2]X001 常开触点闭合，执行"RST Y000"指令，Y000 线圈被复位失电，Y000 端子内部的硬触点断开，接触器 KM 线圈失电，KM 主触点断开，切断变频器的输入电压。Y000 线圈失电还会使[7]Y000 常开触点断开，Y001 线圈失电，Y001 端子内部的硬触点断开，HL1 指示灯熄灭。如果 SA 处于"正转"或"反转"位置，则[2]X002 或 X003 常闭触点断开，无法执行 "RST Y000"指令，即电动机在正转或反转时，操作 SB2 按钮是不能断开变频器输入电压的。

　　⑥ 故障保护。如果变频器内部保护功能动作，A1、C1 端子间的内部触点闭合，PLC 的 X004 端子输入为 ON，程序中的[2]X004 常开触点闭合，执行"RST Y000"指令，Y000 端子内部的硬触点断开，接触器 KM 线圈失电，KM 主触点断开，切断变频器的输入电压，保护变频器。另外，[15]X004 常开触点闭合，Y004 线圈得电，Y004 端子内部的硬触点闭合，HL4 指示灯通电点亮，指示变频器有故障。

4.1.3　PLC 以开关量方式控制变频器实例二——电动机多挡转速控制

变频器可以连续调速，也可以分挡调速，FR-500 系列变频器有 RH（高速）、RM（中速）和 RL（低速）三个控制端子，通过这三个端子的组合输入，可以实现七挡转速控制。如果将 PLC 的输出端子与变频器的这些端子连接，就可以用 PLC 控制变频器来驱动电动机多挡转速运行。

1. 控制线路图

PLC 以开关量方式控制变频器驱动电动机多挡转速运行的线路图如图 4-4 所示。

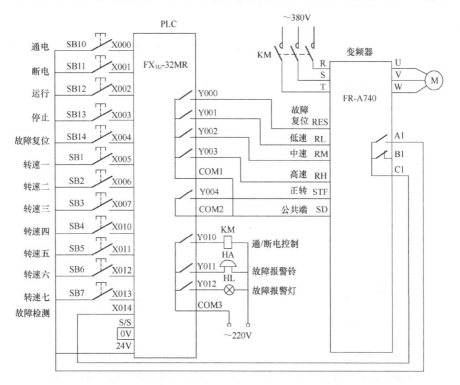

图 4-4　PLC 以开关量方式控制变频器驱动电动机多挡转速运行的线路图

2. 参数设置

在用 PLC 对变频器进行多挡转速控制时，需要对变频器进行有关参数设置，参数可分为基本运行参数和多挡转速参数，具体如表 4-2 所示。

表 4-2　变频器的有关参数及设置值

分　类	参　数　名　称	参　数　号	设　定　值
基本运行参数	转矩提升	Pr.0	5%
	上限频率	Pr.1	50Hz
	下限频率	Pr.2	5Hz
	基底频率	Pr.3	50Hz
	加速时间	Pr.7	5s
	减速时间	Pr.8	4s
	加/减速基准频率	Pr.20	50Hz
	操作模式	Pr.79	2
多挡转速参数	转速一（RH 为 ON 时）	Pr.4	15 Hz
	转速二（RM 为 ON 时）	Pr.5	20 Hz
	转速三（RL 为 ON 时）	Pr.6	50 Hz
	转速四（RM、RL 均为 ON 时）	Pr.24	40 Hz
	转速五（RH、RL 均为 ON 时）	Pr.25	30 Hz
	转速六（RH、RM 均为 ON 时）	Pr.26	25 Hz
	转速七（RH、RM、RL 均为 ON 时）	Pr.27	10 Hz

3. PLC 程序

PLC 以开关量方式控制变频器驱动电动机多挡转速运行的 PLC 程序如图 4-5 所示。

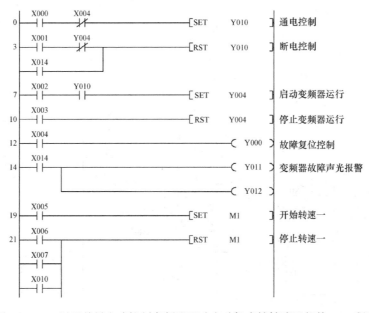

图 4-5　PLC 以开关量方式控制变频器驱动电动机多挡转速运行的 PLC 程序

```
         X011
         ─┤├─
         X012
         ─┤├─
         X013
         ─┤├─
         X006
    28   ─┤├─                              ─[SET    M2  ]─    开始转速二
         X005
    30   ─┤├─                              ─[RST    M2  ]─    停止转速二
         X007
         ─┤├─
         X010
         ─┤├─
         X011
         ─┤├─
         X012
         ─┤├─
         X013
         ─┤├─
         X007
    37   ─┤├─                              ─[SET    M3  ]─    开始转速三
         X005
    39   ─┤├─                              ─[RST    M3  ]─    停止转速三
         X006
         ─┤├─
         X010
         ─┤├─
         X011
         ─┤├─
         X012
         ─┤├─
         X013
         ─┤├─
         X010
    46   ─┤├─                              ─[SET    M4  ]─    开始转速四
         X005
    48   ─┤├─                              ─[RST    M4  ]─    停止转速四
         X006
         ─┤├─
         X007
         ─┤├─
         X011
         ─┤├─
         X012
         ─┤├─
         X013
         ─┤├─
         X011
    55   ─┤├─                              ─[SET    M5  ]─    开始转速五
         X005
    57   ─┤├─                              ─[RST    M5  ]─    停止转速五
         X006
         ─┤├─
         X007
         ─┤├─
         X010
         ─┤├─
         X012
         ─┤├─
         X013
         ─┤├─
         X012
    64   ─┤├─                              ─[SET    M6  ]─    开始转速六
```

图 4-5　PLC 以开关量方式控制变频器驱动电动机多挡转速运行的 PLC 程序（续）

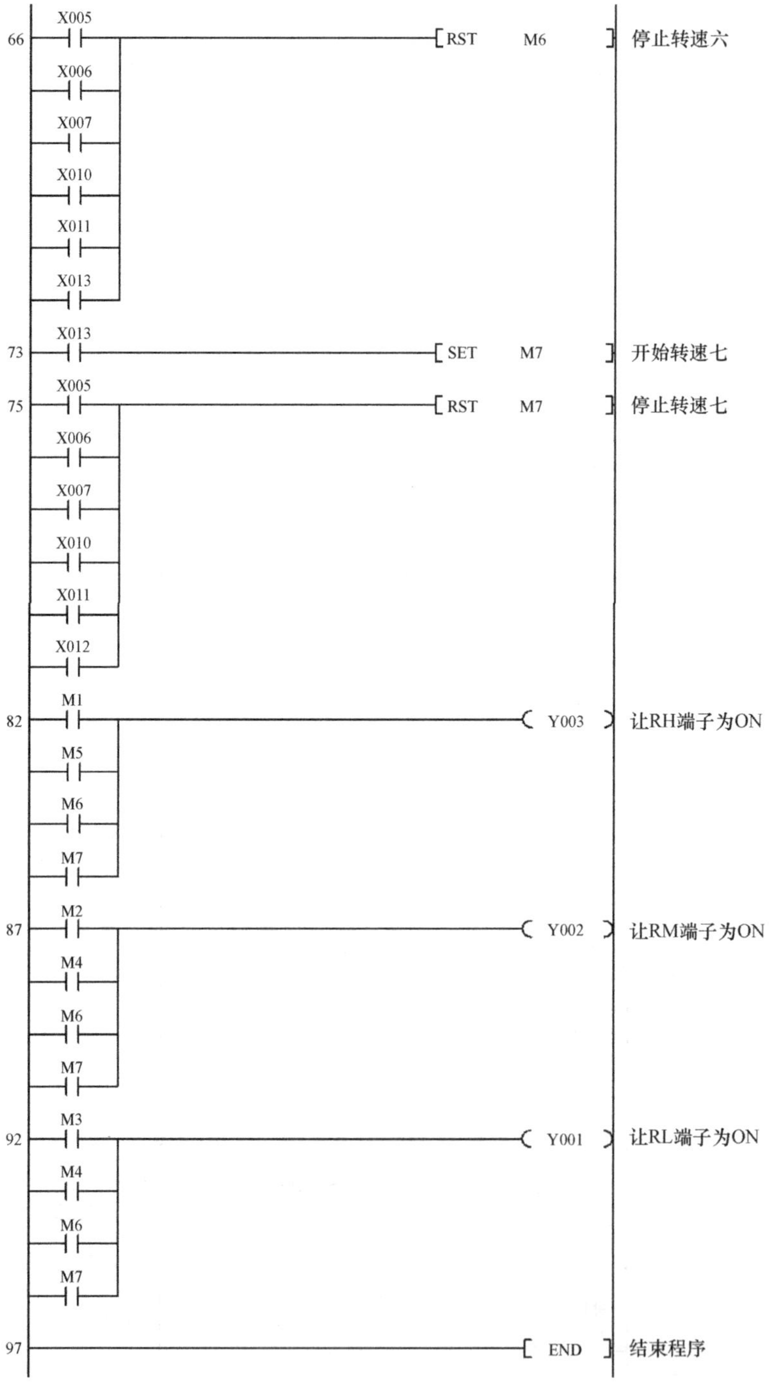

图 4-5　PLC 以开关量方式控制变频器驱动电动机多挡转速运行的 PLC 程序（续）

下面对照图 4-4 所示线路图和图 4-5 所示程序来说明 PLC 以开关量方式控制变频器驱动电动机多挡转速运行的工作原理。

① 通电控制。当按下通电按钮 SB10 时，PLC 的 X000 端子输入为 ON，它使程序中的[0]X000 常开触点闭合，"SET Y010"指令执行，线圈 Y010 被置 1，Y010 端子内部的

硬触点闭合，接触器 KM 线圈得电，KM 主触点闭合，将 380V 的三相交流电源送到变频器的 R、S、T 端子。

②　断电控制。当按下断电按钮 SB11 时，PLC 的 X001 端子输入为 ON，它使程序中的[3]X001 常开触点闭合，"RST Y010" 指令执行，线圈 Y010 被复位失电，Y010 端子内部的硬触点断开，接触器 KM 线圈失电，KM 主触点断开，切断变频器 R、S、T 端子的输入电源。

③　启动变频器运行。当按下运行按钮 SB12 时，PLC 的 X002 端子输入为 ON，它使程序中的[7]X002 常开触点闭合，由于 Y010 线圈已得电，它使 Y010 常开触点处于闭合状态，"SET Y004" 指令执行，Y004 线圈被置 1 而得电，Y004 端子内部的硬触点闭合，将变频器的 STF、SD 端子接通，即 STF 端子输入为 ON，变频器输出电源启动电动机正向运转。

④　停止变频器运行。当按下停止按钮 SB13 时，PLC 的 X003 端子输入为 ON，它使程序中的[10]X003 常开触点闭合，"RST Y004" 指令执行，Y004 线圈被复位而失电，Y004 端子内部的硬触点断开，将变频器的 STF、SD 端子断开，即 STF 端子输入为 OFF，变频器停止输出电源，电动机停转。

⑤　故障报警及复位。如果变频器内部出现异常而导致保护电路动作，A1、C1 端子间的内部触点闭合，PLC 的 X014 端子输入为 ON，程序中的[14]X014 常开触点闭合，Y011、Y012 线圈得电，Y011、Y012 端子内部的硬触点闭合，故障报警铃和故障报警灯均得电而发出声光报警；同时，[3]X014 常开触点闭合，"RST Y010" 指令执行，线圈 Y010 被复位失电，Y010 端子内部的硬触点断开，接触器 KM 线圈失电，KM 主触点断开，切断变频器 R、S、T 端子的输入电源。变频器故障排除后，当按下故障复位按钮 SB14 时，PLC 的 X004 端子输入为 ON，它使程序中的[12]X004 常开触点闭合，Y000 线圈得电，变频器的 RES 端输入为 ON，解除保护电路的保护状态。

⑥　转速一控制。变频器启动运行后，按下按钮 SB1（转速一），PLC 的 X005 端子输入为 ON，它使程序中的[19]X005 常开触点闭合，"SET M1" 指令执行，线圈 M1 被置 1，[82]M1 常开触点闭合，Y003 线圈得电，Y003 端子内部的硬触点闭合，变频器的 RH 端子输入为 ON，让变频器输出转速一设定频率的电源驱动电动机运转。按下 SB2～SB7 中的某个按钮，会使 X006、X007、X010～X013 中的某个常开触点闭合，"RST M1" 指令执行，线圈 M1 被复位失电，[82]M1常开触点断开，Y003 线圈失电，Y003 端子内部的硬触点断开，变频器的 RH 端子输入为 OFF，停止按转速一运行。

⑦　转速四控制。按下按钮 SB4（转速四），PLC 的 X010 端子输入为 ON，它使程序中的[46]X010 常开触点闭合，"SET M4" 指令执行，线圈 M4 被置 1，[87]、[92]M4 常开触点均闭合，Y002、Y001 线圈均得电，Y002、Y001 端子内部的硬触点均闭合，变频器的 RM、RL 端子输入均为 ON，让变频器输出转速四设定频率的电源驱动电动机运转。按下 SB1～SB3 或 SB5～SB7 中的某个按钮，会使 X005～X007 或 X011～X013 中的某个常开触点闭合，"RST M4" 指令执行，线圈 M4 被复位失电，[87]、[92]M4 常开触点均断开，Y002、Y0S01 线圈均失电，Y002、Y001 端子内部的硬触点均断开，变频器的 RM、

RL 端输入均为 OFF，停止按转速四运行。

其他转速控制与上述转速控制过程类似，这里不再赘述。变频器 RH、RM、RL 端子的输入状态与对应的电动机转速的关系如图 4-6 所示。

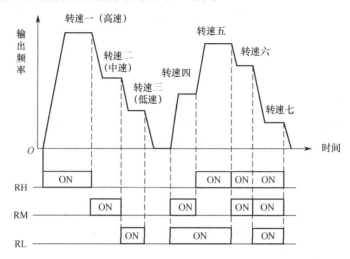

图 4-6　变频器 RH、RM、RL 端子的输入状态与对应的电动机转速的关系

4.2 　PLC 以模拟量方式控制变频器的硬件连接与实例

 ### 4.2.1　PLC 以模拟量方式控制变频器的硬件连接

变频器有一些电压和电流模拟量输入端子，改变这些端子的电压或电流输入值可以改变电动机的转速。如果将这些端子与 PLC 的模拟量输出端子连接，就可以利用 PLC 控制变频器来调节电动机的转速。模拟量是一种连续变化的量，利用模拟量控制功能可以使电动机的转速连续变化（无级变速）。

PLC 以模拟量方式控制变频器的硬件连接如图 4-7 所示，由于三菱 FX$_{2N}$-32MR 型 PLC 无模拟量输出功能，需要给它连接模拟量输出模块（如 FX$_{2N}$-4DA），再将模拟量输出模块的输出端子与变频器的模拟量输入端子连接。当变频器的 STF 端子外部开关闭合时，该端子输入为 ON，变频器启动电动机正转，PLC 内部程序运行时产生的数字量数据通过连接电缆送到模拟量输出模块（DA 模块），由其转换成 0～5V 或 0～10V 范围内的电压（模拟量）送到变频器 2、5 端子，控制变频器输出电源的频率，进而控制电动机的转速。如果 DA 模块输出到变频器 2、5 端子的电压发生变化，变频器输出电源频率也会变化，电动机转速就会变化。

PLC 在以模拟量方式控制变频器的模拟量输入端子时，也可同时用开关量方式控制变频器的开关量输入端子。

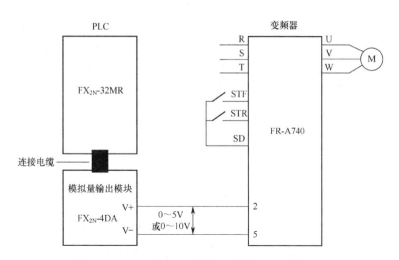

图 4-7　PLC 以模拟量方式控制变频器的硬件连接

4.2.2　PLC 以模拟量方式控制变频器的实例——中央空调冷却水流量控制

1. 中央空调系统的组成与工作原理

中央空调系统的组成如图 4-8 所示。

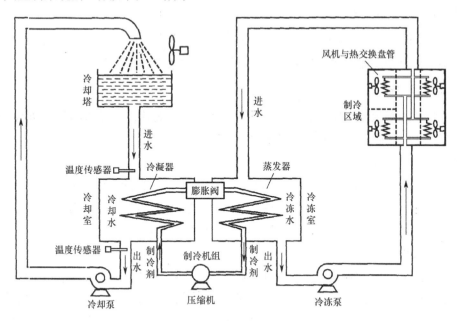

图 4-8　中央空调系统的组成

中央空调系统由三个循环系统组成，分别是制冷剂循环系统、冷却水循环系统和冷冻水循环系统。

制冷剂循环系统的工作原理：压缩机从进气口吸入制冷剂（如氟利昂），在内部压缩后排出高温高压的气态制冷剂进入冷凝器（由散热良好的金属管做成）；冷凝器浸在冷却水中，冷凝器中的制冷剂被冷却后，得到低温高压的液态制冷剂，然后经膨胀阀（用于控制制冷剂的流量大小）进入蒸发器（由散热良好的金属管做成）；由于蒸发器管道空间大，液态制冷剂压力减小，马上汽化成气态制冷剂。制冷剂在由液态变成气态时会吸收大量的热量，蒸发器管道因被吸热而温度降低。由于蒸发器浸在水中，水的温度也因此而下降，蒸发器出来的低温低压的气态制冷剂被压缩机吸入，压缩成高温高压的气态制冷剂又进入冷凝器，开始下一次循环过程。

冷却水循环系统的工作原理：冷却塔内的水流入制冷机组的冷却室，高温冷凝器往冷却水散热，使冷却水温度上升（如 37℃）；升温的冷却水被冷却泵抽吸并排往冷却塔，水被冷却（如冷却到 32℃）后流进冷却塔，然后又流入冷却室，开始下一次冷却水循环。冷却室的出水温度要高于进水温度，两者存在温差，出、进水温差大小反映冷凝器产生的热量多少，冷凝器产生的热量越多，出水温度越高，出、进水温差越大。为了能带走冷凝器更多的热量来提高制冷机组的制冷效率，当出、进水温差较大（出水温度高）时，应提高冷却泵电动机的转速，加快冷却室内水的流速来降低水温，使出、进水温差减小。实际运行表明，出、进水温差控制在 3～5℃ 范围内较为合适。

冷冻水循环系统的工作原理：制冷区域的热交换盘管中的水进入制冷机组的冷冻室，经蒸发器冷却后水温降低（如 7℃）；低温水被冷冻泵抽吸并排往制冷区域的各个热交换盘管，在风机作用下，空气通过低温盘管（内有低温水通过）时温度下降，使制冷区域的室内空气温度下降，热交换盘管内的水温则会升高（如升高到 12℃）；从盘管中流出的升温水汇集后又流进冷冻室，被低温蒸发器冷却后，再经冷冻泵抽吸并排往制冷区域的各个热交换盘管，开始下一次冷冻水循环。

2. 中央空调冷却水流量控制的 PLC 与变频器线路图

中央空调冷却水流量控制的 PLC 与变频器线路图如图 4-9 所示。

3. PLC 程序

中央空调冷却水流量控制的 PLC 程序由 D/A 转换程序、温差检测与自动调速程序、手动调速程序、变频器启/停/报警及电动机选择程序组成。

（1）D/A 转换程序

D/A 转换程序的功能是将 PLC 指定存储单元中的数字量转换成模拟量并输出到变频器的调速端子。本例利用 FX$_{2N}$-2DA 模块将 PLC 的 D100 单元中的数字量转换成 0～10V 电压去变频器的 2、5 端子。D/A 转换程序如图 4-10 所示。

（2）温差检测与自动调速程序

温差检测与自动调速程序如图 4-11 所示。温度检测模块（FX$_{2N}$-4AD-PT）将出水和进水温度传感器检测到的温度值转换成数字量，分别存入 D21 和 D20，两者相减后得到的温差值存入 D25。在自动调速方式（X010 常开触点闭合）时，PLC 每隔 4s 检测一次温差，如果温差值>5℃，自动将 D100 中的数字量提高 40，转换成模拟量去控制变频器，使其频率提升 0.5Hz，冷却泵电动机转速随之加快；如果温差值<4.5℃，自动将 D100 中的数字量减小 40，使变频器的频率降低 0.5Hz，冷却泵电动机转速随之降低；如果 4.5℃≤温差值≤5℃，则 D100 中的数字量保持不变，变频器的频率不变，冷却泵电动机转速也不变。为了将变频器的频率限制在 30～50Hz，程序将 D100 的数字量限制在 2400～4000 范围内。

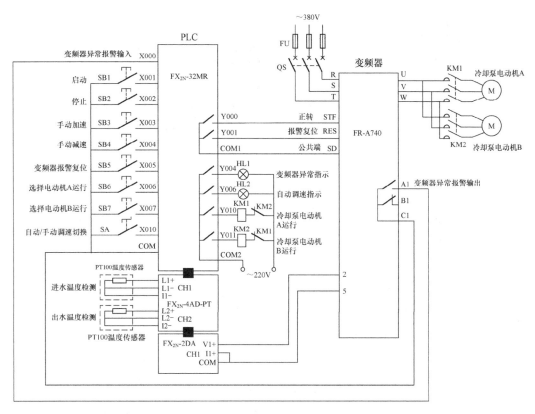

图 4-9　中央空调冷却水流量控制的 PLC 与变频器线路图

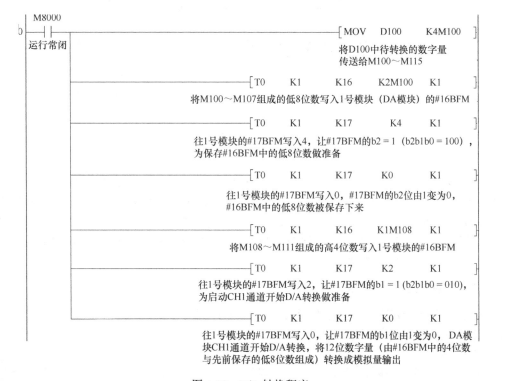

图 4-10　D/A 转换程序

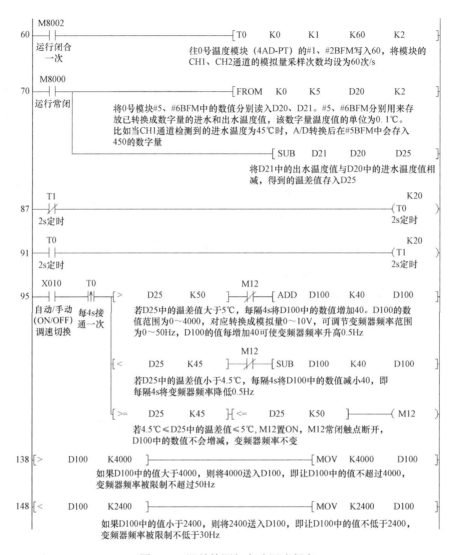

图4-11　温差检测与自动调速程序

（3）手动调速程序

手动调速程序如图 4-12 所示。在手动调速方式（X010 常闭触点闭合）时，X003 触点每闭合一次，D100 中的数字量就增加 40，由 DA 模块转换成模拟量后使变频器频率提高 0.5Hz；X004 触点每闭合一次，D100 中的数字量就减小 40，由 DA 模块转换成模拟量后使变频器频率降低 0.5Hz。为了将变频器的频率限制在 30～50Hz，程序将 D100 中的数字量限制在 2400～4000 范围内。

（4）变频器启/停/报警及电动机选择程序

变频器启/停/报警及电动机选择程序如图 4-13 所示。下面对照图 4-9 所示线路图和图 4-13 来说明该程序的工作原理。

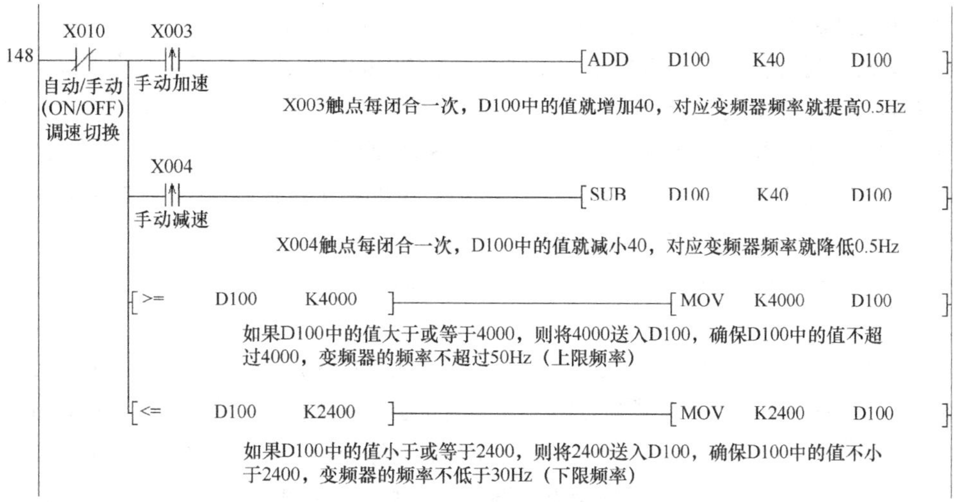

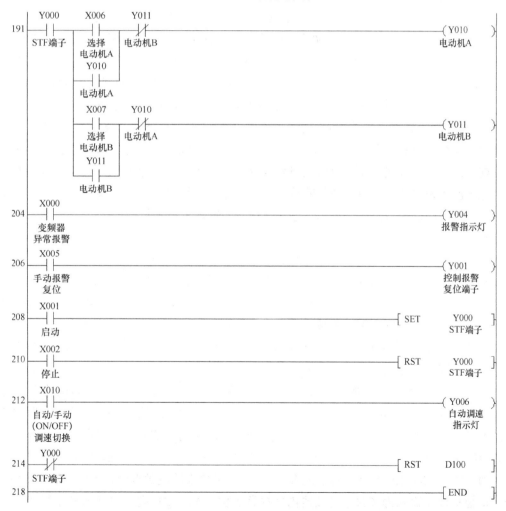

图 4-12 手动调速程序

图 4-13 变频器启/停/报警及电动机选择程序

① 变频器启动控制。按下启动按钮 SB1，PLC 的 X001 端子输入为 ON，程序中的 [208]X001 常开触点闭合，将 Y000 线圈置 1，[191]Y000 常开触点闭合，为选择电动机做准备；[214]Y000 常闭触点断开，停止对 D100（存放用作调速的数字量）复位。另外，PLC 的 Y000 端子内部的硬触点闭合，变频器 STF 端子输入为 ON，启动变频器从 U、V、W 端子输出正转电源，正转电源频率由 D100 中的数字量决定。Y000 常闭触点断开停止 D100 复位后，手动调速程序的[148]指令马上往 D100 写入 2400，D100 中的 2400 随之由 D/A 转换程序转换成 6V 电压，送到变频器的 2、5 端子，使变频器输出的正转电源频率为 30Hz。

② 冷却泵电动机选择。按下选择电动机 A 运行的按钮 SB6，[191]X006 常开触点闭合，Y010 线圈得电，Y010 自锁触点闭合，锁定 Y010 线圈得电；同时，Y010 硬触点也闭合，Y010 端子外部接触器 KM1 线圈得电，KM1 主触点闭合，将冷却泵电动机 A 与变频器的 U、V、W 端子接通，变频器输出电源驱动冷却泵电动机 A 运行。按钮 SB7 用于选择电动机 B 运行，其工作过程与电动机 A 相同。

③ 变频器停止控制。按下停止按钮 SB2，PLC 的 X002 端子输入为 ON，程序中的 [210]X002 常开触点闭合，将 Y000 线圈复位，[191]Y000 常开触点断开，Y010、Y011 线圈均失电，KM1、KM2 线圈失电，KM1、KM2 主触点均断开，将变频器与两个电动机断开；[214]Y000 常闭触点闭合，对 D100 复位；另外，PLC 的 Y000 端子内部的硬触点断开，变频器 STF 端子输入为 OFF，变频器停止从 U、V、W 端子输出电源。

④ 自动调速控制。将自动/手动调速切换开关闭合，选择自动调速方式，[212]X010 常开触点闭合，Y006 线圈得电，Y006 硬触点闭合，Y006 端子外接指示灯通电点亮，指示当前为自动调速方式；[95]X010 常开触点闭合，自动调速程序工作，系统根据检测到的出、进水温差来自动改变用作调速的数字量，该数字量经 DA 模块转换成相应的模拟量电压，去调节变频器的输出电源频率，进而自动调节冷却泵电动机的转速；[148] X010 常闭触点断开，手动调速程序不工作。

⑤ 手动调速控制。将自动/手动调速切换开关断开，选择手动调速方式，[212]X010 常开触点断开，Y006 线圈失电，Y006 硬触点断开，Y006 端子外接指示灯断电熄灭；[95]X010 常开触点断开，自动调速程序不工作；[148] X010 常闭触点闭合，手动调速程序工作，以手动加速控制为例，每按一次手动加速按钮 SB3，X003 上升沿触点就接通一个扫描周期，ADD 指令就将 D100 中用作调速的数字量增加 40，经 DA 模块转换成模拟量电压，去控制变频器频率提高 0.5Hz。

⑥ 变频器报警及复位控制。在运行时，如果变频器出现异常情况（如电动机出现短路导致变频器过流），其 A1、C1 端子内部的触点闭合，PLC 的 X000 端子输入为 ON，[204]X000 常开触点闭合，Y004 线圈得电，Y004 端子内部的硬触点闭合，变频器异常指示灯 HL1 通电点亮。排除异常情况后，按下变频器报警复位按钮 SB5，PLC 的 X005 端子输入为 ON，[206]X005 常开触点闭合，Y001 端子内部的硬触点闭合，变频器的 RES 端子（报警复位）输入为 ON，变频器内部报警复位，A1、C1 端子内部的触点断开，PLC 的 X000 端子输入变为 OFF，最终使 Y004 端子外接指示灯 HL1 断电熄灭。

4．参数设置

为了满足控制和运行要求，需要对变频器的一些参数进行设置。本例中变频器需设置的参数及参数值如表 4-3 所示。

表 4-3　变频器的有关参数及参数值

参 数 名 称	参 数 号	参 数 值
加速时间	Pr.7	3s
减速时间	Pr.8	3s
基底频率	Pr.3	50Hz
上限频率	Pr.1	50Hz
下限频率	Pr.2	30Hz
运行模式	Pr.79	2（外部操作）
0～5V 和 0～10V 调频电压选择	Pr.73	0（0～10V）

4.3　PLC 以 RS-485 通信方式控制变频器的硬件连接与实例

PLC 以开关量方式控制变频器时，需要占用较多的输出端子去连接变频器相应功能的输入端子，才能对变频器进行正转、反转和停止等控制；**PLC** 以模拟量方式控制变频器时，需要使用 **DA** 模块才能对变频器进行频率调速控制。如果 PLC 以 RS-485 通信方式控制变频器，只需一根 RS-485 通信电缆（内含 5 根芯线），直接将各种控制和调频命令送给变频器，变频器根据 PLC 通过 RS-485 通信电缆送来的指令就能执行相应的功能控制。

RS-485 通信是目前工业控制广泛采用的一种通信方式，具有较强的抗干扰能力，其通信距离可达几十至上千米。采用 RS-485 通信不但可以将两台设备连接起来进行通信，而且可以将多台设备（最多可并联 32 台设备）连接起来构成分布式系统，进行相互通信。

4.3.1　有关 PLC、变频器的 RS-485 通信知识

1．RS-485 通信的数据格式

PLC 与变频器进行 RS-485 通信时，PLC 可以往变频器写入（发送）数据，也可以读出（接收）变频器的数据，具体包括：①写入运行指令（如正转、反转和停止等）；②写入运行频率；③写入参数（设置变频器参数值）；④读出参数；⑤监视变频器的运行参数（如变频器的输出频率/转速、输出电压和输出电流等）；⑥将变频器复位等。

在 **PLC** 往变频器写入或读出数据时，数据传送都是一段一段进行的，每段数据须符合一定的数据格式，否则一方无法识别和接收另一方传送过来的数据段。PLC 与变频器的 RS-485 通信数据格式主要有 A、A′、B、C、D、E、E′、F 共 8 种格式。

（1）PLC 往变频器传送数据时采用的数据格式

PLC 往变频器传送数据时采用的数据格式有 **A、A′、B** 三种，如图 4-14 所示。例如，PLC 往变频器写入运行频率时采用格式 A 来传送数据，写入正转控制命令时采用格

式 A′，查看（监视）变频器运行参数时采用格式 B。

图 4-14 PLC 往变频器传送数据时采用的3种数据格式（A、A′、B）

在编写通信程序时，**数据格式中各部分的内容都要用 ASCII 码来表示**。例如，PLC 以数据格式 A 往 13 号变频器写入频率，在编程时将要发送的数据存放在 D100～D112 中，其中 D100 存放控制代码 ENQ 的 ASCII 码 H05，D101、D102 分别存放变频器站号 13 的 ASCII 码 H31（1）、H33（3），D103、D104 分别存放写入频率指令代码 HED 的 ASCII 码 H45（E）、H44（D）。

RS-485 通信数据格式各部分说明如下。

① **控制代码**。每个数据段前面都要有控制代码，如表 4-4 所示。

表 4-4　控制代码

信　号	ASCII 码	说　明
STX	H02	数据开始
ETX	H03	数据结束
ENQ	H05	通信请求
ACK	H06	无数据错误
LF	H0A	换行
CR	H0D	回车
NAK	H15	有数据错误

② **变频器站号**。用于指定与 PLC 通信的变频器站号，可指定 0～31，该站号应与变频器设定的站号一致。

③ **指令代码**。它是由 PLC 发送给变频器用来指明变频器进行何种操作的代码。例如，读出变频器输出频率的指令代码为 H6F，更多的指令代码可参见表 4-6。

④ **等待时间**。用于指定 PLC 传送完数据后到变频器开始返回数据之间的时间间隔，等待时间单位为 10ms，可设定范围为 0～15（0～150ms）。如果变频器已用参数 Pr.123 设定了等待时间，则通信数据中不用指定等待时间，可节省一个字符。如果要在通信数据中使用等待时间，应将变频器的参数 Pr.123 设为 9999。

⑤ **数据**。它是指 PLC 写入变频器的运行和设定数据，如频率和参数等，数据的定义和设定范围由指令代码来确定。

⑥ **总和校验码**。其功能是校验本段数据传送过程中是否发生错误。将控制代码与总

和校验码之间的各项 ASCII 码求和，取和数据（十六进制数）的低 2 位作为总和校验码。总和校验码的求取举例如图 4-15 所示。

⑦ **CR/LF（回车/换行）。**当变频器的参数 Pr.124 设为 0 时，不用 CR/LF，可节省一个字符。

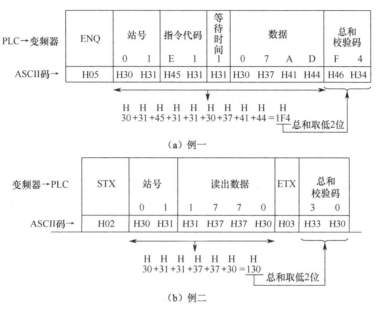

图 4-15　总和校验码的求取举例

（2）变频器往 PLC 传送数据（返回数据）时采用的数据格式

变频器接收到 PLC 传送过来的数据，一段时间（等待时间）后会将数据返回 PLC。变频器往 PLC 返回数据时采用的数据格式主要有 C、D、E、E′，如图 4-16 所示。

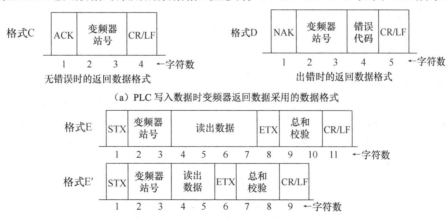

图 4-16　变频器往 PLC 返回数据时采用的数据格式（C、D、E、E′）

如果 PLC 传送的指令是写入数据（如控制变频器正转、反转和写入运行频率），则变频器以格式 C 或格式 D 将数据返回 PLC。若变频器发现 PLC 传送过来的数据无错误，会以格式 C 返回数据；若变频器发现传送过来的数据有错误，则以格式 D 返回数据，格式

D 数据中含有错误代码，用于告诉 PLC 出现何种错误。三菱 FR500/700 变频器的错误代码含义如表 4-5 所示。

表 4-5　三菱 FR500/700 变频器的错误代码含义

错误代码	项　目	定　义	变频器动作
H0	计算机 NAK 错误	从计算机发送的通信请求数据被检测到的连续错误次数超过允许的再试次数	如果连续错误发生次数超过允许再试次数时将产生（E.PUE）报警并且停止
H1	奇偶校验错误	奇偶校验结果与规定的奇偶校验不相符	
H2	总和校验错误	计算机中的总和校验代码与变频器接收的数据不相符	
H3	协议错误	变频器以错误的协议接收数据，在提供的时间内数据接收没有完成或 CR 和 LF 在参数中没有用作设定	
H4	格式错误	停止位长不符合规定	
H5	溢出错误	变频器完成前面的数据接收之前，从计算机又发送了新的数据	
H7	字符错误	接收的字符无效（在 0～9、A～F 的控制代码以外）	不能接收数据但不会使报警停止
HA	模式错误	试图写入的参数在计算机通信操作模式以外或变频器在运行中	
HB	指令代码错误	规定的指令不存在	
HC	数据范围错误	规定了无效的数据用于参数写入、频率设定等	

　　如果 PLC 传送的指令是读出数据（如读取变频器的输出频率、输出电压），变频器以格式 E 或格式 E′ 将数据返回 PLC。这两种数据格式中都含有 PLC 要从变频器读取的数据，一般情况下变频器采用格式 E 返回数据，只有 PLC 传送个别指令代码时变频器才以格式 E′ 返回数据，如果 PLC 传送给变频器的数据有误，变频器也会以格式 D 返回数据。

　　掌握变频器返回数据的格式有利于了解变频器的工作情况。例如，在编写 PLC 通信程序时，以 D100～D112 作为存放 PLC 发送数据的单元，以 D200～D210 作为存放变频器返回数据的单元。如果 PLC 要查看变频器的输出频率，它需要使用监视输出频率指令代码 H6F，PLC 传送含该指令代码的数据时要使用格式 B。当 PLC 以格式 B 将 D100～D108 中的数据发送给变频器后，变频器会以格式 E 将频率数据返回 PLC（若传送数据出错，则以格式 D 返回数据），返回数据存放到 PLC 的 D200～D210 中。由格式 E 可知，频率数据存放在 D203～D206 单元，只要了解这些单元的数据，就能知道变频器的输出频率。

2. 变频器通信的指令代码、数据位和使用的数据格式

　　PLC 与变频器进行 RS-485 通信时，变频器进行何种操作是由 PLC 传送过来的变频器可识别的指令代码和有关数据来决定的。 PLC 可以给变频器发送指令代码和接收变频器的返回数据，变频器不能往 PLC 发送指令代码，只能接收 PLC 发送过来的指令代码并返回相应数据，同时执行指令代码指定的操作。

　　要以通信方式控制某个变频器，必须知道该变频器的指令代码；要让变频器进行某种操作，只要往变频器发送与该操作对应的指令代码即可。三菱 FR500/700 变频器在通信时可使用的指令代码、数据位和数据格式如表 4-6 所示，该表对指令代码后面的数据位使用也做了说明，对于无数据位（格式 B）的指令代码，该表中的数据位是指变频器返回数据的数据位。例如，PLC 要以 RS-485 通信方式控制变频器正转，它应以格式 A′ 发送一段数据给变频器，该段数据的第 4、5 字符为运行指令代码 HFA，第 7、8 字符为设定正转的数据 H02。变频器接收数据后，若数据无误，会以格式 C 将数据返回 PLC；若数据有误，则以格式 D 将数据返回 PLC。以格式 B 传送数据时无数据位，表中的数据位是指返回数据的数据位。

表 4-6 三菱 FR500/700 变频器在通信时可使用的指令代码、数据位和数据格式

编号	项目		指令代码	数据位说明	发送和返回数据格式
1	操作模式	读出	H7B	H0000: 通信选项运行; H0001: 外部操作; H0002: 通信操作（PU接口）	B, E/D
		写入	HFB	H0000: 通信选项运行; H0001: 外部操作; H0002: 通信操作（PU接口）	A, C/D
	输出频率[速度]		H6F	H0000~HFFFF: 输出频率（十六进制）最小单位 0.01Hz（当 Pr.37=1~9998 或 Pr.144=2~10 时，102~110 用转速（十六进制）表示最小单位 1r/min）	B, E/D
	输出电流		H70	H0000~HFFFF: 输出电流（十六进制）最小单位 0.1A	B, E/D
	输出电压		H71	H0000~HFFFF: 输出电压（十六进制）最小单位 0.1V	B, E/D
	特殊监示		H72	H0000~HFFFF: 用指令代码 HF3 选择监示数据	B, E/D
2	监示	特殊监示选择号 读出	H73	H01~H0E　监示数据选择 （见下表）	B, E'/D
		特殊监示选择号 写入	HF3		A', C/D

监示数据选择表（指令代码 H73 读出 / HF3 写入）：

数据	说明	最小单位	数据	说明	最小单位
H01	输出频率	0.01Hz	H09	再生制动	0.1%
H02	输出电流	0.01A	H0A	电子过电流保护负荷率	0.1%
H03	输出电压	0.1V	H0B	输出电流峰值	0.01A
H05	设定频率	0.01Hz	H0C	整流输出电压峰值	0.1V
H06	运行速度	1r/min	H0D	输入功率	0.01kW
H07	电动机转矩	0.1%	H0E	输出电力	0.01kW

（续表）

编号	项目		指令代码	数据位说明	发送和返回数据格式
2	监示	报警定义	H74~H77	H0000~HFFFF：最近的两次报警记录。 读出数据：如 H30A0 （前一次报警……THT） （最近一次报警……OPT） 报警代码： b15 ⋯ b8 b7 ⋯ b0 `0 0 1 1 0 0 0 0` `1 0 1 0 0 0 0 0` 前一次报警（H30）｜最近一次报警（HA0） （报警代码表见下）	B，E/D
3		运行指令	HFA	b7 ⋯ b0 `0 1 0 0 1 1 0 0` b0：— b1：正转（STF） b2：反转（STR） b3：— b4：— b5：— b6：— b7：— （对于例1） [例1] H02…正转 [例2] H00…停止	A'，C/D

报警代码表（项目2）：

代码	说明	代码	说明	代码	说明
H00	没有报警	H51	UVT	HB1	PUE
H10	OC1	H60	OLT	HB2	RET
H11	OC2	H70	BE	HC1	CTE
H12	OC3	H80	GF	HC2	P24
H20	OV1	H81	LF	HD5	MB1
H21	OV2	H90	OHT	HD6	MB2
H22	OV3	HA0	OPT	HD7	MB3
H30	THT	HA1	OP1	HD8	MB4
H31	THM	HA2	OP2	HD9	MB5
H40	FIN	HA3	OP3	HDA	MB6
H50	IPF	HB0	PE	HDB	MB7

（续表）

编号	项　目	指令代码	数据位说明	发送和返回回数据格式
4	变频器状态监示	H7A	b0: 变频器正在运行（RUN）* b1: 正转 b2: 反转 b3: 频率达到（SU）* b4: 过负荷（OL）* b5: 瞬时停电（IPF）* b6: 频率检测（FU）* b7: 发生报警* b7　　　　　　　　b0 ☐ ☐ ☐ ☐ ☐ ☐ ☐ ☐ （对于例1） [例1]H02…正转运行中 [例2]H80…因报警停止 * 输出数据视 Pr.190～Pr.195 而定	B, E/D
5	设定频率读出（E²PROM）	H6E	读出设定频率（RAM）或（E²PROM）。	B, E/D
	设定频率读出（RAM）	H6D	H0000～H2E E0：最小单位 0.01Hz（十六进制）	
	设定频率写入（E²PROM）	HEE	H0000～H9C40：最小单位 0.01Hz（十六进制）（0～400.00Hz）。 频繁改变运行频率时，请写入变频器的 RAM（指令代码：HED）。	A, C/D
	设定频率写入（RAM）	HED		
6	变频器复位	HFD	H9696：复位变频器。 在通信开始计算机复位时，变频器不能将应答数据发送给计算机	A, C/D
7	报警内容全部清除	HF4	H9696：报警履历的数据全部清除	A, C/D
8	参数全部清除	HFC	所有参数返回出厂设定值。 根据参数设定的数据不同有以下 4 种清除操作方式。 当执行 H9696 或 H9966 时，所有参数被清除，与通信相关的参数设清，与通信相关的参数设定值也返回出厂设定值。当重新操作时，需要设定参数	A, C/D

数据	通信 Pr.	校　验	其他 Pr.	HEC HF3 HFF
H9696	○	×	○	○
H9966	○	○	○	○
H5A5A	×	×	○	○
H55AA	×	○	○	○

（续表）

编号	项目		指令代码	数据位说明	发送和返回数据格式
9	用户清除		HFC	H9669: 进行用户清除 表：通信 Pr. = ○，校验 = ×，其他 Pr. = ○，HEC/HF3/HFF = ○	A, C/D
10	参数写入		H80～HE3	参考数据表写入和或读出要求的参数。	A, C/D
11	参数读出		H00～H63	注意有些参数不能写入	B, E/D
12	网络参数其他设定	读出	H7F	H00～H6C 和 H80～HEC 参数值可以改变。 H00: Pr.0～Pr.96 值可以进入。 H01: Pr.100～Pr.158、Pr.200～Pr.231 和 Pr.900～Pr.905 值可以进入。 H02: Pr.160～Pr.199 和 Pr.232～Pr.287 值可以进入。 H03: 可读出、写入 Pr.300～Pr.342 的内容。 H09: Pr.990 值可以进入	B, E'/D
		写入	HFF		A', C/D
13	第二参数更改（代码 FF=1）	读出	H6C	设定编程运行（数据代码 H3D～H5A、HBD～HDA）的参数情况。 H00: 运行频率 H01: 时间 H02: 回转方向 〔6 3 3 B → 时间（分） 分（秒）〕	B, E'/D
		写入	HEC	设定偏差·增益（数据代码 H5E～H6A、HDE～HED）的参数情况。 H00: 补偿/增益 H01: 模拟 H02: 端子的模拟值	A', C/D

注: ○表示有，×表示无。

4.3.2 PLC 以 RS-485 通信方式控制变频器正转、反转、加速、减速和停止的实例

1. 硬件线路图

PLC 以 RS-485 通信方式控制变频器正转、反转、加速、减速和停止的硬件线路如图 4-17 所示，当操作 PLC 输入端的正转、反转、手动加速、手动减速或停止按钮时，PLC 内部的相关程序段就会执行，通过 RS-485 通信方式将对应指令代码和数据发送到变频器，控制变频器正转、反转、加速、减速或停止。

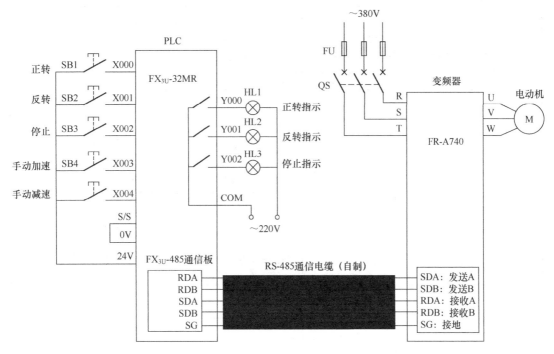

图 4-17 PLC 以 RS-485 通信方式控制变频器正转、反转、加速、减速和停止的硬件线路

2. 变频器通信设置

变频器与 PLC 通信时，需要设置与通信有关的参数值，有些参数值应与 PLC 保持一致。三菱 FR500/700 变频器与通信有关的参数及设置值如表 4-7 所示。

表 4-7 三菱 FR500/700 变频器与通信有关的参数及设置值

参数号	名　称	设定值	说　明	本例设置值
Pr.79	操作模式	0～8	0：电源接通时，为外部操作模式，PU 或外部操作模式可切换； 1：PU 操作模式； 2：外部操作模式； 3：外部/PU 组合操作模式 1； 4：外部/PU 组合操作模式 2；	1

（续表）

参数号	名　　称	设　定　值		说　　　明	本例设置值
Pr.79	操作模式	0~8		5：程序运行模式； 6：切换模式； 7：外部操作模式（PU 操作互锁）； 8：切换到除外部操作模式以外的模式（运行时禁止）	1
Pr.117	站号	0~31		确定从 PU 接口通信的站号。 当两台以上变频器接到一台计算机上时，就需要设定变频器站号	0
Pr.118	通信速率	48		4800 波特	192
		96		9600 波特	
		192		19200 波特	
Pr.119	停止位长/字节长	8 位	0	停止位长 1 位	1
			1	停止位长 2 位	
		7 位	10	停止位长 1 位	
			11	停止位长 2 位	
Pr.120	奇偶校验有/无	0		无	2
		1		奇校验	
		2		偶校验	
Pr.121	通信再试次数	0~10		设定发生数据接收错误后允许的再试次数，如果错误连续发生次数超过允许值，变频器将报警停止	9999
		9999（65535）		如果通信错误发生，变频器没有报警停止，这时变频器可通过输入 MRS 或 RES 信号使变频器（电动机）滑行到停止。 错误发生时，轻微故障信号（LF）送到集电极开路端子输出。 将 Pr.190~Pr.195 中的任何一个分配给相应的端子（输出端子功能选择）	
Pr.122	通信校验时间间隔	0		不通信	9999
		0.1~999.8		设定通信校验时间[s]间隔	
		9999		如果无通信状态持续时间超过允许时间，则变频器进入报警停止状态	
Pr.123	等待时间设定	0~150ms		设定数据传输到变频器的响应时间	20
		9999		用通信数据设定	
Pr.124	CR、LF 有/无选择	0		无 CR/LF	0
		1		有 CR	
		2		有 CR/LF	

3．PLC 程序

PLC 以通信方式控制变频器时，需要给变频器发送指令代码才能控制变频器执行相应的操作。给变频器发送何种指令代码是由 PLC 程序决定的。

PLC 以 RS-485 通信方式控制变频器正转、反转、加速、减速和停止的梯形图程序如图 4-18 所示。M8161 是 RS、ASCI、HEX、CCD 指令的数据处理模式特殊继电器，当 M8161=ON 时，这些指令只处理存储单元的低 8 位数据（高 8 位忽略）；当 M8161=OFF 时，这些指令将存储单元 16 位数据分高 8 位和低 8 位处理。D8120 为通信格式设置特殊存储器。RS 为串行数据传送指令，ASCI 为十六进制数转 ASCII 码指令，HEX 为 ASCII

码转十六进制数指令，CCD 为求总和校验码指令，这些指令的用法在本书的第 6 章都有详细说明。

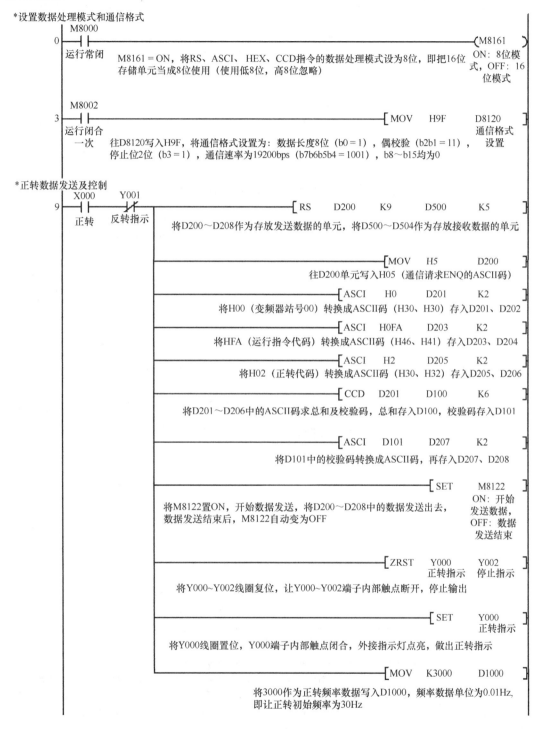

图 4-18 PLC 以 RS-485 通信方式控制变频器正转、反转、加速、减速和停止的梯形图程序

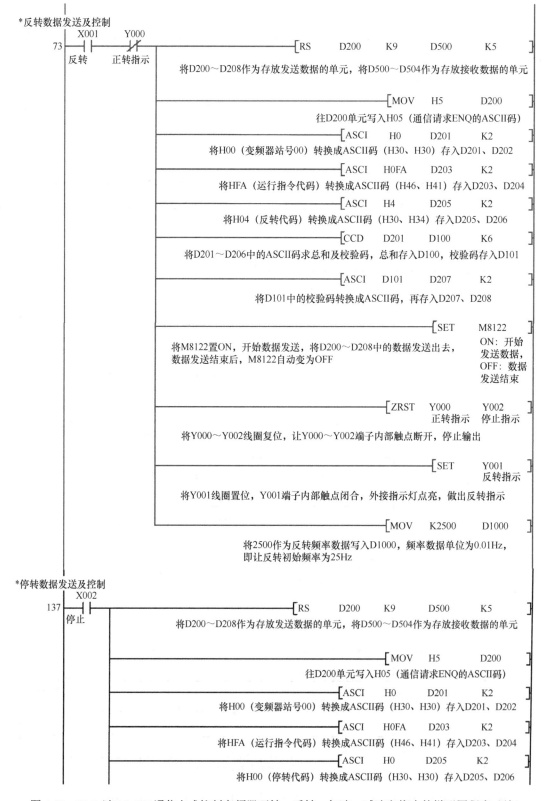

*反转数据发送及控制

73 ──┤X001├──┤/Y000├─────────────────────────────────[RS D200 K9 D500 K5]
     反转   正转指示
将D200～D208作为存放发送数据的单元,将D500～D504作为存放接收数据的单元

──[MOV H5 D200]
往D200单元写入H05(通信请求ENQ的ASCII码)

────────────────────────────────────[ASCI H0 D201 K2]
将H00(变频器站号00)转换成ASCII码(H30、H30)存入D201、D202

────────────────────────────────────[ASCI H0FA D203 K2]
将HFA(运行指令代码)转换成ASCII码(H46、H41)存入D203、D204

────────────────────────────────────[ASCI H4 D205 K2]
将H04(反转代码)转换成ASCII码(H30、H34)存入D205、D206

────────────────────────────────────[CCD D201 D100 K6]
将D201～D206中的ASCII码求总和及校验码,总和存入D100,校验码存入D101

────────────────────────────────────[ASCI D101 D207 K2]
将D101中的校验码转换成ASCII码,再存入D207、D208

──[SET M8122]
将M8122置ON,开始数据发送,将D200～D208中的数据发送出去,
数据发送结束后,M8122自动变为OFF

ON:开始
发送数据,
OFF:数据
发送结束

────────────────────────────────────[ZRST Y000 Y002]
                                           正转指示 停止指示
将Y000～Y002线圈复位,让Y000～Y002端子内部触点断开,停止输出

──[SET Y001]
                                                反转指示
将Y001线圈置位,Y001端子内部触点闭合,外接指示灯点亮,做出反转指示

────────────────────────────────────[MOV K2500 D1000]
将2500作为反转频率数据写入D1000,频率数据单位为0.01Hz,
即让反转初始频率为25Hz

*停转数据发送及控制

137 ──┤X002├──────────────────────────────────────[RS D200 K9 D500 K5]
      停止
将D200～D208作为存放发送数据的单元,将D500～D504作为存放接收数据的单元

──[MOV H5 D200]
往D200单元写入H05(通信请求ENQ的ASCII码)

────────────────────────────────────[ASCI H0 D201 K2]
将H00(变频器站号00)转换成ASCII码(H30、H30)存入D201、D202

────────────────────────────────────[ASCI H0FA D203 K2]
将HFA(运行指令代码)转换成ASCII码(H46、H41)存入D203、D204

────────────────────────────────────[ASCI H0 D205 K2]
将H00(停转代码)转换成ASCII码(H30、H30)存入D205、D206

图 4-18 PLC 以 RS-485 通信方式控制变频器正转、反转、加速、减速和停止的梯形图程序(续)

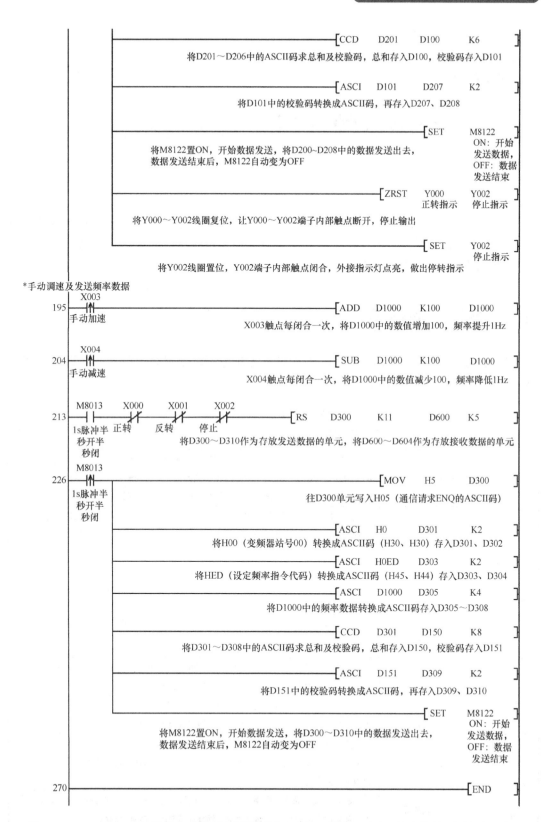

图 4-18　PLC 以 RS-485 通信方式控制变频器正转、反转、加速、减速和停止的梯形图程序（续）

变频器的选用、安装与维护

在使用变频器组成变频调速系统时，需要根据实际情况选择合适的变频器及外围设备。设备选择好后要正确进行安装，安装结束在正式投入运行前要进行调试，投入运行后，需要定期对系统进行维护保养。

5.1 变频器的种类

变频器是一种电能变换设备，其功能是将工频电源转换成频率和电压可调的电源，驱动电动机运转并实现调速控制。变频器的种类很多，具体如表 5-1 所示。

表 5-1　变频器的种类

分类方式	种　类	说　明
按变换方式	交-直-交变频器	交-直-交变频器先将工频交流电源转换成直流电源，然后再将直流电源转换成频率和电压可调的交流电源。由于这种变频器的交-直-交转换过程容易控制，并且对电动机有很好的调速性能，所以大多数变频器采用交-直-交变换方式
	交-交变频器	交-交变频器将工频交流电源直接转换成另一种频率和电压可调的交流电源。由于这种变频器省去了中间环节，故转换效率较高，但其频率变换范围很窄（一般为额定频率的 1/2 以下），主要用在大容量低速调速控制系统中
按输入电源的相数	单相变频器	单相变频器的输入电源为单相交流电，经单相整流后转换成直流电源，再经逆变电路转换成三相交流电源去驱动电动机。单相变频器的容量较小，适用于只有单相交流电源的场合（如家用电器）
	三相变频器	三相变频器的输入电源是三相工频电源，大多数变频器属于三相变频器，有些三相变频器可当成单相变频器使用
按输出电压调制方式	脉幅调制变频器（PAM）	脉幅调制变频器是通过调节输出脉冲的幅度来改变输出电压的。这种变频器一般采用整流电路调压、逆变电路变频，早期的变频器多采用这种方式
	脉宽调制变频器（PWM）	脉宽调制变频器是通过调节输出脉冲的宽度来改变输出电压的。这种变频器多采用逆变电路同时调压变频，目前的变频器多采用这种方式
按滤波方式	电压型变频器	电压型变频器的整流电路后面采用大电容作为滤波元件，在电容上可获得大小稳定的电压提供给逆变电路。这种变频器可在容量不超过额定值的情况下同时驱动多台电动机并联运行
	电流型变频器	电流型变频器的整流电路后面采用大电感作为滤波元件，它可以为逆变电路提供大小稳定的电流。这种变频器适用于频繁加减速的大容量电动机

（续表）

分类方式	种　　类	说　　明
按电压等级	低压变频器	低压变频器又称中小容量变频器，其电压等级在 1kV 以下，单相为 220～380V，三相为 220～460V，容量为 0.2～500kVA
	高中压变频器	高中压变频器电压等级在 1kV 以上，容量多在 500kVA 以上
按用途	通用型变频器	通用型变频器具有通用性，可以配接多种特性不同的电动机，其频率调节范围宽，输出力矩大，动态性能好
	专用型变频器	专用型变频器用来驱动特定的某些设备，如注塑机专用变频器

5.2 变频器的选用

在选用变频器时，除要求变频器的容量适合负载外，还要求选用的变频器的控制方式适合负载的特性。

5.2.1 额定值

变频器的额定值主要有输入侧额定值和输出侧额定值。

1. 输入侧额定值

变频器输入侧额定值包括输入电源的相数、电压和频率。中小容量变频器的输入侧额定值主要有三种：三相/380V/50Hz、单相/220V/50Hz 和三相/220V/50Hz。

2. 输出侧额定值

变频器输出侧额定值主要有额定输出电压 U_{CN}、额定输出电流 I_{CN} 和额定输出容量 S_{CN}。

（1）额定输出电压 U_{CN}

变频器在工作时除改变输出频率外，还要改变输出电压。**额定输出电压 U_{CN} 是指最大输出电压值**，也就是变频器输出频率等于电动机额定频率时的输出电压。

（2）额定输出电流 I_{CN}

额定输出电流 I_{CN} 是指变频器长时间使用允许输出的最大电流。 额定输出电流 I_{CN} 主要反映变频器内部电力电子器件的过载能力。

（3）额定输出容量 S_{CN}

额定输出容量 S_{CN} 一般采用下面的公式计算：

$$S_{CN}=3U_{CN}I_{CN}$$

S_{CN} 的单位一般为 kVA。

5.2.2 选用

在选用变频器时，一般根据负载的性质及负荷大小来确定变频器的容量和控制方式。

1．容量选择

变频器的过载容量为 125%/60s 或 150%/60s，若超出该数值，必须选用更大容量的变频器。当过载量为 200%时，可按 $I_{CN} \geqslant (1.05 \sim 1.2)I_N$ 来计算额定电流，再乘 1.33 倍来选取变频器容量，I_N 为电动机额定电流。

2．控制方式的选择

（1）对于恒转矩负载

恒转矩负载是指转矩大小只取决于负载的轻重，而与负载转速大小无关的负载。 例如，挤压机、搅拌机、桥式起重机、提升机和带式输送机等都属于恒转矩负载。

对于恒转矩负载，在调速范围不大，且对机械特性要求不高的场合，可选择采用 *V/f* 控制方式或无反馈矢量控制方式的变频器。

若负载转矩波动较大，应考虑采用高性能的矢量控制变频器；对要求有高动态响应的负载，应选用有反馈的矢量控制变频器。

（2）对于恒功率负载

恒功率负载是指转矩大小与转速成反比，而功率基本不变的负载。 卷取类机械一般属于恒功率负载，如薄膜卷取机、造纸机械等。

对于恒功率负载，可选用通用性 *V/f* 控制变频器。对于动态性能和精确度要求高的卷取机械，必须采用有矢量控制功能的变频器。

（3）对于二次方律负载

二次方律负载是指转矩与转速的二次方成正比的负载。 例如，风扇、离心风机和水泵等都属于二次方律负载。

对于二次方律负载，一般选用风机、水泵专用变频器。风机、水泵专用变频器有以下特点。

① 由于风机和水泵通常不容易过载，低速时转矩较小，故这类变频器的过载能力低，一般为 120%/60s（通用变频器为 150%/60s），在进行功能设置时要注意这一点。由于负载转矩与转速的平方成正比，当工作频率高于额定频率时，负载的转矩有可能大大超过电动机转矩而使变频器过载，因此在进行功能设置时最高频率不能高于额定频率。

② 具有多泵切换和换泵控制的转换功能。

③ 配置一些专用控制功能，如睡眠唤醒、水位控制、定时开关机和消防控制等。

5.3 变频器外围设备的选用

在组建变频调速系统时，先要根据负载选择变频器，再给变频器选择相关外围设备。为了让变频调速系统正常可靠工作，正确选用变频器外围设备非常重要。

5.3.1 主电路外围设备的接线

变频器主电路设备直接接触高电压大电流，主电路外围设备选用不当，轻则变频器不能正常工作，重则损坏变频器。变频器主电路的外围设备和接线如图 5-1 所示，这是一个较齐全的主电路接线图，在实际中有些设备可不采用。

从图中可以看出，**变频器主电路的外围设备有熔断器、断路器、交流接触器（主触点）、交流电抗器、噪声滤波器、制动电阻、直接电抗器和热继电器（发热元件）。** 为了降低成本，在要求不高的情况下，主电路外围设备大多数可省掉，如仅保留断路器。

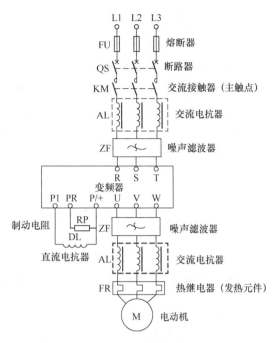

图 5-1　变频器主电路的外围设备和接线

5.3.2　熔断器和断路器的选用

1．熔断器的选用

熔断器用来对变频器进行过流保护。 熔断器的额定电流 I_{UN} 可根据下式选择：

$$I_{UN} > (1.1 \sim 2.0) I_{MN}$$

式中　I_{UN}——熔断器的额定电流（A）；

I_{MN}——电动机的额定电流（A）。

2．断路器的选用

断路器又称自动空气开关，其功能主要有：接通和切断变频器电源；对变频器进行过流欠压保护。

由于断路器具有过流自动掉闸保护功能，为了防止产生误动作，正确选择断路器的额定电流非常重要。断路器的额定电流 I_{QN} 选择分以下两种情况。

① 一般情况下，I_{QN} 可根据下式选择：

$$I_{QN} > (1.3 \sim 1.4) I_{CN}$$

式中　I_{CN}——变频器的额定电流（A）。

② 在工频和变频切换电路中，I_{QN} 可根据下式选择：

$$I_{QN} > 2.5 I_{MN}$$

5.3.3　交流接触器的选用

根据安装位置不同，交流接触器可分为输入侧交流接触器和输出侧交流接触器。

1．输入侧交流接触器

输入侧交流接触器安装在变频器的输入端，它既可以远距离接通和分断三相交流电源，又可以在变频器出现故障时及时切断输入电源。

输入侧交流接触器的主触点接在变频器输入侧，主触点额定电流 I_{KN} 可根据下式选择：

$$I_{KN} \geq I_{CN}$$

2. 输出侧交流接触器

当变频器用于工频/变频切换时，变频器输出端需接输出侧交流接触器。

由于变频器输出电流中含有较多的谐波成分，其电流有效值略大于工频运行的有效值，故输出侧交流接触器的主触点额定电流应选大些。输出侧交流接触器的主触点额定电流 I_{KN} 可根据下式选择：

$$I_{KN} > 1.1 I_{MN}$$

5.3.4 交流电抗器的选用

（1）作用

交流电抗器实际上是一个带铁芯的三相电感器，如图 5-2 所示。

交流电抗器的作用如下。

① 抑制谐波电流，提高变频器的电能利用效率（可将功率因数提高至 0.85 以上）。

② 由于电抗器对突变电流有一定的阻碍作用，故在接通变频器瞬间，可降低浪涌电流大小，减小电流对变频器的冲击。

③ 可减小三相电源不平衡的影响。

（2）应用场合

图 5-2 交流电抗器

交流电抗器不是变频器必用外部设备，可根据实际情况考虑使用。当遇到下面的情况之一时，可考虑给变频器安装交流电抗器。

① 电源的容量很大，达到变频器容量 10 倍以上，应安装交流电抗器。

② 若在同一供电电源中接有晶闸管整流器，或者电源中接有补偿电容（提高功率因数），应安装交流电抗器。

③ 三相供电电源不平衡超过 3%时，应安装交流电抗器。

④ 变频器功率大于 30kW 时，应安装交流电抗器。

⑤ 变频器供电电源中含有较多高次谐波成分时，应考虑安装交流电抗器。

在选用交流电抗器时，为了减小电抗器对电能的损耗，要求电抗器的电感量与变频器的容量相适应。表 5-2 列出一些常用交流电抗器的规格。

表 5-2 一些常用交流电抗器的规格

电动机容量/kW	30	37	45	55	75	90	110	160
变频器容量/kW	30	37	45	55	75	90	110	160
电感量/mH	0.32	0.26	0.21	0.18	0.13	0.11	0.09	0.06

5.3.5 直流电抗器的选用

直流电抗器如图 5-3 所示，它接在变频器 P1、P/+端子之间，接线可参见图 5-1。**直流电抗器的作用是削弱变频器开机瞬间电容充电形成的浪涌电流，同时提高功率因数。**与交流电抗器相比，直流电抗器不但体积小，而且结构简单，提高功率因数更为有效，若两者同时使用，可使功率因数达到 0.95，大大提高变频器的电能利用率。

图 5-3　直流电抗器

常用直流电抗器的规格如表 5-3 所示。

表 5-3　常用直流电抗器的规格

电动机容量/kW	30	37～55	75～90	110～132	160～200	230	280
允许电流/A	75	150	220	280	370	560	740
电感量/mH	600	300	200	140	110	70	55

5.3.6 热继电器和噪声滤波器的选用

1．热继电器的选用

热继电器在电动机长时间过载运行时起保护作用。热继电器的发热元件额定电流 I_{RN} 可按下式选择：

$$I_{RN} \geqslant （0.95～1.15）I_{MN}$$

2．噪声滤波器的选用

变频器在工作时会产生高次谐波干扰信号，**在变频器输入侧安装噪声滤波器可以防止高次谐波干扰信号窜入电网，干扰电网中其他的设备，也可阻止电网中的干扰信号窜入变频器。在变频器输出侧的噪声滤波器可以防止干扰信号窜入电动机，影响电动机正常工作。**一般情况下，变频器可不安装噪声滤波器，若需安装，建议安装变频器专用的噪声滤波器。

变频器专用噪声滤波器的外形和结构如图 5-4 所示。

（a）外形

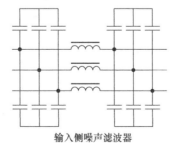

输入侧噪声滤波器　　　　（b）结构

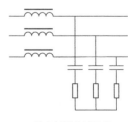

输出侧噪声滤波器

图 5-4　变频器专用噪声滤波器的外形和结构

5.4 变频器的安装、调试与维护

5.4.1 安装与接线

1. 注意事项

在安装变频器时，要注意以下事项。

① 由于变频器使用了塑料零件，为了不造成破损，在使用时，不要用太大的力。

② 应安装在不易受震动的地方。

③ 避免安装在高温、多湿的场所，安装场所周围温度不能超过允许温度（-10～+50℃）。

④ 安装在不可燃的表面上。变频器工作时温度最高可达 150℃，为了安全，应安装在不可燃的表面上，同时为了使热量易于散发，应在其周围留有足够的空间。

⑤ 避免安装在油雾、易燃性气体、棉尘和尘埃等漂浮的场所。若一定要在这种环境下使用，可将变频器安装在可阻挡任何悬浮物质的封闭型屏板内。

2. 安装

变频器可安装在开放的控制板上，也可以安装在控制柜内。

（1）安装在控制板上

当变频器安装在控制板上时，要注意变频器应与周围物体有一定的空隙，便于良好地散热，如图 5-5 所示。

（2）安装在控制柜内

当变频器安装在有通风扇的控制柜内时，要注意安装位置，让对流的空气能通过变频器，以带走工作时散发的热量，如图 5-6 所示。

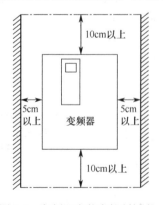

图 5-5　变频器安装在控制板上

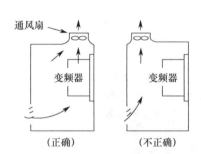

图 5-6　变频器安装在控制柜内

如果需要在一个控制柜内同时安装多台变频器，要注意水平并排安装位置，如图 5-7 所示。若垂直安装在一起，下方变频器散发的热量会烘烤上方变频器。

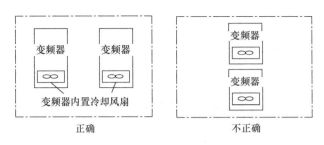

图 5-7　多台变频器应并排安装

在安装变频器时，应将变频器垂直安装，不要卧式、侧式安装，如图 5-8 所示。

3．接线

变频器通过接线与外围设备连接，接线分为主电路接线和控制电路接线。主电路连接导线选择较为简单，由于主电路电压高、电流大，所以选择主电路连接导线时应该遵循"线径宜粗不宜细"原则，具体可按普通电动机选择导线的方法来选用。

图 5-8　变频器应垂直安装

控制电路的连接导线种类较多，接线时要符合其相应的特点。下面介绍各种控制接线及接线方法。

（1）模拟量接线

模拟量接线主要包括输入侧的给定信号线和反馈线、输出侧的频率信号线和电流信号线。

由于模拟量信号易受干扰，因此需要采用屏蔽线作为模拟量接线。模拟量接线如图 5-9 所示，屏蔽线靠近变频器的屏蔽层应接公共端子（COM），而不要接 E 端子（接地端子）的一端，屏蔽层的另一端要悬空。

在进行模拟量接线时还要注意：①模拟量导线应远离主电路 100mm 以上；②模拟量导线尽量不要和主电路交叉，若必须交叉，应采用垂直交叉方式。

（2）开关量接线

开关量接线主要包括启动、点动和多挡转速等

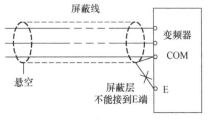

图 5-9　模拟量接线

接线。一般情况下，模拟量接线原则也适用于开关量接线，不过由于开关量信号抗干扰能力强，所以在距离不远时，开关量接线可不采用屏蔽线，而使用普通的导线，但同一信号的两根线必须互相绞在一起。

如果开关量控制操作台距离变频器很远，应先用电路将控制信号转换成能远距离传送的信号，当信号传送到变频器一端时，要将该信号还原为变频器所要求的信号。

（3）变频器的接地

为了防止漏电和干扰信号侵入或向外辐射，要求变频器必须接地。在接地时，应采用较粗的短导线将变频器的接地端子（通常为 E 端）与地连接。当变频器和多台设备一起使用时，每台设备都应分别接地，如图 5-10 所示，不允许将一台设备的接地端接到另一台设备的接地端再接地。

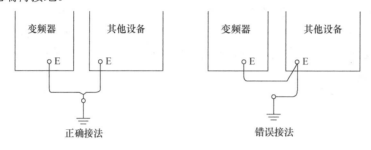

图 5-10　变频器和多台设备一起使用时的接地方法

（4）线圈反峰电压吸收电路接线

接触器、继电器或电磁铁线圈在断电的瞬间会产生很高的反峰电压，易损坏电路中的元件或使电路产生误动作，在线圈两端接吸收电路可以有效抑制反峰电压。对于交流电源供电的控制电路，可在线圈两端接 R、C 元件来吸收反峰电压，如图 5-11（a）所示。当线圈瞬间断电时会产生很高的反峰电压，该电压会对电容 C 充电而迅速降低。对于直流电源供电的控制电路，可在线圈两端接二极管来吸收反峰电压，如图 5-11（b）所示。图中线圈断电后会产生很高的左负右正反峰电压，二极管 VD 马上导通而使反峰电压降低，为了能抑制反峰电压，二极管正极应接电源的负极。

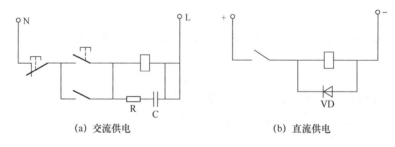

图 5-11　线圈反峰电压吸收电路接线

 5.4.2　调试

变频器安装和接线后需要进行调试，调试时先要对系统进行检查，然后按照"先空载，再轻载，后重载"的原则进行调试。

1. 检查

在变频调速系统试车前，先要对系统进行检查。检查分断电检查和通电检查。

（1）断电检查

断电检查主要内容如下。

① 外观、结构的检查。主要检查变频器的型号、安装环境是否符合要求，装置有无损坏和脱落，电缆线径和种类是否合适，电气接线有无松动、错误，接地是否可靠等。

② 绝缘电阻的检查。在测量变频器主电路的绝缘电阻时，要将 R、S、T 端子（输入端子）和 U、V、W 端子（输出端子）都连接起来，再用 500V 的兆欧表测量这些端子与接地端之间的绝缘电阻，正常绝缘电阻应在 10MΩ 以上。在测量控制电路的绝缘电阻时，应采用万用表 R×10kΩ 挡测量各端子与地之间的绝缘电阻，不能使用兆欧表或其他高电压仪表测量，以免损坏控制电路。

③ 供电电压的检查。检查主电路的电源电压是否在允许的范围之内，避免变频调速系统在允许电压范围外工作。

（2）通电检查

通电检查主要内容如下。

① 检查显示是否正常。通电后，变频器显示屏会有显示，不同变频器通电后显示内容会有所不同，应对照变频器操作说明书观察显示内容是否正常。

② 检查变频器内部风机能否正常运行。通电后，变频器内部风机会开始运转（有些变频器需工作时达到一定温度风机才运行，可查看变频器说明书），用手在出风口感觉风量是否正常。

2. 熟悉变频器的操作面板

不同品牌的变频器操作面板会有差异，在调试变频调速系统时，先要熟悉变频器操作面板。在操作时，可对照操作说明书对变频器进行一些基本的操作，如测试面板各按键的功能、设置变频器一些参数等。

3. 空载试验

在进行空载试验时，先脱开电动机的负载，再将变频器输出端与电动机连接，然后进行通电试验。试验步骤如下。

① 启动试验。先将频率设为 0Hz，然后慢慢调高至 50Hz，观察电动机的升速情况。

② 电动机参数检测。带有矢量控制功能的变频器需要通过电动机空载运行来自动检测电动机的参数，其中有电动机的静态参数，如电阻、电抗，还有动态参数，如空载电流等。

③ 基本操作。对变频器进行一些基本操作，如启动、点动、升速和降速等。

④ 停车试验。让变频器在设定的频率下运行 10min，然后将频率迅速调到 0Hz，观察电动机的制动情况。如果正常，则空载试验结束。

4. 带载试验

空载试验通过后，再接上电动机负载进行试验。带载试验主要包括启动试验、停车试验和带载能力试验。

（1）启动试验

启动试验主要内容如下。

① 将变频器的工作频率由 0Hz 开始慢慢调高，观察系统的启动情况，同时观察电动机负载运行是否正常。记下系统开始启动的频率，若在频率较低的情况下电动机不能随频率上升而运转起来，说明启动困难，应进行转矩补偿设置。

② 将显示屏切换至电流显示，再将频率调到最大值，让电动机按设定的升速时间上升到最高转速，在此期间观察电流变化。若在升速过程中变频器出现过流保护而跳闸，说明升速时间不够，应设置延长升速时间。

③ 观察系统启动升速过程是否平稳。对于大惯性负载，当按预先设定的频率变化率升速或降速时，有可能会出现加速转矩不够的情况，导致电动机转速与变频器输出频率不协调，这时应考虑在低速时设置暂停升速功能。

④ 对于风机类负载，应观察停机后风叶是否因自然风而反转。若有反转现象，应设置启动前的直流制动功能。

（2）停车试验

停车试验主要内容如下。

① 将变频器的工作频率调到最高频率，然后按下停机键，观察系统是否出现过电流或过电压而跳闸现象。若有此现象出现，应延长减速时间。

② 当频率降到 0Hz 时，观察电动机是否出现"爬行"现象（电动机停不住）。若有此现象出现，应考虑设置直流制动。

（3）带载能力试验

带载能力试验主要内容如下。

① 在负载要求的最低转速时，给电动机带额定负载长时间运行，观察电动机发热情况。若发热严重，应对电动机进行散热。

② 在负载要求的最高转速时，变频器工作频率高于额定频率，观察电动机是否能驱动这个转速下的负载。

5.4.3　维护

为了延长变频器使用寿命，在使用过程中需要对变频器进行定期维护。

1．维护内容

变频器维护主要内容如下。
① 清扫冷却系统的积尘脏物。
② 对紧固件重新紧固。
③ 检测绝缘电阻是否在允许的范围内。
④ 检查导体、绝缘物是否有破损和腐蚀。
⑤ 定期检查和更换变频器的一些元件，具体如表 5-4 所示。

表 5-4　变频器需定期检查和更换的元件

元 件 名 称	更换时间（供参考）	更换方法
滤波电容	5 年	更换为新品
冷却风扇	2～3 年	更换为新品
熔断器	10 年	更换为新品
电路板上的电解电容	5 年	更换为新品（检查后决定）

2. 维护时的注意事项

在对变频器进行维护时，要注意以下事项。

① 操作前必须切断电源，并且在主电路滤波电容放电完毕、电源指示灯熄灭后进行维护，以保证操作安全。

② 在出厂前，对变频器都进行了初始设定。一般不要改变这些设定，若改变了设定后又需要恢复出厂设定，则可对变频器进行初始化操作。

③ 变频器的控制电路采用了很多 CMOS 芯片，应避免用手接触这些芯片，防止手上所带的静电损坏芯片。若必须接触，应先释放手上的静电（如用手接触金属自来水龙头）。

④ 严禁带电改变接线和插拔连接件。

⑤ 当变频器出现故障时，不要轻易通电，以免扩大故障范围。这种情况下可断电再用电阻法对变频器电路进行检测。

 ### 5.4.4　常见故障及原因

变频器常见故障及原因如表 5-5 所示。

表 5-5　变频器常见故障及原因

故　障	原　因
过电流	过电流故障分以下情况。 ① 重新启动时，若只要升速变频器就会跳闸，则表明过电流很严重，一般是由负载短路、机械部件卡死、逆变模块损坏或电动机转矩过小等引起的。 ② 通电后即跳闸，这种现象通常不能复位，主要原因是驱动电路损坏、电流检测电路损坏等。 ③ 重新启动时并不马上跳闸，而是加速时跳闸，主要原因可能是加速时间设置太短、电流上限值太小或转矩补偿设定过大等
过电压	过电压报警通常出现在停机时，主要原因可能是减速时间太短或制动电阻及制动单元有问题
欠电压	欠电压是主电路电压太低，主要原因可能是电源缺相、整流电路一个桥臂开路、内部限流切换电路损坏（正常工作时无法短路限流电阻，电阻上产生很大压降，导致送到逆变电路的电压偏低）。另外，电压检测电路损坏也会出现欠电压问题
过热	过热是变频器的一种常见故障，主要原因可能是周围环境温度高、散热风扇停转、温度传感器不良或电动机过热等
输出电压不平衡	输出电压不平衡一般表现为电动机转速不稳、有抖动，主要原因可能是驱动电路损坏或电抗器损坏
过载	过载是一种常见故障，出现过载时应先分析是电动机过载还是变频器过载。一般情况下，由于电动机过载能力强，只要变频器参数设置得当，电动机不易出现过载；对于变频器过载报警，应检查变频器输出电压是否正常

伺服电机与伺服驱动器

6.1 交流伺服系统的组成及说明

交流伺服系统是以交流伺服电机为控制对象的自动控制系统，它主要由伺服控制器、伺服驱动器和伺服电机组成。交流伺服系统主要有三种控制模式，分别是位置控制模式、速度控制模式和转矩控制模式，在不同的模式下，其工作原理略有不同。交流伺服系统的控制模式可通过设置伺服驱动器的参数来改变。

 ### 6.1.1 工作在位置控制模式时的系统组成及说明

当交流伺服系统工作在位置控制模式时，能精确控制伺服电机的转数，因此可以精确控制执行部件的移动距离，即可对执行部件进行运动定位。

交流伺服系统工作在位置控制模式的组成结构如图 6-1 所示。伺服控制器发出控制信号和脉冲信号给伺服驱动器，伺服驱动器输出 U、V、W 三相电源给伺服电机，驱动伺服电机工作，与伺服电机同轴旋转的编码器会将伺服电机的旋转信息反馈给伺服驱动器，如伺服电机每旋转一周编码器会产生一定数量的脉冲送给伺服驱动器。伺服控制器输出的脉冲信号用来确定伺服电机的转数，在伺服驱动器中，该脉冲信号与编码器送来的脉冲信号进行比较，若两者相等，表明伺服电机旋转的转数已达到要求，伺服电机驱动的执行部件已移到指定的位置。伺服控制器发出的脉冲个数越多，伺服电机旋转的转数会越多。

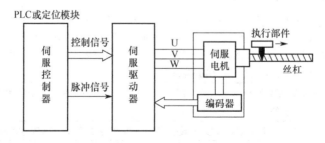

图 6-1　交流伺服系统工作在位置控制模式的组成结构

伺服控制器既可以是 PLC，也可以是定位模块（如 FX$_{2N}$-1PG、FX$_{2N}$-10GM 和 FX$_{2N}$-20GM）。

6.1.2　工作在速度控制模式时的系统组成及说明

当交流伺服系统工作在速度控制模式时，伺服驱动器无须输入脉冲信号，故可取消伺服控制器，此时的伺服驱动器类似于变频器，但由于伺服驱动器能接收伺服电机的编码器送来的转速信息，不但能调节伺服电机转速，还能让伺服电机转速保持稳定。

交流伺服系统工作在速度控制模式的组成结构如图 6-2 所示。伺服驱动器输出 U、V、W 三相电源给伺服电机，驱动伺服电机工作，编码器会将伺服电机的旋转信息反馈给伺服驱动器，如伺服电机旋转速度越快，编码器反馈给伺服驱动器的脉冲频率就越高。操作伺服驱动器的有关输入开关，可以控制伺服电机的启动、停止和旋转方向等；调节伺服驱动器的有关输入电位器，可以调节伺服电机的转速。

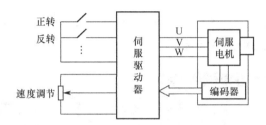

图 6-2　交流伺服系统工作在速度控制模式的组成结构

伺服驱动器的输入开关、电位器等输入的控制信号也可以用 PLC 等控制设备来产生。

6.1.3　工作在转矩控制模式时的系统组成及说明

当交流伺服系统工作在转矩控制模式时，伺服驱动器无须输入脉冲信号，故可取消伺服控制器，通过操作伺服驱动器的输入电位器，可以调节伺服电机的输出转矩（又称扭矩，即转力）。

交流伺服系统工作在转矩控制模式的组成结构如图 6-3 所示。

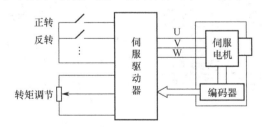

图 6-3　交流伺服系统工作在转矩控制模式的组成结构

6.2　伺服电机与编码器

交流伺服系统的控制对象是伺服电机，**编码器通常安装在伺服电机的转轴上，用来检**

测伺服电机的转速、转向和位置等信息。

 ### 6.2.1 伺服电机

伺服电机是指用在伺服系统中，能满足任务所要求的控制精度、快速响应性和抗干扰性的电动机。为了达到控制要求，伺服电机通常需要安装位置/速度检测部件（如编码器）。**根据伺服电机的定义不难看出，能满足控制要求的电动机均可作为伺服电机**，故伺服电机可以是交流异步伺服电机、永磁同步伺服电机、直流伺服电机、步进伺服电机或直线伺服电机，但实际广泛使用的伺服电机通常为永磁同步伺服电机，无特别说明，本书介绍的伺服电机均为永磁同步伺服电机。

1. 外形与结构

伺服电机的外形如图 6-4 所示，它内部通常引出两组电缆，一组电缆与伺服电机内部绕组连接，另一组电缆与编码器连接。

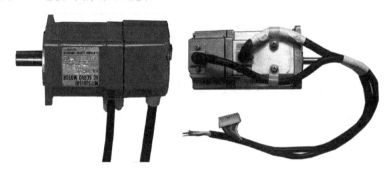

图 6-4　伺服电机的外形

永磁同步伺服电机的结构如图 6-5 所示，它主要由端盖、定子铁芯、定子绕组、转轴、轴承、永磁转子、机座、编码器和引出线组成。

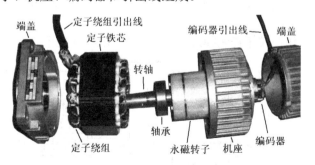

图 6-5　永磁同步伺服电机的结构

2. 工作原理

永磁同步伺服电机主要由定子和转子构成，其定子结构与一般的异步电机相同，并且嵌有定子绕组。永磁同步伺服电机的转子与异步电机不同，异步电机的转子一般为鼠笼式，转子本身不带磁性，而永磁同步伺服电机的转子上嵌有永久磁铁。

永磁同步伺服电机的工作原理如图 6-6 所示。

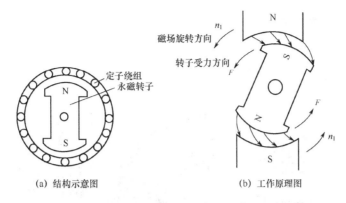

(a) 结构示意图　　　　　　　(b) 工作原理图

图 6-6　永磁同步伺服电机的工作原理

图 6-6（a）所示为永磁同步伺服电机的结构示意图，其定子铁芯上嵌有定子绕组，转子上安装一个两极磁铁（一对磁极）。当定子绕组通三相交流电时，会产生旋转磁场，此时的定子就像旋转的磁铁，如图 6-6（b）所示。根据磁极同性相斥、异性相吸可知，装有磁铁的转子会跟随旋转磁场方向转动，并且转速与磁场的旋转速度相同。

永磁同步伺服电机在转子上安装永久磁铁来形成磁极，磁极的主要结构形式如图 6-7 所示。

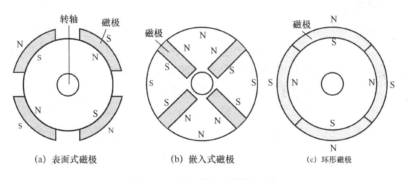

(a) 表面式磁极　　　　　(b) 嵌入式磁极　　　　　(c) 环形磁极

图 6-7　磁极的主要结构形式

在定子绕组电源频率不变的情况下，永磁同步伺服电机在运行时转速是恒定的，其转速 n 与伺服电机的磁极对数 p、交流电源的频率 f 有关。**永磁同步伺服电机的转速可用下面的公式计算：**

$$n=60f/p$$

根据上述公式可知，改变转子的磁极对数或定子绕组电源的频率，均可改变伺服电机的转速。永磁同步伺服电机是通过改变定子绕组的电源频率来调节转速的。

 ### 6.2.2　编码器

伺服电机通常使用编码器来检测转速和位置。编码器种类很多，主要可分为增量编码器和绝对值编码器。

1. 增量编码器

增量编码器的特点是每旋转一定的角度或移动一定的距离会产生一个脉冲，即输出

脉冲随位移增加而不断增多。

（1）外形

增量编码器的外形如图 6-8 所示。

图 6-8　增量编码器的外形

（2）结构与工作原理

图 6-9　玻璃码盘的结构

增量型光电编码器是一种较常用的增量编码器，它主要由玻璃码盘、发光管、光电接收管和整形电路组成。玻璃码盘的结构如图 6-9 所示，它由外向内分作三环，依次为 A 环、B 环和 Z 环，各环中的黑色部分不透明，白色部分透明可通过光线，玻璃码盘中间安装转轴，与伺服电机同步旋转。

增量型光电编码器的结构与工作原理如图 6-10 所示。编码器的发光管发出光线照射玻璃码盘，光线分别透过 A、B 环的透明孔照射 A、B 相光电接收管，从而得到 A、B 相脉冲，脉冲经放大整形后输出。由于 A、B 环透明孔交错排列，故得到的 A、B 相脉冲相位相差 90°。Z 环只有一个透明孔，玻璃码盘旋转一周只产生一个脉冲，该脉冲称为 Z 脉冲（零位脉冲），用来确定玻璃码盘的起始位置。

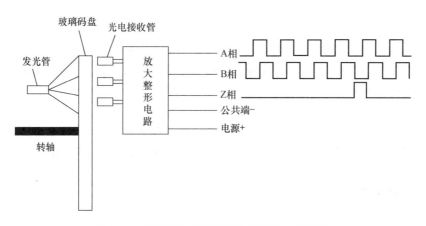

图 6-10　增量型光电编码器的结构与工作原理

通过增量型光电编码器可以检测伺服电机的转向、转速和位置。由于 A、B 环上的透明孔是交错排列的，如果玻璃码盘正转时 A 环的某孔超前 B 环的对应孔，编码器得到的 A 相脉冲较 B 相脉冲超前，则玻璃码盘反转时 B 环孔就较 A 环孔超前，B 相脉冲就超前

A 相脉冲，因此通过了解 A、B 相脉冲的相位情况就能判断出玻璃码盘的转向（即伺服电机的转向）。如果玻璃码盘 A 环上有 100 个透明孔，则玻璃码盘旋转一周，编码器就会输出 100 个 A 相脉冲；如果玻璃码盘每秒转 10 转，则编码器每秒会输出 1000 个脉冲，即输出脉冲的频率为 1kHz；如果玻璃码盘每秒转 50 转，则编码器每秒就会输出 5000 个脉冲，输出脉冲的频率为 5kHz，因此通过了解编码器输出脉冲的频率就能知道伺服电机的转速。假设玻璃码盘旋转一周会产生 100 个脉冲，从第一个 Z 相脉冲开始计算，若编码器输出 25 个脉冲，则表明玻璃码盘（伺服电机）已旋转到 1/4 周的位置；若编码器输出 1000 个脉冲，则表明玻璃码盘（伺服电机）已旋转 10 周，伺服电机驱动执行部件移动了相应长度的距离。

编码器旋转一周产生的脉冲个数称为分辨率，它与玻璃码盘 A、B 环上的透光孔数目有关，透光孔数目越多，旋转一周产生的脉冲数越多，编码器分辨率就越高。

2．绝对值编码器

增量编码器通过输出脉冲的频率反映伺服电机的转速，通过 A、B 相脉冲的相位关系反映伺服电机的转向，故检测伺服电机的转速和转向非常方便。

增量编码器在检测伺服电机旋转位置时，通过第一个 Z 相脉冲之后出现的 A 相（或 B 相）脉冲的个数来反映伺服电机的旋转位移。由此可见，增量编码器检测伺服电机的旋转位移采用的是相对方式，当伺服电机驱动执行机构移到一定位置时，增量编码器会输出 N 个相对脉冲来反映该位置。如果系统突然断电，而相对脉冲个数未存储，则再次通电后系统将无法知道执行机构的当前位置，需要让伺服电机回到零位重新开始工作并检测位置；即使系统断电时相对脉冲个数已存储，但如果人为移动了执行机构，则通电后，系统会以为执行机构仍在断电前的位置，继续工作时会出现错误。

绝对值编码器可以解决增量编码器测位时存在的问题，它可分为单圈绝对值编码器和多圈绝对值编码器。

（1）单圈绝对值编码器

图 6-11（a）所示为 4 位二进制单圈绝对值编码器的码盘，该玻璃码盘分为 B3、B2、B1、B0 四个环，每个环分成 16 等份，环中白色部分透光，黑色部分不透光。码盘的一侧有 4 个发光管照射，另一侧有 B3、B2、B1、B0 共 4 个光电接收管。当码盘处于图示位置时，B3、B2、B1、B0 光电接收管不受光，输出均为 0，即 B3B2B1B0=0000。如果码盘顺时针旋转一周，则 B3、B2、B1、B0 光电接收管输出的脉冲如图 6-11（b）所示。B3B2B1B0 的值会从 0000 变化到 1111。

4 位二进制单圈绝对值编码器将一个圆周分成 16 个位置点，每个位置点都有唯一的编码，通过编码器输出的代码就能确定伺服电机的当前位置，通过输出代码的变化方向可以确定伺服电机的转向，如由 0000 往 0001 变化为正转，由 1100 往 0111 变化为反转。通过检测某光电接收管（如 B0 接收管）产生的脉冲频率就能确定伺服电机的转速。单圈绝对值编码器定位不受断电影响，再次通电后，编码器当前位置的编码不变。例如，当前位置编码为 0111，系统由此就知道伺服电机停电前处于 1/2 周位置。

（2）多圈绝对值编码器

单圈绝对值编码器只能对一个圆周进行定位，超过一个圆周定位就会发生重复，而多圈绝对值编码器可以对多个圆周进行定位。

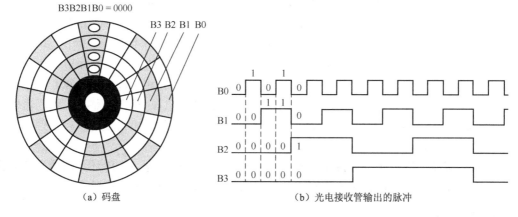

（a）码盘　　　　　　　　　　　（b）光电接收管输出的脉冲

图 6-11　4 位二进制单圈绝对值编码器

多圈绝对值编码器的工作原理类似机械钟表，当中心码盘旋转时，通过减速齿轮带动另一个圈数码盘，中心码盘每旋转一周，圈数码盘转动一格，如果中心码盘和圈数码盘都是 4 位，那么该编码器可进行 16 周定位，定位编码为 00000000～11111111；如果圈数码盘是 8 位，则编码器可定位 256 周。

多圈绝对值编码器的优点是测量范围大，如果使用定位范围有富裕，则在安装时不必找零点，只要将某一位置作为起始点就可以了，这样能大大简化安装调试难度。

6.3　伺服驱动器的结构与原理

伺服驱动器又称伺服放大器，是交流伺服系统的核心设备。伺服驱动器的功能是将工频（50Hz 或 60Hz）交流电源转换成幅度和频率均可变的交流电源提供给伺服电机。当伺服驱动器工作在速度控制模式时，可通过控制输出电源的频率来对伺服电机进行调速；当工作在转矩控制模式时，可通过控制输出电源的幅度来对伺服电机进行转矩控制；当工作在位置控制模式时，可根据输入脉冲来决定输出电源的通断时间。

伺服驱动器的品牌很多，常见的有三菱、安川、松下和三洋等。图 6-12 列出了一些常见的伺服驱动器。

图 6-12　一些常见的伺服驱动器

6.3.1　三菱 MR-J2S 伺服驱动器的内部结构及说明

图 6-13 所示为三菱 MR-J2S-A 系列通用伺服驱动器的内部结构简图。

三相交流电源（200～230V）或单相交流电源（230V）经断路器 NFB 和接触器触点 MC 送到伺服驱动器内部的整流电路；交流电源经整流电路、开关 S（S 断开时经 R1）对电容 C 充电，在电容上得到上正下负的直流电压；该直流电压送到逆变电路，逆变电路将直流电压转换成 U、V、W 三相交流电压，输送给伺服电机，驱动伺服电机运转。

R1、S 为浪涌保护电路，在开机时 S 断开，R1 对输入电流进行限制，用于保护整流电路中的二极管不被开机冲击电流烧坏；正常工作时 S 闭合，R1 不再限流。R2、VD 为电源指示电路，当电容 C 上存在电压时，VD 就会发光。VT、R3 为再生制动电路，用于加快制动速度，同时避免制动时伺服电机产生的电压损坏有关电路。电流传感器用于检测伺服驱动器输出电流大小，并通过电流检测电路反馈给控制系统，以便控制系统能随时了解输出电流情况而做出相应控制。有些伺服电机除带有编码器外，还带有电磁制动器，在制动器线圈未通电时伺服电机转轴被抱闸，线圈通电后抱闸松开，伺服电机可正常运行。

控制系统有单独的电源电路，它除为控制系统供电外，对于大功率型号的驱动器，它还要为内置的散热风扇供电。主电路中的逆变电路工作时需要提供驱动脉冲信号，它由控制系统提供；主电路中的再生制动电路所需的控制脉冲也由控制系统提供。电压检测电路用于检测主电路中的电压，电流检测电路用于检测逆变电路的电流，它们都反馈给控制系统，控制系统根据设定的程序做出相应的控制（如过压或过流时让驱动器停止工作）。

如果给伺服驱动器接上可选电源（MR-BAT），就能构成绝对位置系统，这样在首次原点（零位）设置后，即使驱动器断电或报警后重新运行，也不需要进行原点复位操作。控制系统通过一些接口电路与驱动器的外接端口（如 CN1A、CN1B 和 CN3 等）连接，以便接收外部设备送来的指令，也能将驱动器有关信息输出到外部设备。

6.3.2　三菱 MR-JE 伺服驱动器的内部结构及说明

图 6-14 所示为三菱 MR-JE-A 伺服驱动器的内部结构简图。

三相或单相交流电源（200～240V）由 L1、L2、L3 端（单相电源接 L1、L3 端）送到伺服驱动器内部的整流电路，经整流电路、KA（KA 断开时经 R1）对电容 C 充电，在电容上得到上正下负的直流电压；该直流电压送到逆变电路，逆变电路将直流电压转换成 U、V、W 三相交流电压，输送给伺服电机，驱动伺服电机运转。

R1、KA（继电器触点）为浪涌保护电路，在开机时 KA 断开，电流经 R1 对 C1 充电，充电电流小，这样可避免开机时 C1 两端电压低而充电电流大，导致整流电路中的二极管被开机冲击电流烧坏；C1 电压上升后，系统控制 KA 闭合，R1 被短路而不起作用。R2、VD 为电源指示电路，当电容 C 上存在电压时，VD 就会发光。

VT、R3 为再生制动电路。在需要伺服电机停转时，伺服驱动器停止输出电源，伺服电机惯性运转，此时的伺服电机变成了发电机，会产生电动势（再生电动势）。该电动势通过逆变电路、R3 和导通的三极管 VT 构成回路而有再生电流流回伺服电机，此时会产生制动磁场，阻止伺服电机运转，电流越大，制动力矩越大，制动时间越短。在伺服驱动

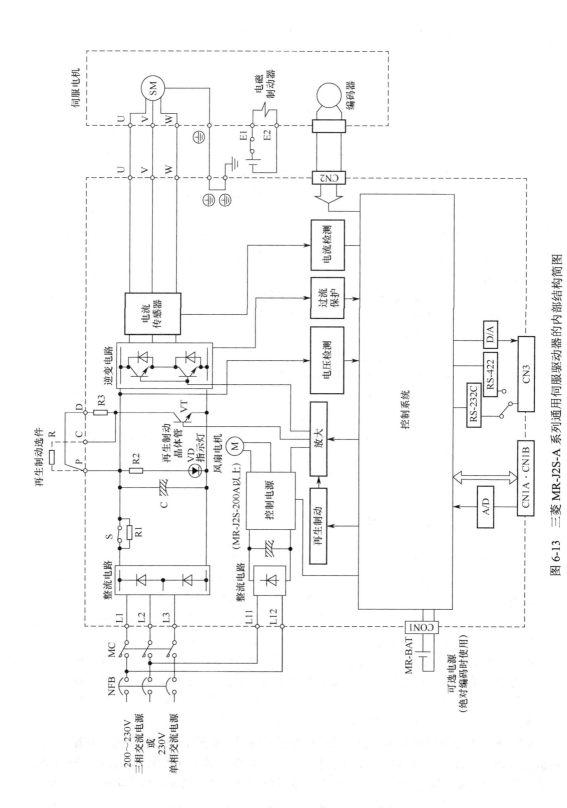

图 6-13 三菱 MR-J2S-A 系列通用伺服驱动器的内部结构简图

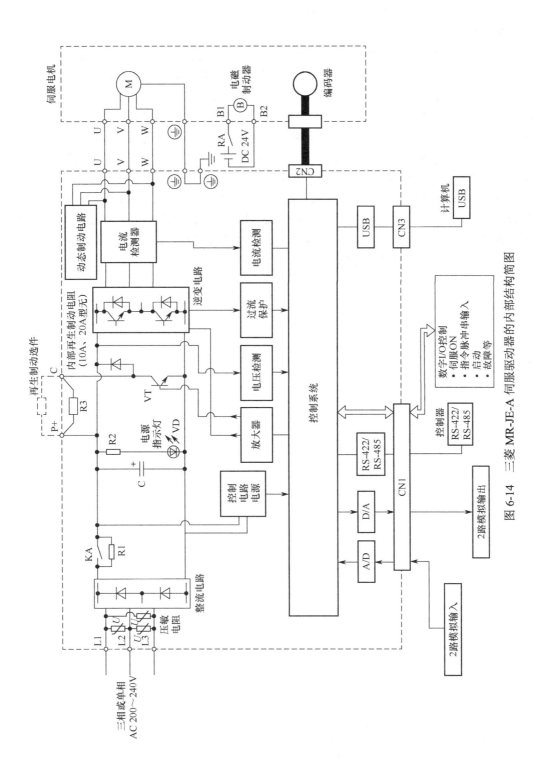

图 6-14 三菱 MR-JE-A 伺服驱动器的内部结构简图

器的输出端内部还设置了动态制动电路，可以动态调整再生电流对伺服电机进行制动。如果内部再生制动电阻 R3（10A、20A 型无内部再生制动电阻）制动效果不佳，可在 P+、C 端外接再生制动选件。

主电路滤波电容 C 上的直流电压经控制电路电源进行降压等处理后，得到直流低压供给控制电路作为电源。在制动时，控制系统输出信号放大后去控制三极管 VT 导通，进行再生制动控制；在正常工作时，控制系统输出驱动脉冲放大后去控制逆变电路的工作，使之将直流电源转换成频率可以变化的电源驱动伺服电机。控制系统通过电压检测电路检测主电路的电压大小，通过过流保护电路检测逆变电路是否存在电流过大情况，通过电流检测电路检测伺服驱动器输出电流情况。控制系统通过检测到的电压和电流情况，对有关电路进行调整或让电路停止工作，在过压或过流时对电路进行保护。

伺服驱动器的控制系统对外有 CN1、CN2 和 CN3 三个接口。CN1 接口包含 2 路模拟量输入端、2 路模拟量输出端、RS-422/RS-485 通信端和数字量 I/O 端。CN2 接口用于连接伺服电机的编码器，以便获取伺服电机的转速和位置信息。CN3 接口实际是一个 mini USB 端口，用于与计算机连接通信。

伺服驱动器的硬件介绍

伺服驱动器型号很多，但功能大同小异，本书主要以三菱 MR-J2S-A 系列通用伺服驱动器为例来介绍伺服驱动器。

7.1 面板与型号说明

7.1.1 面板介绍

1. 外形

图 7-1 所示为三菱 MR-J2S-100A 以下的伺服驱动器的外形，MR-J2S-200A 以上的伺服驱动器的功能与之基本相同，但输出功率更大，并带有冷却风扇，故体积较大。

图 7-1　三菱 MR-J2S-100A 以下的伺服驱动器的外形

2. 面板说明

三菱 MR-J2S-100A 以下的伺服驱动器的面板说明如图 7-2 所示。

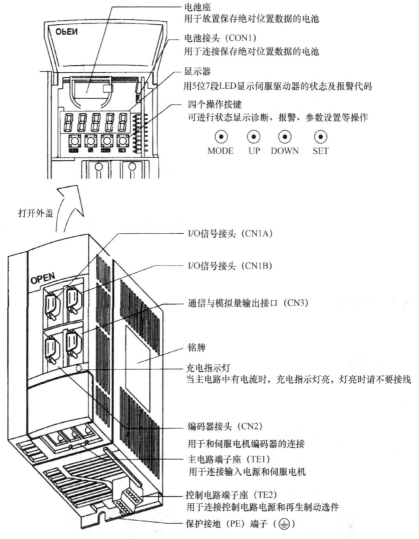

图 7-2　三菱 MR-J2S-100A 以下的伺服驱动器的面板说明

7.1.2　型号说明

三菱 MR-J2S-A 系列通用伺服驱动器的型号构成及含义如下。

记号	电源
无	三相200～230V 单相230V
1	单相100V

额定输出

记号	额定输出/W	记号	额定输出/W
10	100	70	700
20	200	100	1000
40	400	200	2000
60	600	350	3500

7.1.3 规格

三菱 MR-J2S-A 系列通用伺服驱动器的标准规格如表 7-1 所示。

表 7-1 三菱 MR-J2S-A 系列通用伺服驱动器的标准规格

项　目		MR-J2S-□										
		10A	20A	40A	60A	70A	100A	200A	350A	10A1	20A1	40A1
电源	电压·频率	三相 AC 200~230V，50/60Hz 或单相 AC 230V，50/60Hz					三相 AC 200~230V，50/60Hz			单相 AC 100~120V，50/60Hz		
	容许电压波动范围	三相 AC 200~230V 的场合：AC 170~253V；单相 AC 230V 的场合：AC 207~253V					三相 AV 170~253V			单相 AC 85~127V		
	容许频率波动范围	±5%以内										
	电源设备容量	参见 12.2 节										
	控制方式	正弦波 PWM 控制电流方式										
	动态制动	内置										
	保护功能	过流、再生制动过压、过载（电子热继电器）、伺服电机过热、编码器异常、再生制动异常、欠压、瞬时停电、超速、误差过大										
	速度频率响应	550Hz 以上										
位置控制模式	最大输入脉冲频率	500Kpps（差动输入的场合）、200Kpps（集电极开路输入的场合）										
	指令脉冲倍率（电子齿轮）	电子齿轮比（A/B），A：1~65535·131072，B：1~65535，1/50 <A/B <500										
	定位完毕范围设定	0~±10000 脉冲（指令脉冲单位）										
	误差过大	±10r										
	转矩限制	通过参数设定或模拟量输入指令设定（DC 0~+10V/最大转矩）										
速度控制模式	速度控制范围	模拟量速度指令 1：2000，内部速度指令 1：5000										
	模拟量速度指令输入	DC 0~10V/额定速度										
	速度波动范围	+0.01%以下（负载变动 0%~100%） 0%（电源变动±10%） +0.2%以下（环境温度 25±10℃）、仅在使用模拟量速度指令时										
	转矩限制	通过参数设定或模拟量输入指令设定（DC 0~10V/最大转矩）										
转矩控制模式	模拟量速度指令输入	DC 0~±8V/最大转矩（输入阻抗 10~12kΩ）										
	速度限制	通过参数设定或模拟量输入指令设定（DC 0~10V/最大额定速度）										
	冷却方式	自冷、开放（IP00）				强冷、开放（IP00）			自冷、开放（IP00）			
环境	环境温度	0~+55℃（不冻结），保存：−20～+65℃（不冻结）										
	湿度	90%RH 以下（不凝结），保存：90%RH 以下（不凝结）										
	周围环境	室内（无日晒）、无腐蚀性气体、无可燃性气体、无油气、无尘埃										
	海拔高度	海拔 1000m 以下										
	振动	5.9m/s² 以下										
	质量/kg	0.7	0.7	1.1	1.1	1.7	1.7	2.0	2.0	0.7	0.7	1.1

7.2 伺服驱动器与辅助设备的总接线

伺服驱动器工作时需要连接伺服电机、编码器、伺服控制器（或控制部件）和电源等设备，如果使用软件来设置参数，则还需要连接计算机。三菱 MR-J2S-A 系列通用伺服驱动器有大功率和中小功率之分，它们的接线端子略有不同。

7.2.1 三菱 MR-J2S-100A 以下的伺服驱动器与辅助设备的总接线

三菱 MR-J2S-100A 以下伺服驱动器与辅助设备的连接如图 7-3 所示，这种小功率的伺服驱动器可以使用 200～230V 的三相交流电压供电，也可以使用 230V 的单相交流电压供电。由于我国三相交流电压通常为 380V，故使用 380V 三相交流电压供电时需要使用三相降压变压器，将 380V 降到 220V 再供给伺服驱动器。如果使用 220V 单相交流电压供电，只需将 220V 电压接到伺服驱动器的 L1、L2 端子即可。

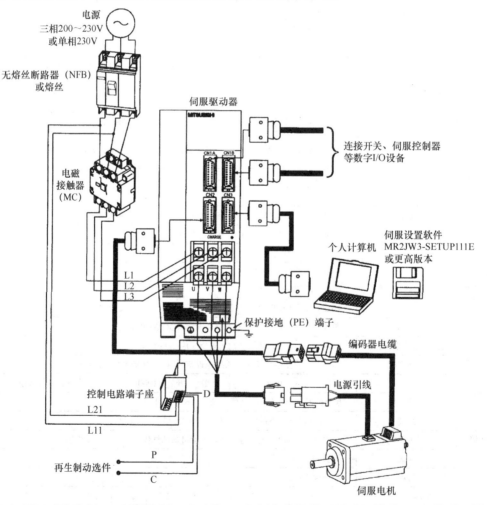

图 7-3　三菱 MR-J2S-100A 以下伺服驱动器与辅助设备的连接

7.2.2 三菱 MR-J2S-100A 以上的伺服驱动器与辅助设备的总接线

三菱 MR-J2S-100A 以上伺服驱动器与辅助设备的连接如图 7-4 所示，这类中大功率的伺服驱动器只能使用 200～230V 的三相交流电压供电，可采用三相降压变压器将 380V 降到 220V 再供给伺服驱动器。

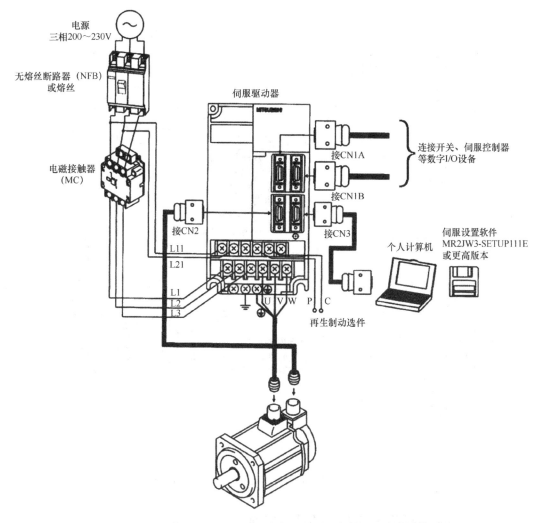

图 7-4 三菱 MR-J2S-100A 以上伺服驱动器与辅助设备的连接

7.3 伺服驱动器的接头引脚功能及内部接口电路

 7.3.1 接头引脚的排列规律

三菱 MR-J2S-A 系列通用伺服驱动器有 CN1A、CN1B、CN2、CN3 四个接头与外部设备连接，这四个接头都由 20 个引脚组成，它们不但外形相同，引脚排列规律也相同，引脚排列顺序如图 7-5 所示。图中，CN2、CN3 接头有些引脚下方标有英文符号，用于说明该引脚的功能，引脚下方的斜线表示该引脚无功能（即空脚）。

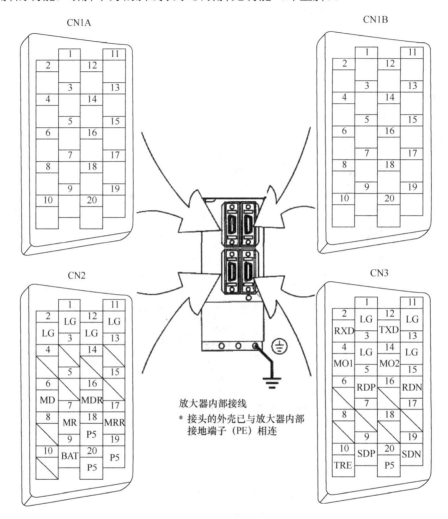

图 7-5 CN1A、CN1B、CN2、CN3 接头的引脚排列顺序

 7.3.2 接头引脚的功能及内部接口电路

三菱 MR-J2S-A 系列通用伺服驱动器有位置、速度和转矩三种控制模式，在这三种模式下，CN2、CN3 接头各引脚功能定义相同，具体如图 7-5 所示；而 CN1A、CN1B 接头中有些引脚在不同模式时功能有所不同，如图 7-6 所示，其中 P 表示位置模式，S 表示速度模式，T 表示转矩模式。例如，CN1B 接头的 2 号引脚在位置模式时无功能（不使用），在速度模式时功能为 VC（模拟量速度指令输入），在转矩模式时的功能为 VLA（模拟量速度限制输入）。在图 7-6 中，左边引脚为输入引脚，右边引脚为输出引脚。

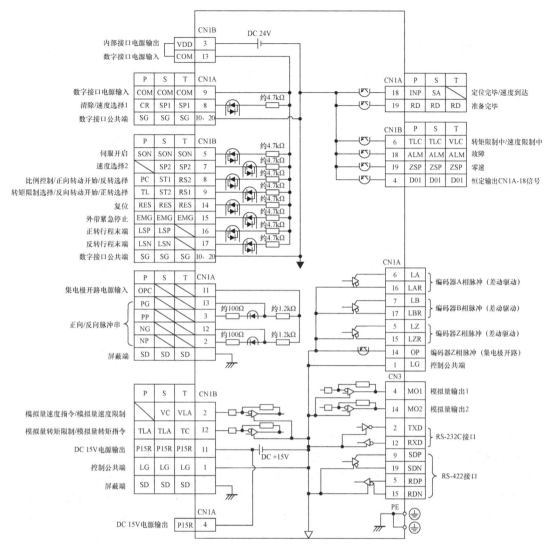

图 7-6　CN1A、CN1B、CN2、CN3 接头的功能及内部接口电路

7.4　伺服驱动器的接线

伺服驱动器的接线主要包括数字量输入引脚的接线、数字量输出引脚的接线、脉冲输入引脚的接线、编码器脉冲输出引脚的接线、模拟量输入引脚的接线、模拟量输出引脚的接线、电源接线、再生制动选件接线、伺服电机接线及启/停保护电路的接线。

7.4.1　数字量输入引脚的接线

伺服驱动器的**数字量输入引脚用于输入开关信号**，如启动、正转、反转和停止信号等。根据开关闭合时输入引脚的电流方向不同，可分为漏型输入方式和源型输入方式。不管采用哪种输入方式，伺服驱动器都能接受，这是因为数字量输入引脚的内部采用双向光电耦合器，如图 7-6 所示。

1. 漏型输入方式

漏型输入是指以电流从输入引脚流出的方式输入开关信号。在使用漏型输入方式时，可使用伺服驱动器自身输出的 DC 24V 电源，也可以使用外部的 DC 24V 电源。漏型输入方式的数字量输入引脚的接线如图 7-7 所示。

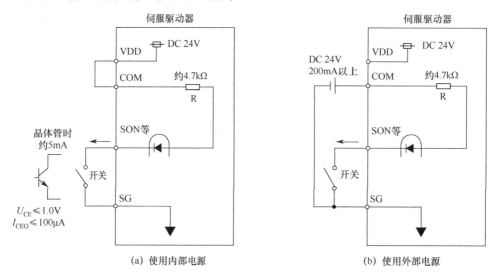

图 7-7　漏型输入方式的数字量输入引脚的接线

图 7-7（a）所示为使用内部 DC 24V 电源的输入引脚接线图，它将伺服驱动器的 VDD、COM 引脚直接连起来，将开关接在输入引脚与 SG 引脚之间，如果用 NPN 型三极管代替开关，三极管 C 极应接 SG 引脚，E 极接输入引脚，三极管导通时要求 $U_{CE} \leqslant 1.0V$，电流约为 5mA，截止时 C、E 极之间漏电电流 $I_{CEO} \leqslant 100\mu A$。当输入开关闭合时，伺服驱动器内部 DC 24V 电压从 VDD 引脚输出，从 COM 引脚输入，再流过限流电阻和光电耦合器的发光二极管，然后从数字量输入引脚（如 SON 引脚）流出，经外部输入开关后从 SG 引脚输入伺服驱动器的内部地（内部 DC 24V 电源地），光电耦合器的发光二极管发光，将输入开关信号通过光电耦合器的光敏管（图中未画出）送入内部电路。

图 7-7（b）所示为使用外部 DC 24V 电源的输入引脚接线图，它将外部 DC 24V 电源的正极接 COM 引脚，负极接 SG 引脚，VDD、COM 引脚之间断开，当输入开关闭合时，有电流流经输入引脚内部的光电耦合器的发光二极管，发光二极管发光，将开关信号送入伺服驱动器内部电路。使用外部 DC 电源时，要求电源的输出电压为 24V，输出电流应大于 200mA。

2. 源型输入方式

源型输入是指以电流从输入引脚流入的方式输入开关信号。在使用源型输入方式时，可使用伺服驱动器自身输出的 DC 24V 电源，也可以使用外部的 DC 24V 电源。源型输入方式的数字量输入引脚的接线如图 7-8 所示。

图 7-8（a）所示为使用内部 DC 24V 电源的输入引脚接线图，它将伺服驱动器的 SG、COM 引脚直接连起来，将开关接在输入引脚与 VDD 引脚之间，如果用 NPN 型三极

管代替开关，三极管 C 极应接 VDD 引脚，E 极接输入引脚。当输入开关闭合时，有电流流过输入开关和光电耦合器的发光二极管，电流途径是：伺服驱动器内部 DC 24V 电源正极→VDD 引脚流出→输入开关→数字量输入引脚流入→发光二极管→限流电阻→COM 引脚流出→SG 引脚流入→伺服驱动器内部地。光电耦合器的发光二极管发光，将输入开关信号通过光电耦合器的光敏管（图中未画出）送入内部电路。

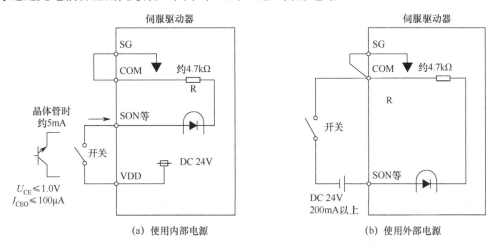

图 7-8 源型输入方式的数字量输入引脚的接线

图 7-8（b）所示为使用外部 DC 24V 电源的输入引脚接线图，它将伺服驱动器的 SG、COM 引脚直接连起来，将开关接在输入引脚与外部 DC 24V 电源的负极之间，DC 24V 电源的正极接数字量输入引脚。输入开关闭合时，电流从输入引脚流入并流过光电耦合器的发光二极管，最终流到 DC 24V 电源的负极。

7.4.2 数字量输出引脚的接线

伺服驱动器的数字量输出引脚是通过内部三极管导通、截止来输出 0、1 信号的，数字量输出引脚可以连接灯泡和感性负载（线圈）。

1. 灯泡的连接

数字量输出引脚与灯泡的连接如图 7-9 所示。

图 7-9（a）所示为使用内部 DC 24V 电源的数字量输出引脚接线图，它将伺服驱动器的 VDD 引脚与 COM 引脚直接连起来，灯泡接在 COM 引脚与数字量输出引脚（如 ALM 故障引脚）之间。当数字量输出引脚内部的三极管导通时（相当于输出 0），有电流流过灯泡，电流途径是：伺服驱动器内部 DC 24V 电源正极→VDD 引脚→COM 引脚→限流电阻→灯泡→数字量输出引脚→三极管→伺服驱动器内部地。由于灯泡的冷电阻很小，为防止三极管刚导通时因流过的电流过大而损坏，通常需要给灯泡串接一个限流电阻。

图 7-9（b）所示为使用外部 DC 24V 电源的数字量输出引脚接线图，它将外部 DC 24V 电源的正、负极分别接伺服驱动器的 COM、SG 引脚，灯泡接在 COM 引脚与数字量输出引脚之间，VDD、COM 引脚之间断开。当数字量输出引脚内部的三极管导通时，有电流流过灯泡，电流途径是：外部 DC 24V 电源正极→限流电阻→灯泡→数字量输出引

脚→三极管→SG 引脚→外部 DC 24V 电源负极。

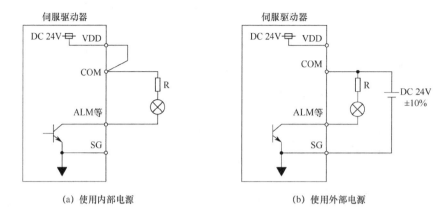

(a) 使用内部电源　　　　　　　　(b) 使用外部电源

图 7-9　数字量输出引脚与灯泡的连接

2．感性负载的连接

感性负载也即线圈负载，如继电器、电磁铁等。数字量输出引脚与感性负载的连接如图 7-10 所示，从图中可以看出，它的连接方式与灯泡连接基本相同，区别在于无须接限流电阻，但要在线圈两端并联一只二极管来吸收线圈产生的反峰电压。

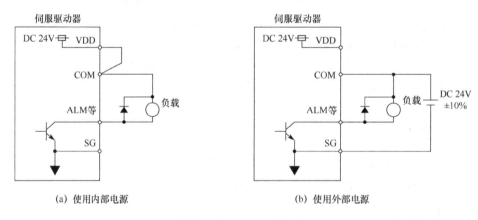

(a) 使用内部电源　　　　　　　　(b) 使用外部电源

图 7-10　数字量输出引脚与感性负载的连接

二极管吸收反峰电压原理：当三极管由导通转为截止时，线圈会产生很高的上负下正反峰电压。如果未接二极管，线圈上很高的下正电压会加到三极管的 C 极，三极管易被击穿。在线圈两端并联二极管后，线圈产生的上负下正反峰电压使二极管导通，反峰电压迅速被泄放而降低。在线圈两端并联二极管时，一定不能接错，如果将二极管接反，三极管导通时二极管也会导通，电流不会经过线圈，同时由于二极管导通时电阻小，三极管易被大电流烧坏。线圈两端并联二极管的正确方法是，当三极管导通时二极管不能导通，让电流通过线圈。

7.4.3　脉冲输入引脚的接线

当伺服驱动器工作在位置控制模式时，需要使用脉冲输入引脚来输入脉冲信号，用来控制伺服电机运动的位移和旋转的方向。脉冲输入引脚包括正转脉冲（PP）输入引脚和反转脉冲（NP）输入引脚。脉冲输入有两种方式：集电极开路输入方式和差动输入方式。

1. 集电极开路输入方式的接线

集电极开路输入方式的接线与脉冲波形如图 7-11 所示。

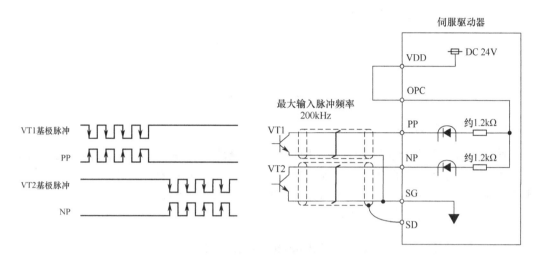

图 7-11　集电极开路输入方式的接线与脉冲波形

在接线时，将伺服驱动器的 VDD、OPC 引脚直接连起来，使用内部电源为脉冲输入电路供电。PP 引脚为正转脉冲输入引脚，NP 引脚为反转脉冲输入引脚，SG 引脚为公共端，SD 引脚为屏蔽端。图中的 VT1、VT2 通常为伺服控制器（如 PLC 或定位控制模块）输出端子内部的晶体管。如果使用外部 DC 24V 电源，应断开 VDD、OPC 引脚之间的连线，将 DC 24V 电源接在 OPC 与 SG 引脚之间，其中 OPC 引脚接电源的正极。

当 VT1 基极输入图示的脉冲时，经 VT1 放大并倒相后得到 PP 脉冲信号送入 PP 引脚，在 VT1 基极为高电平时导通；PP 脉冲为低电平，PP 引脚内部光电耦合器的发光二极管导通；在 VT1 基极为低电平时截止，PP 脉冲为高电平，PP 引脚内部光电耦合器的发光二极管截止。当 VT2 基极输入图示的脉冲时，经 VT1 放大并倒相后得到 NP 脉冲信号送入 NP 引脚。

如果采用集电极开路输入方式，则允许输入的脉冲频率最大为 200kHz。

2. 差动输入方式的接线

差动输入方式的接线与脉冲波形如图 7-12 所示。

当伺服驱动器采用差动输入方式时，可以利用接口芯片（如 AM26LS31）将单路脉冲信号转换成双路差动脉冲信号，这种输入方式需要使用 PP、PG 和 NP、NG 四个引脚。以正转脉冲输入为例，当正转脉冲的低电平送到放大器输入端时，放大器同相输出端输出低电平到 PP 引脚，反相输出端输出高电平到 PG 引脚，伺服驱动器 PP、PG 引脚内部的发光二极管截止；当正转脉冲的高电平送到放大器输入端时，PP 引脚则为高电平，PG 引脚为低电平，PP、PG 引脚内部的发光二极管导通发光。

如果伺服驱动器采用差动输入方式，则允许输入的脉冲频率最大为 500kHz。

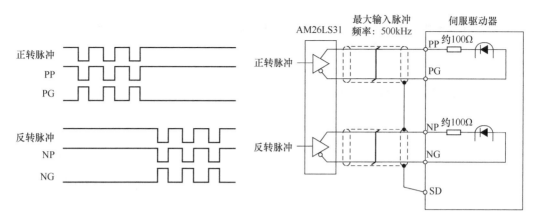

图 7-12　差动输入方式的接线与脉冲波形

3. 脉冲的输入形式

脉冲可分为正逻辑脉冲和负逻辑脉冲，**正逻辑脉冲以高电平作为脉冲，负逻辑脉冲以低电平作为脉冲**。伺服驱动器工作在位置控制模式时，是根据脉冲输入引脚送入的脉冲串来控制伺服电机运动的位移和转向的，它可接受多种形式的脉冲串输入。

伺服驱动器可接受的脉冲串形式如表 7-2 所示。

表 7-2　伺服驱动器可接受的脉冲串形式

脉 冲 形 式		正 转 脉 冲	反 转 脉 冲	参数 No.21 的值
负逻辑	正转脉冲 反转脉冲	PP NP		0010
	脉冲+符号	PP NP　　L　　H		0011
	A 相脉冲 B 相脉冲	PP NP		0012
正逻辑	正转脉冲 反转脉冲	PP NP		0000
	脉冲+符号	PP NP　　H　　L		0001
	A 相脉冲 B 相脉冲	PP NP		0002

当将伺服驱动器的参数 No.21 设为 0010（参数设置方法在后续章节介绍）时，允许

PP 引脚输入负逻辑正转脉冲，NP 引脚输入负逻辑反转脉冲。

当将伺服驱动器的参数 No.21 设为 0011 时，允许 PP 引脚输入负逻辑脉冲，NP 引脚电平决定 PP 引脚输入脉冲的性质（也即伺服电机的转向），NP 引脚为低电平期间，PP 引脚输入的脉冲均为正转脉冲；NP 引脚为高电平期间，PP 引脚输入的脉冲均为反转脉冲。

当将伺服驱动器的参数 No.21 设为 0012 时，允许 PP、NP 引脚同时输入负逻辑脉冲。当 PP 脉冲相位超前 NP 脉冲 90°时，控制伺服电机正转；当 PP 脉冲相位落后 NP 脉冲 90°时，控制伺服电机反转，伺服电机运行的位移由 PP 脉冲或 NP 脉冲的个数决定。

当将伺服驱动器的参数 No.21 设为 0000～0002 时，允许输入三种形式的正逻辑脉冲来确定伺服电机运动的位移和转向。各种形式的脉冲都可以采用集电极开路输入方式或差动输入方式输入。

7.4.4　编码器脉冲输出引脚的接线

伺服驱动器工作时，可通过编码器脉冲输出引脚送出反映本伺服电机当前转速和位置的脉冲信号，用于其他电机控制器作同步和跟踪用，单机控制时不使用该引脚。编码器脉冲输出有两种方式：集电极开路输出方式和差动输出方式。

1. 集电极开路输出方式的接线

集电极开路输出方式的接线及接口电路如图 7-13 所示，一路编码器 Z 相脉冲输入采用这种方式。图 7-13（a）采用整形电路作为接口电路，它将 OP 引脚输出的 Z 相脉冲整形后送给其他电机控制器；图 7-13（b）采用光电耦合器作为接口电路，对 OP 引脚输出的 Z 相脉冲进行电-光-电转换，再送给其他电机控制器。

采用集电极开路输出方式时，OP 引脚最大允许流入的电流为 35mA。

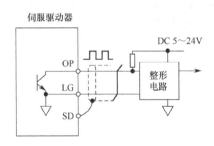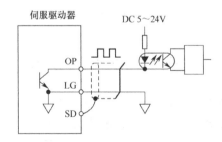

　　(a) 采用整形电路作为接口电路　　　　　　　　(b) 采用光电耦合器作为接口电路

图 7-13　集电极开路输出方式的接线及接口电路

2. 差动输出方式的接线

差动输出方式的接线及接口电路如图 7-14 所示，编码器 A、B 相和一路 Z 相脉冲采用这种输出方式。图 7-14（a）采用 AM26LS32 芯片作为接口电路，它对 LA（或 LB、LZ）引脚和 LAR（或 LBR、LZR）引脚输出的极性相反的脉冲信号进行放大，再输出单路脉冲信号送给其他电机控制器；图 7-14（b）采用光电耦合器作为接口电路，当 LA 引脚输出脉冲的高电平时，LAR 引脚输出脉冲的低电平，光电耦合器的发光二极管导通，再通过光敏管和后级电路转换成单路脉冲送给其他电机控制器。

采用差动输出方式时，LA 引脚最大输出电流为 35mA。

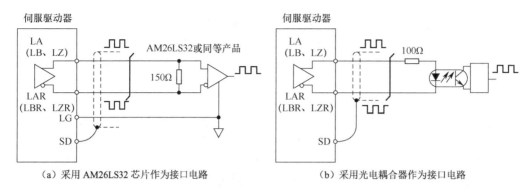

（a）采用 AM26LS32 芯片作为接口电路　　　　（b）采用光电耦合器作为接口电路

图 7-14　差动输出方式的接线及接口电路

 ### 7.4.5　模拟量输入引脚的接线

　　模拟量输入引脚可以输入一定范围的连续电压，用来调节和限制伺服电机的速度和转矩。模拟量输入引脚的接线如图 7-15 所示。

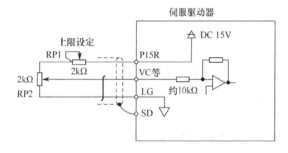

图 7-15　模拟量输入引脚的接线

　　伺服驱动器内部的 DC 15V 电压通过 P15R 引脚引出，提供给模拟量输入电路，电位器 RP1 用来设定模拟量输入的上限电压，一般将上限电压调到 10V；RP2 用来调节模拟量输入电压，调节 RP2 可以使 VC 引脚（或 TLA 引脚）在 0～10V 范围内变化，该电压经内部的放大器放大后送给有关电路，用来调节或限制伺服电机的速度或转矩。

 ### 7.4.6　模拟量输出引脚的接线

　　模拟量输出引脚用于输出反映伺服电机的转速或转矩等信息的电压，例如，输出电压越高，表明伺服电机转速越快，模拟量输出引脚的输出电压所反映的内容可用参数 No.17 来设置。模拟量输出引脚的接线如图 7-16 所示，模拟量输出引脚有 MO1 和 MO2 两个，它们内部电路结构相同，图中画出了 MO1 引脚的外围接线。当将参数 No.17 设为 0102 时，MO1 引脚输出 0～8V 电压反映伺服电机转速，MO2 引脚输出 0～8V 电压反映伺服电机输出转矩。

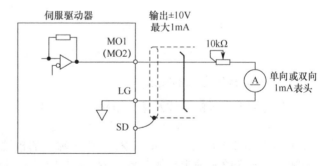

图 7-16　模拟量输出引脚的接线

7.4.7　电源、再生制动选件、伺服电机及启/停保护电路的接线

电源、再生制动电阻、伺服电机及启/停保护电路的接线如图 7-17 所示。

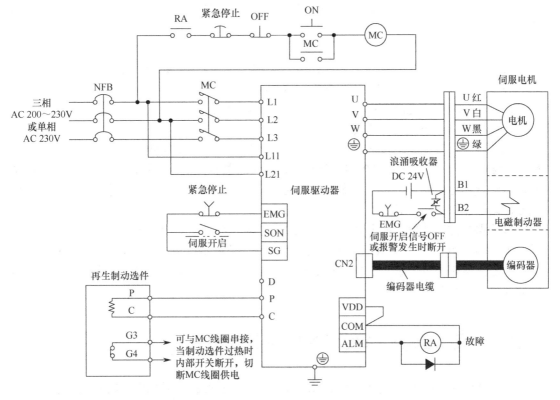

图 7-17　电源、再生制动电阻、伺服电机及启/停保护电路的接线

（1）电源的接线说明

三相交流电源（200～230V）经三相开关 NFB 和接触器 MC 的三个触点接到伺服驱动器的 L1、L2、L3 端子，送给内部的主电路。另外，三相交流电源中的两相电源接到 L11、L21 端子，送给内部的控制电路作为电源。伺服驱动器也可使用单相 AC 230V 电源供电，此时 L3 端子不用接电源线。

（2）伺服电机与伺服驱动器的接线说明

伺服电机通常包括电机、电磁制动器和编码器。在电机接线时，将电机的红、白、黑、绿四根线分别与伺服驱动器的 U、V、W 相输出端子和接地端子连接起来。在电磁制动器接线时，应外接 DC 24V 电源、控制开关和浪涌保护器（如压敏电阻），若要让电机运转，应给电磁制动器线圈通电，松开抱闸；在电机停转时，可让外部控制开关断开，切断电磁制动器线圈供电，抱闸刹车。在编码器接线时，应用配套的电缆将编码器与驱动器的 CN2 接头连接起来。

（3）再生制动选件的接线说明

如果伺服驱动器连接的伺服电机功率较大，或者电机需要频繁制动调速，可给伺服驱

动器外接功率更大的再生制动选件。在外接再生制动选件时，要去掉 P、D 端子之间的短路片，将再生制动选件的 P、C 端子（内接制动电阻）与伺服驱动器的 P、C 端子连接。

（4）启/停保护电路的接线说明

在工作时，伺服驱动器要先接通控制电路的电源，然后再接通主电路电源；在停机或出现故障时，要求能断开主电路电源。

启动控制过程：伺服驱动器控制电路由 L11、L21 端子获得供电后，会使 ALM 与 SG 端子之间内部接通，继电器 RA 线圈由 VDD 端子得到供电，RA 常开触点闭合。如果这时按下 ON 按钮，接触器 MC 线圈得电，MC 自锁触点闭合，锁定线圈供电，同时 MC 主触点闭合，三相交流电源送到 L1、L2、L3 端子，为主电路供电。当 SON 端子的伺服开启开关闭合时，伺服驱动器开始工作。

紧急停止控制过程：按下紧急停止按钮，接触器 MC 线圈失电，MC 自锁触点断开，MC 主触点断开，切断 L1、L2、L3 端子内部主电路的供电。与此同时，EMG 端子和电磁制动器连接的连轴紧急停止开关均断开，这样一方面使伺服驱动器停止输出，另一方面使电磁制动器线圈失电，对电机进行抱闸。

故障保护控制过程：如果伺服驱动器内部出现故障，则 ALM 与 SG 端子之间内部断开，RA 继电器线圈失电，RA 常开触点断开，MC 接触器线圈失电，MC 主触点断开，伺服驱动器主电路供电切断，主电路停止输出。同时，电磁制动器外接控制开关也断开，其线圈失电，抱闸对电机刹车。

7.5　三菱 MR-JE 系列伺服驱动器介绍

三菱 MR-JE 系列伺服驱动器在 MR-J4 系列（MR-J2S 之后推出）的基础上限制了一些不常用的功能，故价格更实惠。三菱 MR-JE 系列伺服驱动器的控制模式有位置控制、速度控制和转矩控制三种。在位置控制模式下最高可以支持 4Mpps（脉冲数/秒）的高速脉冲串。还可以选择位置/速度切换控制、速度/转矩切换控制和转矩/位置切换控制。所以三菱 MR-JE 系列伺服驱动器不但可以用于机床和普通工业机械的高精度定位及平滑的速度控制，还可以用于线控制和张力控制等，应用范围十分广泛。

该系列伺服驱动器还支持单键调整及即时自动调整功能，根据机器不同可以对伺服增益进行简单的自动调整。通过 Tough Drive 功能、驱动记录器功能及预防性保护支持功能，对机器的维护与检查提供强力的支持。因为装备了 USB 通信接口，与安装 MR Configurator2 后的计算机连接后，能够进行数据设定和试运行及增益调整等。其配套的伺服电机采用拥有131072ppr（脉冲数/转）分辨率的增量式编码器，能够进行高精度的定位。

7.5.1　外形与面板介绍

图 7-18 所示为三菱 MR-JE-100A 以下伺服驱动器的外形与面板说明，MR-JE-200A 以上伺服驱动器的功能与之基本相同，但输出功率更大，并内置冷却风扇。伺服驱动器的 L1、L2、L3 端子接电源，U、V、W 端子接伺服电机，P+、C 端子通过导线接内置制动电阻。

（a）外形

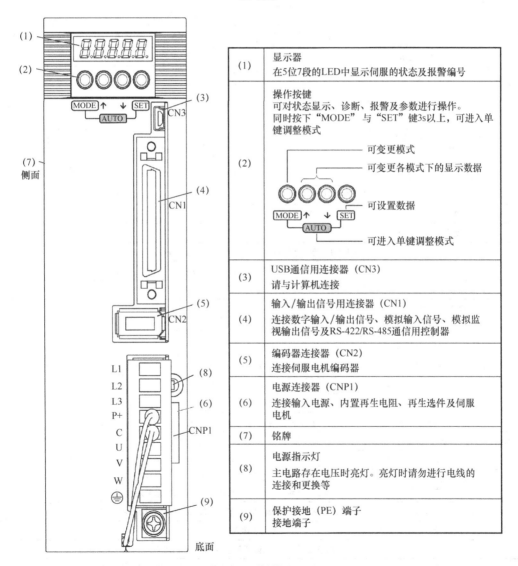

(1)	显示器 在5位7段的LED中显示伺服的状态及报警编号
(2)	操作按键 可对状态显示、诊断、报警及参数进行操作。 同时按下"MODE"与"SET"键3s以上，可进入单键调整模式
(3)	USB通信用连接器（CN3） 请与计算机连接
(4)	输入/输出信号用连接器（CN1） 连接数字输入/输出信号、模拟输入信号、模拟监视输出信号及RS-422/RS-485通信用控制器
(5)	编码器连接器（CN2） 连接伺服电机编码器
(6)	电源连接器（CNP1） 连接输入电源、内置再生电阻、再生选件及伺服电机
(7)	铭牌
(8)	电源指示灯 主电路存在电压时亮灯。亮灯时请勿进行电线的连接和更换等
(9)	保护接地（PE）端子 接地端子

（b）面板说明

图 7-18 三菱 MR-JE-100A 以下伺服驱动器的外形与面板说明

记号	额定输出/kW
10	0.1
20	0.2
40	0.4
70	0.75
100	1
200	2
300	3

 7.5.2 型号含义

三菱 MR-JE-A 系列伺服驱动器的型号构成及含义如下。

 7.5.3 规格参数

三菱 MR-JE 系列伺服驱动器的标准规格如表 7-3 所示。

表 7-3 三菱 MR-JE 系列伺服驱动器的标准规格

<table>
<tr><td colspan="2" rowspan="2">项　目</td><td colspan="7">MR-JE-□</td></tr>
<tr><td>10A</td><td>20A</td><td>40A</td><td>70A</td><td>100A</td><td>200A</td><td>300A</td></tr>
<tr><td rowspan="2">输出</td><td>额定电压</td><td colspan="7">三相 AC 170V</td></tr>
<tr><td>额定电流/A</td><td>1.1</td><td>1.5</td><td>2.8</td><td>5.8</td><td>6.0</td><td>11.0</td><td>11.0</td></tr>
<tr><td rowspan="3">电源输入</td><td>电压·频率</td><td colspan="6">三相或单相 AC 200～240V，50/60Hz</td><td>三相 AC 200～240V，50/60Hz</td></tr>
<tr><td>额定电流/A</td><td>0.9</td><td>1.5</td><td>2.6</td><td>3.8</td><td>5.0</td><td>10.5</td><td>14.0</td></tr>
<tr><td>允许的电压变动</td><td colspan="5">三相或单相 AC 170～264V</td><td colspan="2">三相 AC 170~264V</td></tr>
<tr><td colspan="2">接口用电源电压</td><td colspan="7">DC 24V（±10%）</td></tr>
<tr><td colspan="2">控制方式</td><td colspan="7">正弦波 PWM 控制电流方式</td></tr>
<tr><td colspan="2">动力制动</td><td colspan="7">内置</td></tr>
<tr><td colspan="2" rowspan="2">通信功能</td><td colspan="7">USB：连接计算机等（支持 MR Configurator2）</td></tr>
<tr><td colspan="7">RS-422/RS-485：与控制器的连接（最多 32 轴的 1：n 通信）</td></tr>
<tr><td colspan="2">编码器输出脉冲</td><td colspan="7">支持（A、B、Z 相脉冲）</td></tr>
<tr><td colspan="2">模拟监视器</td><td colspan="7">两个频道</td></tr>
<tr><td rowspan="6">位置控制模式</td><td>最大输入脉冲频率</td><td colspan="7">4Mpps（差动输入时）、200Kpps（集电极开路输入时）</td></tr>
<tr><td>定位反馈脉冲</td><td colspan="7">编码器分辨率（伺服电机每转的分辨率）：131072ppr</td></tr>
<tr><td>指令脉冲倍率</td><td colspan="7">电子齿轮比（A/B），A=1～16777215，B=1～16777215，1/10 <A/B <4000</td></tr>
<tr><td>定位完毕范围设定</td><td colspan="7">0～±65535 脉冲（指令脉冲单位）</td></tr>
<tr><td>误差过大</td><td colspan="7">±3r</td></tr>
<tr><td>转矩限制</td><td colspan="7">参数设置或外部模拟量输入的设置（DC 0～10V/最大转矩）</td></tr>
<tr><td rowspan="4">速度控制模式</td><td>速度控制范围</td><td colspan="7">模拟量速度指令 1：2000，内部速度指令 1：5000</td></tr>
<tr><td>模拟量速度指令输入</td><td colspan="7">DC 0～±10V/额定转速（10V 时的转速可以通过[Pr.PC12]进行调整）</td></tr>
<tr><td>速度变动率</td><td colspan="7">±0.01%以下（负载变化：0%～100%），0%（电源变化：±10%）
±0.2%以下（环境温度：25±10℃），仅在模拟量速度指令时</td></tr>
<tr><td>转矩限制</td><td colspan="7">参数设置或基于外部模拟量输入的设置（DC 0～10V/最大转矩）</td></tr>
<tr><td rowspan="2">转矩控制模式</td><td>模拟量转矩指令输入</td><td colspan="7">DC 0～±8V/最大转矩（输入阻抗：10～12kΩ）</td></tr>
<tr><td>速度限制</td><td colspan="7">参数设置或基于外部模拟量输入的设置（DC 0～±10V/额定转速）</td></tr>
<tr><td colspan="2">定位模式</td><td colspan="7">定位模式可在软件版本 B7 以上的 MR-JE-A 伺服驱动器中使用</td></tr>
<tr><td colspan="2">保护功能</td><td colspan="7">过电流切断、再生过电压关断、过负载关断（电子过电流保护）、伺服电机过热保护、编码器异常保护、再生异常保护、欠压保护、瞬时停电保护、过速保护、误差过大保护</td></tr>
</table>

7.5.4　与其他设备的连接

三菱 MR-JE-100A 以下（10A/20A/40A/70A/100A）伺服驱动器与其他设备的连接示意图如图 7-19 所示，这种小功率的伺服驱动器可以使用 200～230V 的三相交流电压供电，也可以使用 230V 的单相交流电压供电。由于我国三相交流电压通常为 380V，故使用 380V 三相交流电压供电时需要使用三相降压变压器，将 380V 降到 220V 再供给伺服驱动器。如果使用 220V 单相交流电压供电，只需将 220V 电压接到伺服驱动器的 L1、L2 端子即可。

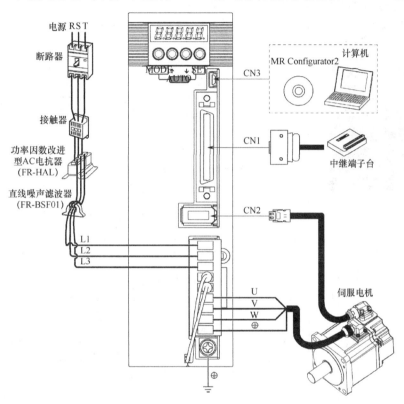

图 7-19　三菱 MR-JE-100A 以下伺服驱动器与其他设备的连接示意图

 7.5.5　信号接口引脚功能

三菱 MR-JE 伺服驱动器面板上除主电路接线端外，还有 CN1、CN2、CN3 三个信号接口，CN2 接口为 USB 端口，用于与计算机连接，CN3 接口用于与伺服电机的编码器连接，CN1 接口用于输入/输出控制信号和通信。CN1 接口包含 50 个引脚，用户需要了解这些引脚的功能，才能正确地给伺服驱动器连接输入、输出和通信设备。

1．CN1 接口引脚功能

CN1 接口的 50 个引脚排列与功能名称如图 7-20 所示。CN1 接口有些引脚（1、16～18、22、25、32、45、50）未使用，有些引脚在不同模式下功能不同。比如，引脚 2 在伺服驱动器工作于 P（位置控制）模式时无功能，工作于 S（速度控制）模式时功能为 VC（模拟速度指令），工作于 T（转矩控制）模式时功能为 VLA（模拟速度限制）。

CN1

引脚编号	(注1) I/O	(注2) 控制模式时的输入/输出信号						相关参数
		P	P/S	S	S/T	T	T/P	
1、16~18、22、25、32、45、50								
2	I		-/VC	VC	VC/VLA	VLA	VLA/-	
3		LG	LG	LG	LG	LG	LG	
4	O	LA	LA	LA	LA	LA	LA	
5	O	LAR	LAR	LAR	LAR	LAR	LAR	
6	O	LB	LB	LB	LB	LB	LB	
7	O	LBR	LBR	LBR	LBR	LBR	LBR	
8	O	LZ	LZ	LZ	LZ	LZ	LZ	
9	O	LZR	LZR	LZR	LZR	LZR	LZR	
10	I	PP	PP/-	(注5)	(注5)	(注5)	-/PP	Pr.PD43/Pr.PD44（注4）
11	I	PG	PG/-				-/PG	
12		OPC	OPC/-				-/OPC	
13	O	SDP	SDP	SDP	SDP	SDP	SDP	
14	O	SDN	SDN	SDN	SDN	SDN	SDN	
15	I	SON	SON	SON	SON	SON	SON	Pr.PD03/Pr.PD04
19	I	RES	RES/ST1	ST1	ST1/RS2	RS2	RS2/RES	Pr.PD11/Pr.PD12
20		DICOM	DICOM	DICOM	DICOM	DICOM	DICOM	
21		DICOM	DICOM	DICOM	DICOM	DICOM	DICOM	
23	O	ZSP	ZSP	ZSP	ZSP	ZSP	ZSP	Pr.PD24
24	O	INP	INP/SA	SA	SA/-		-/INP	Pr.PD25
26	O	MO1	MO1	MO1	MO1	MO1	MO1	Pr.PC14
27	I	TLA	(注3) TLA	TLA	TLA/TC	TC	(注3) TC/TLA	
28		LG	LG	LG	LG	LG	LG	
29	O	MO2	MO2	MO2	MO2	MO2	MO2	Pr.PC15
30		LG	LG	LG	LG	LG	LG	
31	I	TRE	TRE	TRE	TRE	TRE	TRE	
33	O	OP	OP	OP	OP	OP	OP	
34		LG	LG	LG	LG	LG	LG	
35	I	NP	NP/-	(注5)	(注5)	(注5)	-/NP	Pr.PD45/Pr.PD46（注4）
36	I	NG	NG/-				-/NG	
37（注7）	I	PP2	PP2/-	(注6)	(注6)	(注6)	-/PP2	Pr.PD43/Pr.PD44（注4）
38（注7）	I	NP2	NP2/-	(注6)	(注6)	(注6)	-/NP2	Pr.PD45/Pr.PD46（注4）
39	I	RDP	RDP	RDP	RDP	RDP	RDP	
40	I	RDN	RDN	RDN	RDN	RDN	RDN	
41	I	CR	CR/ST2	ST2	ST2/RS1	RS1	RS1/CR	Pr.PD13/Pr.PD14
42	I	EM2	EM2	EM2	EM2	EM2	EM2	
43	I	LSP	LSP	LSP	LSP/-		-/LSP	Pr.PD17/Pr.PD18
44	I	LSN	LSN	LSN	LSN/-		-/LSN	Pr.PD19/Pr.PD20
46		DOCOM	DOCOM	DOCOM	DOCOM	DOCOM	DOCOM	
47		DOCOM	DOCOM	DOCOM	DOCOM	DOCOM	DOCOM	
48	O	ALM	ALM	ALM	ALM	ALM	ALM	
49	O	RD	RD	RD	RD	RD	RD	Pr.PD28

注：1. I表示输入信号，O表示输出信号。
2. P表示位置控制模式，S表示速度控制模式，T表示转矩控制模式，P/S表示位置/速度控制切换模式，S/T表示速度/转矩控制切换模式，T/P表示转矩/位置控制切换模式。
3. 在[Pr.PD03]、[Pr.PD11]、[Pr.PD13]、[Pr.PD17]及[Pr.PD19]中设置可以使用TL（外部转矩限制选择），从而能够使用TLA。
4. 可在软件版本B7以上的伺服驱动器中使用。
5. 可作为漏型接口的输入软元件使用。初始状态下没有分配输入软元件。使用时，请根据需要通过[Pr.PD43]～[Pr.PD46]分配软元件。
   此时，CN1-12引脚应连接DC 24V的+极。此外，可在软件版本B7以上的伺服驱动器中使用。
6. 可作为源型接口的输入软元件使用。初始状态下没有分配输入软元件。使用时，请根据需要通过[Pr. PD43]～[Pr.PD46]分配软元件。
7. 这些引脚可在软件版本B7以上且在2015年5月以后生产的伺服驱动器中使用。

图7-20 CN1接口的50个引脚排列与功能名称

2. CN1 接口的中继端子台

三菱 MR-JE 伺服驱动器的 CN1 接口有 50 个引脚，接口小且引脚数量多，不适合从这个接口的各引脚直接往外接线。在实际接线时，需要用到一个中继端子台（型号为 MR-TB50），如图 7-21 所示。该端子台有 50 个接线端子（分为两排端子，编号分别是 1、3、5…49 和 2、4、6…50），用一条电缆（型号为 MR-J2M-CN1TBL_M）将伺服驱动器的 CN1 接口与端子台的接口连接起来，这样 CN1 接口的 50 个引脚就与端子台的 50 个接线端子一一对应，再在端子台的接线端子上接线就非常方便了。

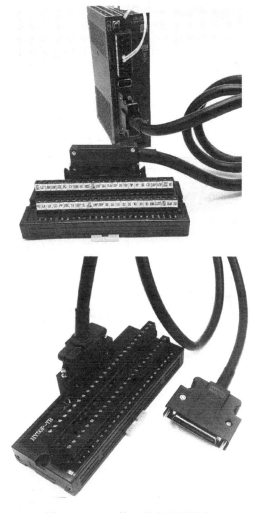

图 7-21 CN1 接口的中继端子台

 ### 7.5.6 I/O 电路与接线

三菱 MR-JE-A 伺服驱动器的 I/O 电路与接线如图 7-22 所示。

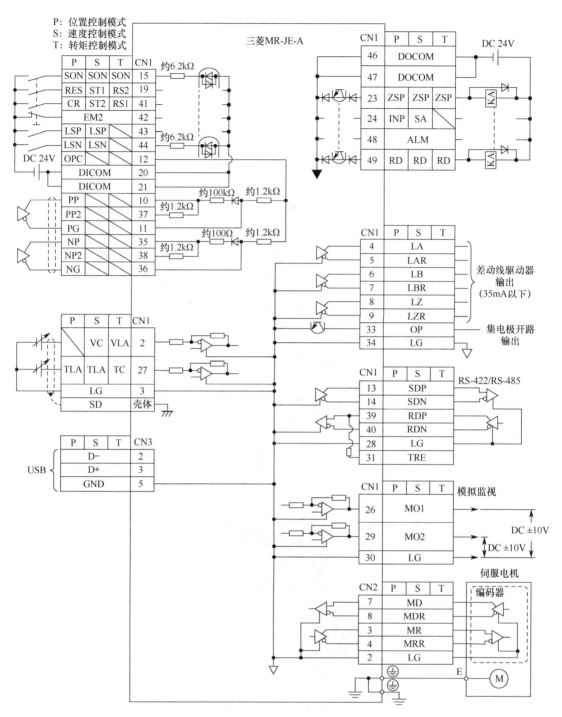

图 7-22　三菱 MR-JE-A 伺服驱动器的 I/O 电路与接线

伺服驱动器的操作使用与参数设置

8.1 各种模式的显示与操作

伺服驱动器面板上有"MODE""UP""DOWN""SET"四个按键和一个 5 位 7 段 LED 显示器，如图 8-1 所示，利用它们可以对伺服驱动器进行状态显示、诊断、报警和参数设置等操作。

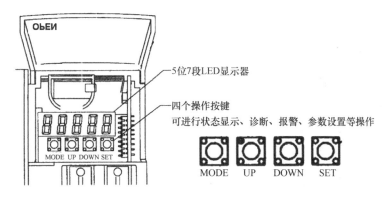

图 8-1　伺服驱动器的操作面板

8.1.1 各种模式的显示与切换

伺服驱动器通电后，LED 显示器处于"状态显示"模式，此时显示为"C"。反复按压"MODE"键，可让伺服驱动器的显示模式在"状态显示→诊断→报警→基本参数→扩展参数 1→扩展参数 2→状态显示"之间切换。当显示器处于某种模式时，按压"DOWN"或"UP"键即可在该模式中选择不同的项进行详细设置与操作，如图 8-2 所示。

8.1.2 参数模式的显示与操作

接通电源后，伺服驱动器的显示器处于状态显示模式，反复按压"MODE"键，切换到基本参数模式，此时显示 No.0 的参数号"P　00"。

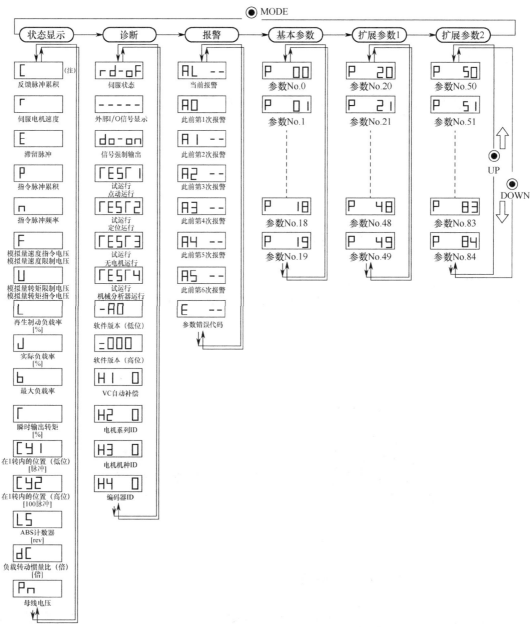

注：电源接通时，状态显示的初始显示内容会随着控制模式的不同而异。
　　位置控制模式：反馈脉冲累积（C）；速度控制模式：电机速度（r）；转矩控制模式：转矩指令电压（c）。
　　此外，用参数No.18可改变电源接通时状态显示的初始显示内容。

图 8-2　各种模式的显示与操作图

　　下面以将参数 No.0 的值设为 0002 为例，来说明设置参数的操作方法，具体如图 8-3 所示。参数值设置好后按压"SET"键确定，显示器又返回显示参数号，按压"UP"或"DOWN"键可切换到其他的参数号，再用同样的方法为该参数号设置参数值。对于带"*"的参数，参数值设定后，需断开伺服驱动器的电源再重新接通，参数的设定值才能生效。

　　在设置扩展参数 1 和扩展参数 2 时，需先设置基本参数 No.19 的值，以确定扩展参数

的读写性。如果 **No.19** 的值为 **0000**，将无法设置扩展参数 **1** 和扩展参数 **2**。参数 **No.19** 的设置在后面会详细介绍。

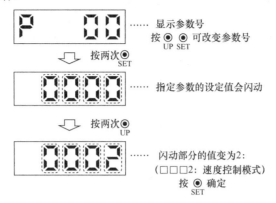

图 8-3　设置参数的操作方法

 ### 8.1.3　状态模式的显示与操作

在伺服驱动器工作时，可通过 5 位 LED 显示器查看其运行状态。

1．状态项的查看

伺服驱动器运行时，显示器通常处于状态显示模式，此时显示器会显示状态项的符号，如显示"r"表示当前为伺服电机的转速状态项，按"SET"键可将伺服电机的转速值显示出来；要切换到其他状态项，可按"UP"或"DOWN"键。

表 8-1 列出一些状态项的符号、显示值和含义，例如，当显示器显示"dC"时，表示当前项为负载转动惯量比，按"SET"键，当前显示变为"15.5"，其含义是伺服驱动器当前的负载转动惯量比为 15.5 倍。

表 8-1　一些状态项的符号、显示值和含义

状态项符号	状态项名称	显示值	显示值含义
r	伺服电机速度	2500	以 2500r/min 的速度正转
		-3000（反转时用"-"显示）	以 3000r/min 的速度反转
dC	负载转动惯量比	15.5	15.5 倍
LS	ABC 计数器	11252	11252rev
		12.5.6.6（负数时，高4位数字下方的小数点变亮）	-12566rev

2. 各状态项的代表符号及说明

伺服驱动器的各状态项的代表符号及说明见表 8-2。

表 8-2 伺服驱动器的各状态项的代表符号及说明

状 态 项	符号	单位	说 明	显 示 范 围
反馈脉冲累积	C	脉冲	统计并显示从伺服电机编码器中反馈的脉冲。反馈脉冲数超过 99999 时也能计数，但是由于伺服驱动器的显示器只有 5 位，所以实际显示的是最后 5 位数字。如果按"SET"键，则显示内容变成 0。反转时，高 4 位的小数点变亮	−99999~99999
伺服电机速度	r	r/min	显示伺服电机的速度。 以 0.1r/min 为单位，经四舍五入后进行显示	−5400~5400
滞留脉冲	E	脉冲	显示偏差计数器的滞留脉冲。反转时，高 4 位的小数点变亮，由于伺服驱动器的显示器只有 5 位，所以实际显示出来的是最后 5 位数字。显示的脉冲数为经电子齿轮放大之前的脉冲数	−99999~99999
指令脉冲累积	P	脉冲	统计并显示位置指令输入脉冲的个数。显示的是经电子齿轮放大之前的脉冲数，显示内容可能与反馈脉冲累积的显示内容不一致。位置指令输入脉冲超过 ±99999 时也能计数，但是由于伺服驱动器的显示器只有 5 位，所以实际显示出来的是最后 5 位数字。如果按了"SET"键，则显示内容变成 0。反转时，高 4 位的小数点变亮	−99999~99999
指令脉冲频率	n	Kpps	显示位置指令脉冲的频率。 显示的脉冲频率为经电子齿轮放大之前的值	−800~800
模拟量速度指令电压 模拟量速度限制电压	F	V	（1）转矩控制模式 显示模拟量速度限制（VLA）的输入电压。 （2）速度控制模式 显示模拟速度指令（VC）的输入电压	−10.00~+10.00
模拟量转矩指令电压 模拟量转矩限制电压	U	V	（1）位置控制模式/速度控制模式 显示模拟量转矩限制（TLA）的输入电压	0~+10.00
			（2）转矩控制模式 显示模拟量转矩指令（TC）的输入电压	−10.00~+10.00
再生制动负载率	L	%	显示再生制动功率相对于最大再生功率的百分比	0~100
实际负载率	J	%	显示连续实际负载转矩。 以额定转矩作为 100%，将实际值换成百分比显示	0~300
最大负载率	b	%	显示最大的输出转矩。以额定转矩作为 100%，将过去 15s 内的最大输出转矩换算成百分比显示	0~400
瞬时输出转矩	T	%	显示瞬时输出转矩。以额定转矩作为 100%，将实际值换算成百分比显示	0~400
在 1 转内的位置（低位）	Cy1	脉冲	显示在 1 转内的位置，以脉冲为单位。 如果超过最大脉冲数，则显示数回到 0。逆时针方向旋转时用加法计算	0~99999
在 1 转内的位置（高位）	Cy2	100 脉冲	显示在 1 转内的位置，以 100 脉冲为单位。 如果超过最大脉冲数，则显示数回到 0。逆时针方向旋转时用加法计算	0~1310
ABS 计数器	LS	rev	显示离开编码器系统原点的移动量，显示值为绝对位置编码器累积旋转周数计数器的内容	−32768~32767
负载转动惯量比	dC	倍	实时显示伺服电机和折算到伺服电机轴上的负载的转动惯量之比的推断值	0.0~300.0
母线电压	Pn	V	显示主电路直流母线（P-N 间）的电压	0~450

8.1.4　报警模式的显示与操作

利用报警模式可查看伺服驱动器当前报警信息、报警履历（历史记录）和参数出错代码。按"MODE"键，切换到报警模式，如果未发生报警，显示器显示为"AL--"；如果发生了报警，后两位会显示报警代码，出现过压报警会显示"AL.33"；按"DOWN"键可查看先前的报警代码。表 8-3 列出一些常见的报警代码及含义。

表 8-3　一些常见的报警代码及含义

报警名称	报警代码	代码含义
当前报警信息	AL　--	未发生报警
	AL　33	发生过压报警（AL.33）。报警时，显示屏会闪动
报警履历	A0　50	此前第 1 次发生的报警为过载（AL.50）
	A1　33	此前第 2 次发生的报警为过压（AL.33）
	A2　10	此前第 3 次发生的报警为欠压（AL.10）
	A3　31	此前第 4 次发生的报警为超速（AL.31）
	A4　--	此前第 5 次未发生报警
	A5　--	此前第 6 次未发生报警
参数出错	E.　--	未发生参数异常（AL.37）报警
	E.　01	参数 No.1 设置错误报警

当伺服驱动器发生报警时，显示器有以下特点。

① 无论先前处于何种显示模式，都会自动切换到报警模式并显示当前报警代码。

② 处于报警模式时，也可以切换到其他模式，但显示器的第 4 位小数点会闪动。

③ 报警原因排除后，可采用三种方法进行报警复位：断开电源再重新接通；在显示现在报警画面时按"SET"键；将报警复位（RES）信号设为 ON。

④ 可用参数 No.16 清除报警历史记录。

⑤ 在显示现在报警画面时按"SET"键 2s 以上，会显示报警详细内容代码，供维修伺服驱动器和伺服电机时参阅。

8.1.5　诊断模式的显示与操作

利用诊断模式可查看伺服驱动器当前的伺服状态、外部 **I/O** 端口的 **ON/OFF** 状态、软件版本信息、电机及编码器信息等。在该模式下，也可对伺服驱动器进行试运行操作和强制某端口输出信号。

按"MODE"键，切换到诊断模式，显示器显示"rd-oF"，按"UP"或"DOWN"键，可以切换到其他诊断项，如图 8-4 所示，各诊断项说明如表 8-4 所示。

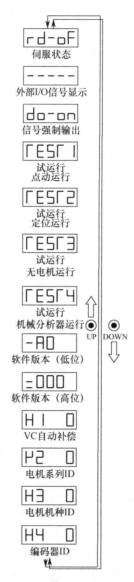

图 8-4　诊断模式的显示与操作方法

表 8-4　诊断模式下的各诊断项说明

诊断项名称		显示代码	说　明
伺服状态		`rd-oF`	准备未完成。 正在初始化或有报警发生
		`rd-on`	准备完毕。 初始化完成,伺服驱动器处于可运行的状态
外部 I/O 信号显示		参照 8.1.6 节	用于显示外部 I/O 信号 ON/OFF 状态。各段上部对应输入信号,下部对应输出信号。 输出/输入信号的内容可用参数 No.43 ~No.49 改变
信号强制输出		`do-on`	用于把信号强制输出置为 ON 和 OFF
试运行	点动运行	`rES「1`	在外部没有指令输入的状态下进行点动运行
	定位运行	`rES「2`	在外部没有指令的状态下可进行一次定位运行。进行定位运行时,需要使用伺服设置软件(MRZJW3-SETUP111E)
	无电机运行	`rES「3`	在没有连接伺服电机时,可以模拟连接伺服电机的情况。根据外部输入信号进行输出和状态显示
	机械分析器 运行	`rES「4`	只要连接伺服放大器,就能测定机械系统的共振频率。机械分析器运行时,需要使用伺服设置软件(MRZJW3-SETUP111E)
软件版本(低位)		`-A0`	用于显示软件版本
软件版本(高位)		`-ññ`	用于显示软件系统编号
VC 自动补偿		`H1　0`	如果伺服驱动器内部和/或外部的模拟电路中的偏置电压导致伺服电机即使在模拟量速度指令(VC)或模拟量速度限制(VLA)为 0V 时也缓慢转动,则使用此功能会自动补偿偏置电压。 此功能生效之后,参数 No.29 的值变为自动调整后的补偿电压。 使用时请按照以下步骤进行设置: ① 按一次"SET"键。 ② 按"UP""DOWN"键,选择"1"。 ③ 按"SET"键。 VC 或 VLA 的输入电压为±0.4V 以上时,不能使用该功能
电机系列 ID		`H2　0`	按一次"SET"键,就能显示当前连接的伺服电机系列 ID。 显示的内容请参照 MELSERVO 伺服电机技术资料集
电机机种 ID		`83　0`	按一次"SET"键,就能显示当前连接的伺服电机机种 ID。 显示的内容请参照 MELSERVO 伺服电机技术资料集
编码器 ID		`H4　0`	按一次"SET"键,就能显示当前连接的伺服电机编码器 ID。 显示的内容请参照 MELSERVO 伺服电机技术资料集

8.1.6　外部 I/O 信号的显示

当伺服驱动器处于诊断模式时,可以通过查看显示器来了解数字量输入、输出引脚的状态。

伺服驱动器接通电源后，按"MODE"键将显示器显示画面切换到诊断模式，再按一次"UP"键，将画面切换到外部 I/O 信号显示，如图 8-5 所示。

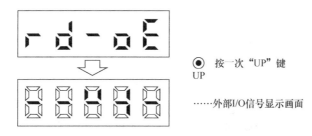

图 8-5　诊断模式下的外部 I/O 信号显示

5 位 7 段 LED 显示器的各段与数字量输入、输出引脚的对应关系如图 8-6 所示，显示器上半部对应数字输入引脚，下半部对应数字输出引脚，中间一段始终点亮，某段点亮表示该段对应引脚状态为 ON，不亮则表示状态为 OFF。例如，显示器的第 1 位 b 段亮，说明 CN1B 接头的 15 脚输入为 ON。

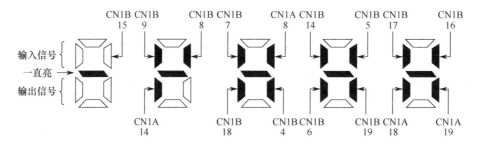

图 8-6　5 位 7 段 LED 显示器的各段与数字量输入、输出引脚的对应关系

 ### 8.1.7　信号强制输出

当伺服驱动器处于诊断模式时，可以强制某输出引脚产生输出信号，常用于检查输出引脚接线是否正常。在使用该功能时，伺服驱动器应处于停止状态（即 SON 信号为 OFF）。

伺服驱动器接通电源后，按"MODE"键将显示器的显示画面切换到诊断模式；按两次"UP"键，切换到信号强制输出画面"do-on"，如图 8-7 所示；按"SET"键 2s 以上，显示器右下角 CN1A-19 脚对应段的上方段变亮；按一次"MODE"键，CN1A-18 脚对应段的上方段变亮；按一次"UP"键，CN1A-18 脚对应段变亮，强制 CN1A-18 脚输出为 ON（即将 CN1A-18 脚与 SG 引脚强制接通）；按一次"DOWN"键，CN1A-18 脚对应段变暗，强制 CN1A-18 脚输出为 OFF；按"SET"键 2s 以上可使强制生效，并返回"do-on"画面。

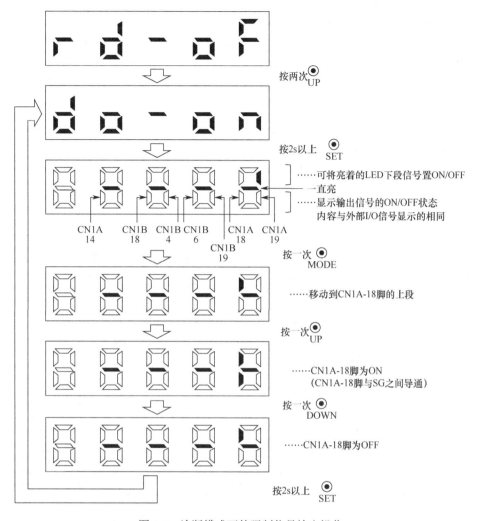

图 8-7　诊断模式下的强制信号输出操作

8.2　参数设置

在使用伺服驱动器时，需要设置有关参数。**根据参数的安全性和设置频度，可将参数分为基本参数（No.0～No.19）、扩展参数 1（No.20～No.49）和扩展参数 2（No.50～No.84）**。在设置参数时，既可以直接通过伺服驱动器面板上的按键来设置，又可以在计算机中使用专用的伺服参数设置软件来设置，再通过通信电缆将设置好的各参数值传送到伺服驱动器中。

 8.2.1　参数操作范围的设定

为了防止参数被误设置，伺服驱动器使用参数 **No.19** 来设定各参数的读写性。例如，当 No.19 的值设为 000A 时，除参数 No.19 外，其他所有参数均被锁定，无法设置；当

No.19 的值设为 0000（出厂值）时，可设置基本参数（No.0～No.19）；当 No.19 的值设为 000C 时，可设置基本参数（No.0～No.19）和扩展参数 1（No.20～No.49）；当 No.19 的值设为 000E 时，所有的参数（No.0～No.84）均可设置。

参数 No.19 的设定值与参数操作范围的对应关系如表 8-5 所示。表中的"○"表示可操作，"\"表示不可操作。

表 8-5 参数 No.19 的设定值与参数操作范围的对应关系

参数 No.19 的设定值	设定值的操作	基本参数 No.0~No.19	扩展参数 1 No.20~No.49	扩展参数 2 No.50~No.84
0000（初始值）	可读	○		
	可写	○		
000A	可读	仅 No.19		
	可写	仅 No.19		
000B	可读	○	○	
	可写	○		
000C	可读	○	○	
	可写	○		
000E	可读	○	○	○
	可写	○	○	○
100B	可读	○		
	可写	仅 No.19		
100C	可读	○	○	
	可写	仅 No.19		
100E	可读	○	○	○
	可写	仅 No.19		

8.2.2 基本参数

1. 基本参数表

基本参数表如表 8-6 所示。

表 8-6 基本参数表

类型	No.	符号	名　称	控制模式	初始值	单位	用户设定值
基本参数	0	*STY	控制模式、再生制动选件选择	P/S/T	0000		
	1	*OP1	功能选择 1	P/S/T	0002		
	2	AUT	自动调整	P/S	0105		
	3	CMX	电子齿轮分子	P	1		
	4	CDV	电子齿轮分母	P	1		
	5	INP	定位范围	P	100	脉冲	

(续表)

类型	No.	符号	名 称	控制模式	初始值	单位	用户设定值
	6	PG1	位置环增益 1	P	35	rad/s	
	7	PST	位置指令加/减速时间常数（位置斜坡功能）	P	3	ms	
	8	SC1	内部速度指令 1	S	100	r/min	
			内部速度限制 1	T	100	r/min	
	9	SC2	内部速度指令 2	S	500	r/min	
			内部速度限制 2	T	500	r/min	
	10	SC3	内部速度指令 3	S	1000	r/min	
			内部速度限制 3	T	1000	r/min	
	11	STA	加速时间常数	S/T	0	ms	
	12	STB	减速时间常数	S/T	0	ms	
	13	STC	S 字加/减速时间常数	S/T	0	ms	
	14	TQC	转矩指令时间常数	T	0	ms	
	15	*SNO	站号设定	P/S/T	0		
	16	*BPS	通信波特率选择、报警履历清除	P/S/T	0000		
	17	MOD	模拟量输出选择	P/S/T	0100		
	18	*DMD	状态显示选择	P/S/T	0000		
	19	*BLK	参数范围选择	P/S/T	0000		

注：*表示该参数设置后，需要断开伺服驱动器的电源再接通，电源才能生效；P、S、T 分别表示位置、速度和转矩控制模式。

2. 基本参数详细说明

（1）参数 No.0、No.1

参数 No.0、No.1 说明如表 8-7 所示。

表 8-7　参数 No.0、No.1 说明

参数号、符号与名称	功 能 说 明	初始值	设定范围	单位	控制模式
No.0 STY 控制模式、再生制动选件选择	用于设置控制模式和再生制动选件类型。 控制模式的选择 0：位置 1：位置和速度 2：速度 3：速度和转矩 4：转矩 5：转矩和位置 选择再生制动选件 0：不用 1：备用（请不要设定） 2：MR-RB032 3：MR-RB12 4：MR-RB32 5：MR-RB30 6：MR-RB50 如果再生制动选件设定错误，可能会损坏选件	0000	0000～0605	无	P/S/T

（续表）

参数号、符号与名称	功 能 说 明	初始值	设定范围	单位	控制模式
No.1 OP1 功能选择1	用于设置输入滤波器、CN1B-19 引脚功能和绝对位置系统。 □□0□□ 输入滤波器 输入信号受到噪声干扰时，用输入滤波器抑制干扰。 0：不用 1：1.777（ms） 2：3.555（ms） 3：5.333（ms） CN1B-19引脚功能选择 0：零速信号 1：电磁制动器联锁信号 绝对位置系统的选择 0：使用增量位置系统 1：使用绝对位置系统	0002	0000～1013	无	P/S/T

（2）参数 No.2～No.5

参数 No.2～No.5 说明如表 8-8 所示。

表 8-8　参数 No.2～No.5 说明

参数号、符号与名称	功 能 说 明	初始值	设定范围	单位	控制模式
No.2 AUT 自动调整	用于设置自动调整的响应速度。 0□0□ 自动调整响应速度设定 <table><tr><th>设定值</th><th>响应速度</th><th>机械共振频率</th></tr><tr><td>1</td><td>低响应</td><td>15Hz</td></tr><tr><td>2</td><td></td><td>20Hz</td></tr><tr><td>3</td><td></td><td>25Hz</td></tr><tr><td>4</td><td></td><td>30Hz</td></tr><tr><td>5</td><td></td><td>35Hz</td></tr><tr><td>6</td><td></td><td>45Hz</td></tr><tr><td>7</td><td></td><td>55Hz</td></tr><tr><td>8</td><td>中响应</td><td>70Hz</td></tr><tr><td>9</td><td></td><td>80Hz</td></tr><tr><td>A</td><td></td><td>105Hz</td></tr><tr><td>B</td><td></td><td>130Hz</td></tr><tr><td>C</td><td></td><td>160Hz</td></tr><tr><td>D</td><td></td><td>200Hz</td></tr><tr><td>E</td><td></td><td>240Hz</td></tr><tr><td>F</td><td>高响应</td><td>300Hz</td></tr></table> • 发生机械振荡或齿轮噪声过大时，应将设定值减小。 • 为了提高性能，如在缩短定位调整时间等场合，应增大设定值 自动调整选择 <table><tr><th>设定值</th><th>增益调整</th><th>调整内容</th></tr><tr><td>0</td><td>插补模式</td><td>固定位置环增益（参数No.6）</td></tr><tr><td>1</td><td>自动调整模式1</td><td>通常的自动调整模式</td></tr><tr><td>2</td><td>自动调整模式2</td><td>在参数No.34中设定固定的转动惯量比。 响应速度设定可以手动调整</td></tr><tr><td>3</td><td>手动模式1</td><td>用简易的手动模式进行调整</td></tr><tr><td>4</td><td>手动模式2</td><td>用手动模式调整全部的增益</td></tr></table>	0105	0001～040F	无	P/S

（续表）

参数号、符号与名称	功 能 说 明	初始值	设定范围	单位	控制模式
No.3 CMX 电子齿轮 分子	用于设置电子齿轮比的分子。详细设置方法见 8.2.3 节	1	1~65535	无	P
No.4 CDV 电子齿轮 分母	用于设置电子齿轮比的分母。详细设置方法见 8.2.3 节	1	1~65535	无	P
No.5 INP 定位范围	用于设置输出定位完毕信号的范围，用电子齿轮计算前的指令脉冲为单位设定	100	0~10000	脉冲	P

（3）参数 No.6、No.7

参数 No.6、No.7 说明如表 8-9 所示。

表 8-9　参数 No.6、No.7 说明

参数号、符号与名称	功能说明	初始值	设定范围	单位	控制模式
No.6 PG1 位置环增益 1	用于设置位置环 1 的增益，如果增益大，对位置指令的跟踪能力会增强。在自动调整时，该参数值会被自动设定	35	4~2000	rad/s	P
No.7 PST 位置指令加/减速时间常数	用于设置位置指令的低通滤波器的时间常数。该参数值设置越大，伺服电机由启动加速到指令脉冲速度所需时间越长。 通过设置参数 No.55 可将 No.7 定义为起调时间或线性加/减速时间。当定义为线性加/减速时间时，No.7 设定范围为 0~10ms，若设置值超过 10ms，也认为是 10ms	3	0~20000	ms	P

（4）参数 No.8～No.10

参数 No.8～No.10 说明如表 8-10 所示。

表 8-10　参数 No.8～No.10 说明

参数号与符号	名称与功能说明	初始值	设定范围	单位	控制模式
No.8 SC1	内部速度指令 1 用于设置内部速度 1	100	0~瞬时允许速度	r/min	S
	内部速度限制 1 用于设置内部速度限制 1				T
No.9 SC2	内部速度指令 2 用于设置内部速度 2	500	0~瞬时允许速度	r/min	S
	内部速度限制 2 用于设置内部速度限制 2				T
No.10 SC3	内部速度指令 3 用于设置内部速度 3	1000	0~瞬时允许速度	r/min	S
	内部速度限制 3 用于设置内部速度限制 3				T

（5）参数 No.11～No.14

参数 No.11～No.14 说明如表 8-11 所示。

表 8-11　参数 No.11～No.14 说明

参数号、符号与名称	功 能 说 明	初始值	设定范围	单位	控制模式
No.11 STA 加速时间常数	用于设置从零速加速到额定速度（由模拟量速度指令或内部速度指令 1～3 决定）所需的时间。 例如，伺服电机的额定速度为 3000r/min，设定的加速时间为 3s，伺服电机从零加速到 3000r/min 需 3s，加速到 1000r/min 则需 1s	0	0～20000	ms	S/T
No.12 STB 减速时间常数	用于设置从额定速度减速到零速所需的时间				
No.13 STC S 字加/减速时间常数	用于设置 S 字加/减速时间曲线部分的时间，使伺服电机能平稳启动和停止。 STC（No.13）、STA（No.11）、STB（No.12）的关系如下图所示。 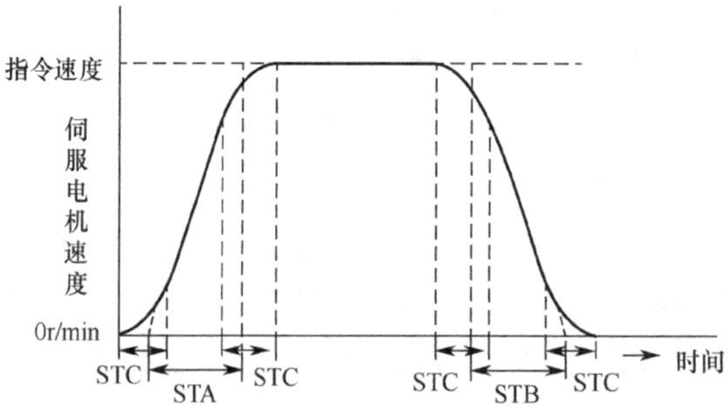 如果 STA 或 STB 的值设置较大，曲线部分的实际时间值与 STC 的值可能会不一致。曲线的实际时间值可用下面两个值来限制： 加速曲线时间=2000000/STA，减速曲线时间=2000000/STB 例如，STA=20000，STB=5000，STC=200，由于 2000000/20000=100ms，该值小于 STC 值（200），则实际加速曲线时间为 2000000/STA =100ms；而 2000000/5000=400ms，该值大于 STC 值（200），则实际减速曲线时间被限制为 200ms	0	0～1000	ms	S/T
No.14 TQC 转矩指令时间常数	用于设置转矩指令的低通滤波器的时间常数。该参数的功能如下图所示。 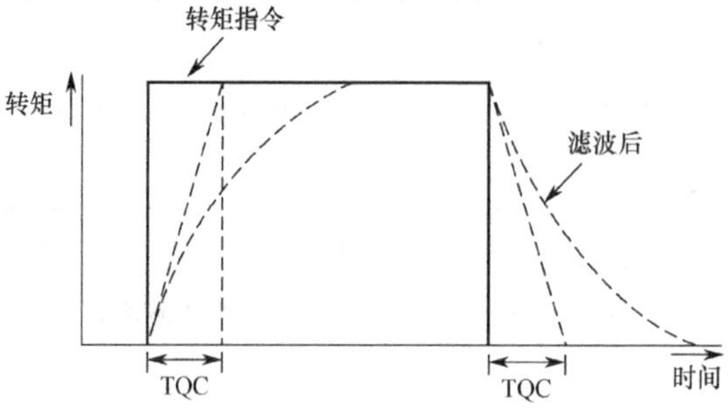 	0	0～20000	ms	T

146

（6）参数 No.15、No.16

参数 No.15、No.16 说明如表 8-12 所示。

表 8-12　参数 No.15、No.16 说明

参数号、符号与名称	功 能 说 明	初始值	设定范围	单位	控制模式
No.15 SNO 站号设定	用于设置串行通信时本机的站号。每台伺服驱动器应设置一个唯一的站号，如果多台伺服驱动器站号相同，将无法通信	0	0~31	无	P/S/T
No.16 BPS 通信波特率选择、报警履历清除	用于设置通信和报警履历清除。具体说明如下。 选择RS-422/RS-232C通信的波特率 0：9600bps 1：19200bps 2：38400bps 3：57600bps 报警履历清除 0：无效 1：有效 如果此位设置为有效，那么在下一次接通电源时，报警履历就会被清除 RS-422/RS-232C通信选择 0：使用RS-232C 1：使用RS-422 通信等待时间 0：无效 1：有效，延迟800ms以后返回应答信号	0000	0000~1113	无	P/S/T

（7）参数 No.17~No.19

参数 No.17~No.19 说明如表 8-13 所示。

表 8-13　参数 No.17~No.19 说明

参数号、符号与名称	功 能 说 明	初始值	设定范围	单位	控制模式
No.17 MOD 模拟量输出选择	用于设置模拟量输出引脚的输出信号内容。具体说明如下。 模拟量输出选择 设定值　通道2　通道1 0　电机速度（±8V/最大速度） 1　输出转矩（±8V/最大转矩） 2　电机速度（±8V/最大速度） 3　输出转矩（±8V/最大转矩） 4　电流指令（±8V/最大指令电流） 5　指令脉冲频率（±8V/500Kpps） 6　滞留脉冲（±10V/128脉冲） 7　滞留脉冲（±10V/2048脉冲） 8　滞留脉冲（±10V/8192脉冲） 9　滞留脉冲（±10V/32768脉冲） A　滞留脉冲（±10V/131072脉冲） B　母线电压（±8V/400V）	0100	0000~0B0B	无	P/S/T

（续表）

参数号、符号 与名称	功　能　说　明	初始值	设定范围	单位	控制模式
No.18 DMD 状态显示选择	用于设置接通电源时显示器的状态显示内容。具体说明如下。 □□□□ 0　0 用于选择电源接通时状态显示的内容 0：反馈脉冲累积 1：伺服电机速度 2：滞留脉冲 3：指令脉冲累积 4：指令脉冲频率 5：模拟量速度指令电压（注1） 6：模拟量转矩指令电压（注2） 7：再生制动负载率 8：实际负载率 9：最大负载率 A：瞬时输出转矩 B：在1转内的位置（低位） C：在1转内的位置（高位） D：ABS计数器 E：负载转动惯量比 F：母线电压 注　1．用于速度控制模式。在转矩控制模式中为模拟 　　　量速度限制电压。 　　2．用于转矩控制模式。在速度控制模式和位置控 　　　制模式中为模拟量转矩限制电压。 各控制模式下电源接通后的状态显示 0：各控制模式的状态显示 （表） 控制模式 / 电源接通后的状态显示 位置 / 反馈脉冲累积 位置/速度 / 反馈脉冲累积/伺服电机速度 速度 / 伺服电机速度 速度/转矩 / 伺服电机速度/模拟量转矩指令电压 转矩 / 模拟量指令电压 转矩/位置 / 模拟量转矩指令电压/反馈脉冲累积 1：根据此参数第1位的设定值决定状态显示的内容	0000	0000～1113	无	P/S/T
No.19 BLK 参数范围选择	用于设置参数的可读写范围。具体说明如下。 （下表）	0000	0000 000A 000B 000C 000E 100B 100C 100E	无	P/S/T

No.19 说明表：

参数 No.19 的设定值	设定值 的操作	基本参数 No.0~No.19	扩展参数 1 No.20～No.49	扩展参数 2 No.50～No.84
0000 （初始值）	可读	○		
	可写	○		
000A	可读	仅 No.19		
	可写	仅 No.19		
000B	可读	○	○	
	可写	○		
000C	可读	○	○	
	可写	○		
000E	可读	○	○	○
	可写	○	○	○
100B	可读	○		
	可写	仅 No.19		
100C	可读	○	○	
	可写	仅 No.19		
100E	可读	○	○	○
	可写	仅 No.19		

8.2.3 电子齿轮的设置

1. 关于电子齿轮

在位置控制模式时，通过上位机（如 PLC）给伺服驱动器输入脉冲来控制伺服电机的转数，进而控制执行部件移动的位移，输入脉冲个数越多，电机旋转的转数越多。

伺服驱动器的位置控制示意图如图 8-8 所示，当输入脉冲串的第一个脉冲送到比较器时，由于电机还未旋转，故编码器无反馈脉冲送到比较器，两者比较偏差为 1，偏差计数器输出控制信号让驱动电路驱动电机旋转一个微小的角度，同轴旋转的编码器产生一个反馈脉冲送到比较器，比较器偏差变为 0，计数器停止输出控制信号，电机停转；当输入脉冲串的第二个脉冲到来时，电机又会旋转一定角度，随着脉冲串的不断输入，电机不断旋转。

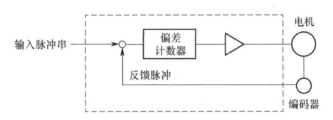

图 8-8 伺服驱动器的位置控制示意图

伺服电机的编码器旋转一周通常会产生很多脉冲，三菱伺服电机的编码器每旋转一周会产生 131072 个脉冲。如果采用图 8-8 所示的控制方式，要让电机旋转一周，则需输入 131072 个脉冲，旋转 10 周则需输入 1310720 个脉冲，脉冲数量非常多。为了解决这个问题，**伺服驱动器通常内部设有电子齿轮来减少或增多输入脉冲的数量。电子齿轮实际上是一个倍率器，电子齿轮值大小可通过参数 No.3（CMX）、No.4（CDV）来设置。**

电子齿轮值=CMX·CDV=No.3·No.4

电子齿轮值的设定范围为：150< CMX·CDV<500。

带有电子齿轮的位置控制示意图如图 8-9 所示，如果编码器旋转一周产生的脉冲个数为 131072，电子齿轮值设为 16，那么只要输入 8192 个脉冲就可以让电机旋转一周。也就是说，**在设置电子齿轮值时需满足：**

输入脉冲数×电子齿轮值=编码器产生的脉冲数

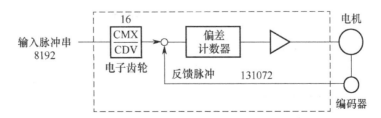

图 8-9 带有电子齿轮的位置控制示意图

2. 电子齿轮设置举例

（1）举例一

如图 8-10 所示，伺服电机通过联轴器带动丝杠旋转，而丝杠旋转时会驱动工作台左右移动，丝杠的螺距为 5mm，当丝杠旋转一周时工作台会移动 5mm。如果要求脉冲当量为 1μm/脉冲（即伺服驱动器每输入一个脉冲时会使工作台移动 1μm），需给伺服驱动器输入多少个脉冲才能使工作台移动 5mm（伺服电机旋转一周）？如果编码器分辨率为 131072ppr，应如何设置电子齿轮值？

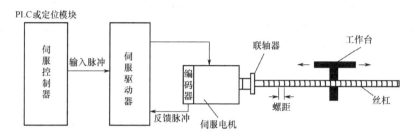

图 8-10 电子齿轮设置例图一

分析：由于脉冲当量为 1μm/脉冲，一个脉冲对应工作台移动 1μm，工作台移动 5mm（伺服电机旋转一周）需要的脉冲数量为 5mm/（1μm/脉冲）=5000 脉冲。输入 5000 个脉冲会让伺服电机旋转一周，而伺服电机旋转一周时编码器会产生 131072 个脉冲，根据"输入脉冲数×电子齿轮值=编码器产生的脉冲数"可得

电子齿轮值=编码器产生的脉冲数/输入脉冲数=131072/5000=16384/625

电子齿轮分子（No.3）=16384

电子齿轮分母（No.4）=625

（2）举例二

如图 8-11 所示，伺服电机通过变速机构带动丝杠旋转，与丝杠同轴齿轮直径为 3cm，与伺服电机同轴齿轮直径为 2cm，丝杠的螺距为 5mm。如果要求脉冲当量为 1μm/脉冲，需给伺服驱动器输入多少个脉冲才能使工作台移动 5mm？伺服电机旋转多少周？如果编码器分辨率为 131072ppr，应如何设置电子齿轮值？

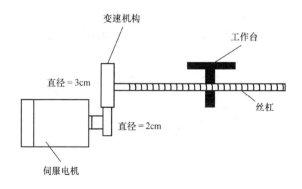

图 8-11 电子齿轮设置例图二

分析：由于脉冲当量为 1μm/脉冲，一个脉冲对应工作台移动 1μm，工作台移动 5mm（丝杠旋转一周）需要的脉冲数量为 5mm/（1μm/脉冲）=5000 脉冲。输入 5000 个脉冲会让丝杠旋转一周，由于丝杠与伺服电机之间有变速机构，丝杠旋转一周需要伺服电机旋转 3/2 周，而伺服电机旋转 3/2 周时编码器会产生 131072×3/2=196608 个脉冲，根据"输入脉冲数×电子齿轮值=编码器产生的脉冲数"可得

电子齿轮值=编码器产生的脉冲数/输入脉冲数=196608/5000=24576/625

电子齿轮分子（No.3）=24576

电子齿轮分母（No.4）=625

（3）举例三

如图 8-12 所示，伺服电机通过皮带驱动转盘旋转，与转盘同轴的传动轮直径为 10cm，与伺服电机同轴的传动轮直径为 5cm。如果要求脉冲当量为 0.01°/脉冲，需给伺服驱动器输入多少个脉冲才能使转盘旋转一周？伺服电机旋转多少周？如果编码器分辨率为 131072ppr，应如何设置电子齿轮值？

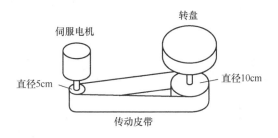

图 8-12　电子齿轮设置例图三

分析：由于脉冲当量为 0.01°/脉冲，一个脉冲对应转盘旋转 0.01°，工作台转盘旋转一周需要的脉冲数量为 360°/（0.01°/脉冲）=36000 脉冲。因为伺服电机传动轮与转盘传动轮直径比为 5/10=1/2，故伺服电机旋转两周才能使转盘旋转一周，而伺服电机旋转两周时编码器会产生 131072×2=262144 个脉冲，根据"输入脉冲数×电子齿轮值=编码器产生的脉冲数"可得

电子齿轮值=编码器产生的脉冲数/输入脉冲数=262144/36000=8192/1125

电子齿轮分子（No.3）=8192

电子齿轮分母（No.4）=1125

8.2.4　扩展参数

扩展参数分为扩展参数 1（No.20～No.49）和扩展参数 2（No.50～No.84）。

1．扩展参数 1（No.20～No.49）

扩展参数 1 简要说明如表 8-14 所示。

表 8-14　扩展参数 1 简要说明

类型	No.	符号	名　称	控制模式	初始值	单　位	用户设定值
扩展参数1	20	*OP2	功能选择 2	P/S/T	0000		
	21	*OP3	功能选择 3（指令脉冲选择）	P	0000		
	22	*OP4	功能选择 4	P/S/T	0000		
	23	FFC	前馈增益	P	0	%	
	24	ZSP	零速	P/S/T	50	r/min	
	25	VCM	模拟量速度指令最大速度	S	（注1）0	r/min	
			模拟量速度限制最大速度	T	（注1）0	r/min	
	26	TLC	模拟量转矩指令最大输出	T	100	%	
	27	*ENR	编码器输出脉冲	P/S/T	4000	脉冲	
	28	TL1	内部转矩限制 1	P/S/T	100	%	
	29	VCO	模拟量速度指令偏置	S	（注2）	mV	
			模拟量速度限制偏置	T	（注2）	mV	
	30	TLO	模拟量速度指令偏置	T	0	mV	
			模拟量速度限制偏置	S	0	mV	
	31	M01	模拟量输出通道 1 偏置	P/S/T	0	mV	
	32	M02	模拟量输出通道 2 偏置	P/S/T	0	mV	
	33	MBR	电磁制动器程序输出	P/S/T	100	ms	
	34	GD2	负载和伺服电机的转动惯量比	P/S	70	0.1 倍	
	35	PG2	位置环增益 2	P	35	rad/s	
	36	VG1	速度环增益 1	P/S	177	rad/s	
	37	VG2	速度环增益 2	P/S	817	rad/s	
	38	VIC	速度积分补偿	P/S	48	ms	
	39	VDC	速度微分补偿	P/S	980		
	40		备用		0		
	41	*DIA	输入信号自动 ON 选择	P/S/T	0000		
	42	*DI1	输入信号选择 1	P/S/T	0003		
	43	*DI2	输入信号选择 2（CN1B-5 引脚）	P/S/T	0111		
	44	*DI3	输入信号选择 3（CN1B-14 引脚）	P/S/T	0222		
	45	*DI4	输入信号选择 4（CN1A-8 引脚）	P/S/T	0665		
	46	*DI5	输入信号选择 5（CN1B-7 引脚）	P/S/T	0770		
	47	*DI6	输入信号选择 6（CN1B-8 引脚）	P/S/T	0883		
	48	*DI7	输入信号选择 7（CN1B-9 引脚）	P/S/T	0994		
	49	*DO1	输出信号选择 1	P/S/T	0000		

注 1：设定值"0"对应伺服电机的额定速度。

注 2：伺服驱动器不同时初始值也不同

2．扩展参数 2（No.50～No.84）

扩展参数 2 简要说明如表 8-15 所示。

表 8-15 扩展参数 2 简要说明

类型	No.	符号	名　称	控制模式	初始值	单　位	用户设定值
扩展参数 2	50		备用		0000		
	51	*OP6	功能选择 6	P/S/T	0000		
	52		备用		0000		
	53	*OP8	功能选择 8	P/S/T	0000		
	54	*OP9	功能选择 9	P/S/T	0000		
	55	*OPA	功能选择 A	P	0000		
	56	SIC	串行通信超时选择	P/S/T	0	s	
	57		备用		10		
	58	NH1	机械共振抑制滤波器 1	P/S/T	0000		
	59	NH2	机械共振抑制滤波器 2		0000		
	60	LPF	低通滤波器，自适应共振抑制控制	P/S/T	0000		
	61	GD2B	负载和伺服电机的转动惯量比 2	P/S	70	0.1 倍	
	62	PG2B	位置环增益 2 改变比率	P	100	%	
	63	VG2B	速度环增益 2 改变比率	P/S	100	%	
	64	VICB	速度积分补偿 2 改变比率	P/S	100	%	
	65	*CDP	增益切换选择	P/S	0000		
	66	CDS	增益切换阈值	P/S	10	（注 1）	
	67	CDT	增益切换时间常数	P/S	1	ms	
	68		备用		0		
	69	CMX2	指令脉冲倍率分子 2	P	1		
	70	CMX3	指令脉冲倍率分子 3	P	1		
	71	CMX4	指令脉冲倍率分子 4	P	1		
	72	SC4	内部速度指令 4	S	200	r/min	
			内部速度限制 4	T			
	73	SC5	内部速度指令 5	S	300	r/min	
			内部速度限制 5	T			
	74	SC6	内部速度指令 6	S	500	r/min	
			内部速度限制 6	T			
	75	SC7	内部速度指令 7	S	800	r/min	
			内部速度限制 7	T			
	76	TL2	内部转矩限制 2	P/S/T	100	%	
	77		备用		100		
	78				1000		
	79				10		
	80				10		
	81				100		
	82				100		
	83				100		
	84				0		

注 1：由参数 No.65 的设定值决定

153

第9章

PLC 与伺服驱动器的综合应用

9.1 伺服驱动器速度控制模式的应用实例

9.1.1 伺服电机多段速运行控制实例

1. 控制要求

采用 PLC 控制伺服驱动器，使之驱动伺服电机按图 9-1 所示的速度曲线运行，主要运行要求如下。

① 按下启动按钮后，在 0～5s 内停转，在 5～15s 内以 1000r/min 的速度运转，在 15～21s 内以 800r/min 的速度运转，在 21～30s 内以 1500r/min 的速度运转，在 30～40s 内以 300r/min 的速度运转，在 40～48s 内以 900r/min 的速度反向运转，48s 后重复上述运行过程。

② 在运行过程中，若按下停止按钮，则要求运行完当前周期后再停止。

③ 由一种速度转为下一种速度运行的加、减速时间均为 1s。

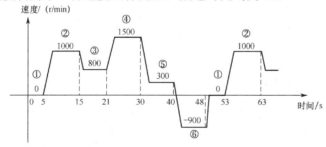

图 9-1　伺服电机多段速运行的速度曲线

2. 控制线路图

伺服电机多段速运行控制的线路图如图 9-2 所示。

电路工作过程说明如下。

（1）电路的工作准备

220V 的单相交流电源经开关 NFB 送到伺服驱动器的 L11、L21 端子，伺服驱动器内部的控制电路开始工作，ALM 端子内部变为 ON，VDD 端子输出电流经继电器 RA 线圈进入 ALM 端子，电磁制动器外接 RA 触点闭合，制动器线圈得电而使抱闸松开，停止对伺服电机刹车，同时驱动器启/停保护电路中的 RA 触点也闭合。如果这时按下启动 ON 触点，接触器 MC 线圈将得电，MC 自锁触点闭合，锁定 MC 线圈供电。另外，MC 主触点也闭合，220V 电源送到伺服驱动器的 L1、L2 端子，为内部的主电路供电。

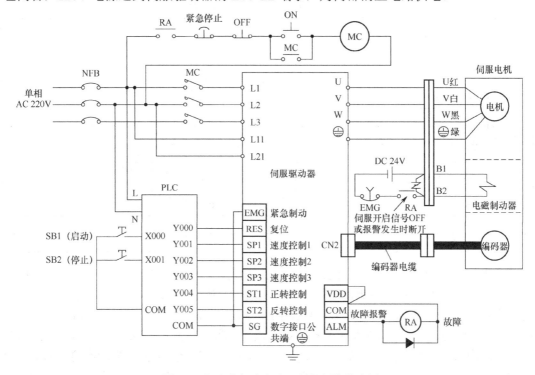

图 9-2　伺服电机多段速运行控制的线路图

（2）多段速运行控制

按下启动按钮 SB1，PLC 中的程序运行，按设定的时间从 Y003～Y001 端子输出速度选择信号至伺服驱动器的 SP3～SP1 端子，从 Y004、Y005 端子输出正反转控制信号至伺服驱动器的 ST1、ST2 端子，选择伺服驱动器中已设置好的 6 种速度。ST1、ST2 端子和 SP3～SP1 端子的控制信号与伺服驱动器的速度对应关系如表 9-1 所示。例如，当 ST1=1，ST2=0，SP3～SP1 为 011 时，选择伺服驱动器的速度 3 输出（速度 3 的值由参数 No.10 设定），伺服电机按速度 3 设定的值运行。

表 9-1　ST1、ST2 端子和 SP3～SP1 端子的控制信号与伺服驱动器的速度对应关系

ST1（Y004）	ST2（Y005）	SP3（Y003）	SP2（Y002）	SP1（Y001）	对 应 速 度
0	0	0	0	0	电机停止
1	0	0	0	1	速度 1（No.8=0）
1	0	0	1	0	速度 2（No.9=1000）
1	0	0	1	1	速度 3（No.10=800）
1	0	1	0	0	速度 4（No.72=1500）
1	0	1	0	1	速度 5（No.73=300）
0	1	1	1	0	速度 6（No.74=900）

注：0 表示 OFF，该端子与 SG 端子断开；1 表示 ON，该端子与 SG 端子接通。

3．参数设置

由于伺服电机运行速度有 6 种，故需要给伺服驱动器设置 6 种速度值；另外，还要对相关参数进行设置。伺服驱动器参数设置内容如表 9-2 所示。

表 9-2　伺服驱动器参数设置内容

参数	名　称	初始值	设定值	说　明
No.0	控制模式、再生制动选件选择	0000	0002	设置成速度控制模式
No.8	内部速度 1	100	0	0r/min
No.9	内部速度 2	500	1000	1000r/min
No.10	内部速度 3	1000	800	800r/min
No.11	加速时间常数	0	1000	1000ms
No.12	减速时间常数	0	1000	1000ms
No.41	输入信号自动 ON 选择	0000	0111	SON、LSP、LSN 内部自动置 ON
No.43	输入信号选择 2	0111	0AA1	在速度模式、转矩模式下把 CN1B-5 脚（SON）改成 SP3
No.72	内部速度 4	200	1500	1500r/min
No.73	内部速度 5	300	300	300r/min
No.74	内部速度 6	500	900	−900r/min

表中，将 No.0 参数设为 0002，让伺服驱动器工作在速度控制模式；No.8～No.10 和 No.72～No.74 用来设置伺服驱动器的 6 种输出速度；将 No.11、No.12 参数均设为 1000，让速度转换的加、减速时间均为 1s（1000ms）；由于伺服驱动器默认无 SP3 端子，这里将 No.43 参数设为 0AA1，这样在速度和转矩模式下 SON 端子（CN1B-5 脚）自动变成 SP3 端子；因为 SON 端子已更改 SP3 端子，无法通过外接开关给伺服驱动器输入伺服开启 SON 信号，为此将 No.41 参数设为 0111，让伺服驱动器在内部自动产生 SON、LSP、LSN 信号。

4．PLC 程序

根据控制要求，PLC 程序可采用步进指令编写。为了更容易编写梯形图，通常先绘出状态转移图，再依据状态转移图编写梯形图。

（1）绘制状态转移图

图 9-3 所示为伺服电机多段速运行控制的状态转移图。

（2）绘制梯形图

启动编程软件，按照图 9-3 所示的状态转移图编写梯形图，伺服电机多段速运行控制的梯形图如图 9-4 所示。

下面对照图 9-2 来说明图 9-4 所示梯形图的工作原理。

PLC 上电时，[0]M8002 触点接通一个扫描周期，"SET S0"指令执行，状态继电器 S0 置位，[7]S0 常开触点闭合，为启动做准备。

① 启动控制。按下启动按钮 SB1，梯形图中的[7]X000 常开触点闭合，"SET S20"指令执行，将状态继电器 S20 置位；[17]S20 常开触点闭合，Y001、Y004 线圈得电，Y001、Y004 端子的内部硬触点闭合；同时 T0 定时器开始 5s 计时，伺服驱动器 SP1 端子

通过 PLC 的 Y001、COM 端子之间的内部硬触点与 SG 端接通，相当于 SP1=1，同理 ST1=1，伺服驱动选择设定好的速度 1（0r/min）驱动伺服电机。

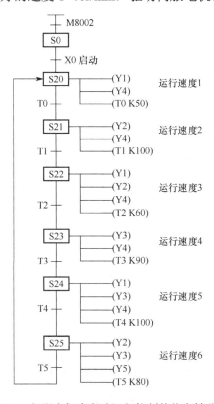

图 9-3　伺服电机多段速运行控制的状态转移图

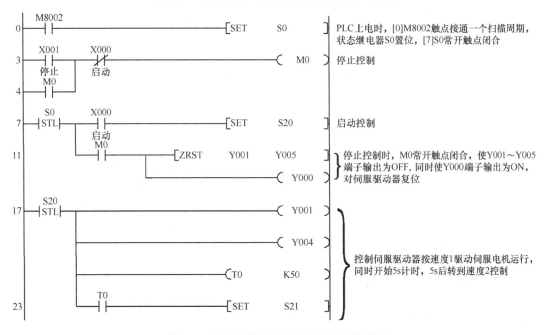

图 9-4　伺服电机多段速运行控制的梯形图

157

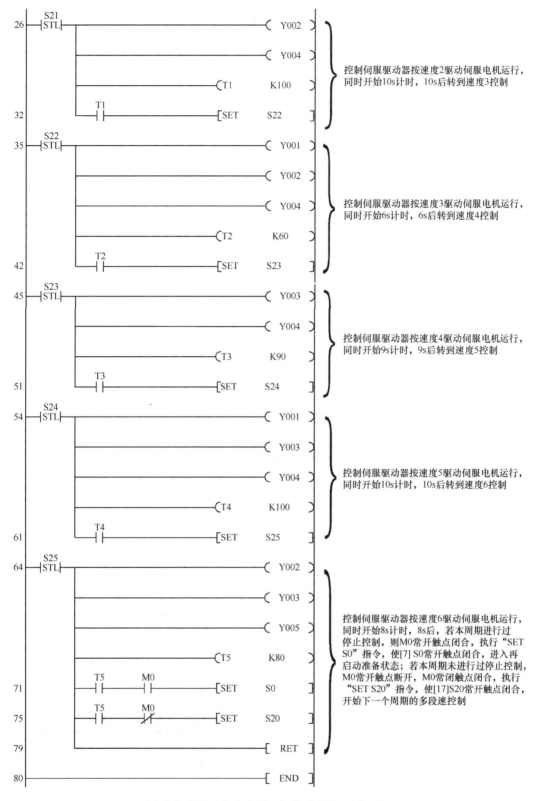

图 9-4　伺服电机多段速运行控制的梯形图（续）

5s 后，T0 定时器动作，[23]T0 常开触点闭合，"SET S21"指令执行，将状态继电器 S21 置位；[26]S21 常开触点闭合，Y002、Y004 线圈得电，Y002、Y004 端子的内部硬触点闭合；同时 T1 定时器开始 10s 计时，伺服驱动器 SP2 端子通过 PLC 的 Y002、COM 端子之间的内部硬触点与 SG 端子接通，相当于 SP2=1，同理 ST1=1，伺服驱动选择设定好的速度 2（1000r/min）驱动伺服电机运行。

10s 后，T1 定时器动作，[32]T1 常开触点闭合，"SET S22"指令执行，将状态继电器 S22 置位；[35]S22 常开触点闭合，Y001、Y002、Y004 线圈得电，Y001、Y002、Y004 端子的内部硬触点闭合；同时 T2 定时器开始 6s 计时，伺服驱动器的 SP1=1、SP2=1、ST1=1，伺服驱动选择设定好的速度 3（800r/min）驱动伺服电机运行。

6s 后，T2 定时器动作，[42]T2 常开触点闭合，"SET S23"指令执行，将状态继电器 S23 置位；[45]S23 常开触点闭合，Y003、Y004 线圈得电，Y003、Y004 端子的内部硬触点闭合；同时 T3 定时器开始 9s 计时，伺服驱动器的 SP4=1、ST1=1，伺服驱动选择设定好的速度 4（1500r/min）驱动伺服电机运行。

9s 后，T3 定时器动作，[51]T3 常开触点闭合，"SET S24"指令执行，将状态继电器 S24 置位；[54]S24 常开触点闭合，Y001、Y003、Y004 线圈得电，Y001、Y003、Y004 端子的内部硬触点闭合；同时 T4 定时器开始 10s 计时，伺服驱动器的 SP1=1、SP3=1、ST1=1，伺服驱动选择设定好的速度 5（300r/min）驱动伺服电机运行。

10s 后，T4 定时器动作，[61]T4 常开触点闭合，"SET S25"指令执行，将状态继电器 S25 置位；[64]S25 常开触点闭合，Y002、Y003、Y005 线圈得电，Y002、Y003、Y005 端子的内部硬触点闭合；同时 T5 定时器开始 8s 计时，伺服驱动器的 SP2=1、SP3=1、ST2=1，伺服驱动选择设定好的速度 6（-900r/min）驱动伺服电机运行。

8s 后，T5 定时器动作，[75]T5 常开触点均闭合，"SET S20"指令执行，将状态继电器 S20 置位；[17]S20 常开触点闭合，开始下一周期的伺服电机多段速控制。

② 停止控制。在伺服电机多段速运行时，按下停止按钮 SB2，[3]X001 常开触点闭合，M0 线圈得电，[4]、[11]、[71]M0 常开触点闭合，[75]M0 常闭触点断开。当运行[71]梯级程序时，由于[71]M0 常开触点闭合，"SET S0"指令执行，将状态继电器 S0 置位，[7]S0 常开触点闭合。因为[11]M0 常开触点闭合，"ZRST Y001 Y005"指令执行，Y001～Y005 线圈均失电，Y001～Y005 端子输出均为 0，同时线圈 Y000 得电，Y000 端子的内部硬触点闭合，伺服驱动器 RES 端子通过 PLC 的 Y000、COM 端子之间的内部硬触点与 SG 端子接通，即 RES 端子输入为 ON，伺服驱动器主电路停止输出，伺服电机停转。

9.1.2　工作台往返限位运行控制实例

1. 控制要求

采用 PLC 控制伺服驱动器来驱动伺服电机运转，通过与电机同轴的丝杠带动工作台移动，如图 9-5（a）所示，具体要求如下。

① 在自动工作时，按下启动按钮后，丝杠带动工作台往右移动；当工作台到达 B 位置（该处安装限位开关 SQ2）时，工作台停止 2s，然后往左返回；当到达 A 位置（该处安装限位开关 SQ1）时，工作台停止 2s，又往右运动，如此反复。速度曲线图如图 9-5（b）所示。按下停止按钮，工作台停止移动。

② 在手动工作时，通过操作慢左、慢右按钮，可使工作台在 A、B 间慢速移动。

③ 为了安全起见，在 A、B 位置的外侧再安装两个极限保护开关 SQ3、SQ4。

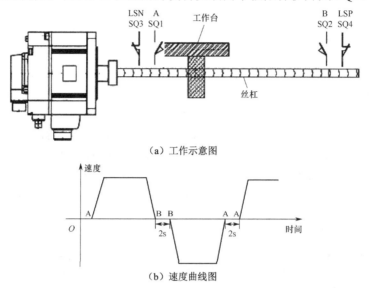

（a）工作示意图

（b）速度曲线图

图 9-5　工作台往返限位运行控制说明

2. 控制线路图

工作台往返限位运行控制的线路图如图 9-6 所示。

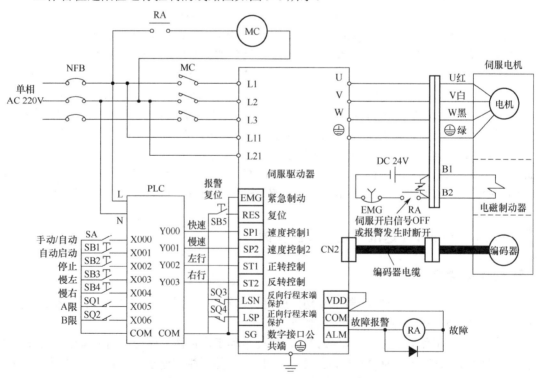

图 9-6　工作台往返限位运行控制的线路图

电路工作过程说明如下。

（1）电路的工作准备

220V 的单相交流电源经开关 NFB 送到伺服驱动器的 L11、L21 端子，伺服驱动器内部的控制电路开始工作，ALM 端子内部变为 ON，VDD 端子输出电流经继电器 RA 线圈进入 ALM 端子，RA 线圈得电，电磁制动器外接 RA 触点闭合，制动器线圈得电而使抱闸松开，停止对伺服电机刹车；同时，附属电路中的 RA 触点也闭合，接触器 MC 线圈得电，MC 主触点闭合，220V 电源送到伺服驱动器的 L1、L2 端子，为内部的主电路供电。

（2）工作台往返限位运行控制

① 自动控制过程。将手动/自动开关 SA 闭合，选择自动控制，按下自动启动按钮 SB1，PLC 中的程序运行，让 Y000、Y003 端子输出为 ON，伺服驱动器 SP1、ST2 端子输入为 ON，选择已设定好的高速度驱动伺服电机反转，伺服电机通过丝杠带动工作台快速往右移动；当工作台碰到 B 位置的限位开关 SQ2 时，SQ2 闭合，PLC 的 Y000、Y003 端子输出为 OFF，伺服电机停转，2s 后，PLC 的 Y000、Y002 端子输出为 ON，伺服驱动器 SP1、ST1 端子输入为 ON，伺服电机通过丝杠带动工作台快速往左移动；当工作台碰到 A 位置的限位开关 SQ1 时，SQ1 闭合，PLC 的 Y000、Y002 端子输出为 OFF，伺服电机停转，2s 后，PLC 的 Y000、Y003 端子输出又为 ON，以后重复上述过程。

在自动控制时，按下停止按钮 SB2，Y000~Y003 端子输出均为 OFF，伺服驱动器停止输出，伺服电机停转，工作台停止移动。

② 手动控制过程。将手动/自动开关 SA 断开，选择手动控制，按下慢右按钮 SB4，PLC 的 Y001、Y003 端子输出为 ON，伺服驱动器 SP2、ST2 端子输入为 ON，选择已设定好的低速度驱动伺服电机反转，伺服电机通过丝杠带动工作台慢速往右移动；当工作台碰到 B 位置的限位开关 SQ2 时，SQ2 闭合，PLC 的 Y000、Y003 端子输出为 OFF，伺服电机停转；按下慢左按钮 SB3，PLC 的 Y001、Y002 端子输出为 ON，伺服驱动器 SP2、ST1 端子输入为 ON，伺服电机通过丝杠带动工作台慢速往左移动；当工作台碰到 A 位置的限位开关 SQ1 时，SQ1 闭合，PLC 的 Y000、Y002 端子输出为 OFF，伺服电机停转。在手动控制时，松开慢左、慢右按钮时，工作台马上停止移动。

③ 保护控制。为了防止 A、B 位置限位开关 SQ1、SQ2 出现问题无法使工作台停止而发生事故，在 A、B 位置的外侧再安装正、反向行程末端保护开关 SQ3、SQ4。如果限位开关出现问题，工作台继续往外侧移动，会使保护开关 SQ3 或 SQ4 断开，LSN 端子或 LSP 端子输入为 OFF，伺服驱动器主电路会停止输出，从而使工作台停止。

在工作时，如果伺服驱动器出现故障，故障报警 ALM 端子输出会变为 OFF，继电器 RA 线圈会失电，附属电路中的常开 RA 触点断开，接触器 MC 线圈失电，MC 主触点断开，切断伺服驱动器的主电源。故障排除后，按下报警复位按钮 SB5，RES 端子输入为 ON，进行报警复位，ALM 端子输出变为 ON，继电器 RA 线圈得电，附属电路中的常开 RA 触点闭合，接触器 MC 线圈得电，MC 主触点闭合，重新接通伺服驱动器的主电源。

3. 参数设置

由于伺服电机运行速度有快速和慢速，故需要给伺服驱动器设置两种速度值；另外，还要对相关参数进行设置。伺服驱动器的参数设置内容如表 9-3 所示。

表9-3　伺服驱动器的参数设置内容

参数	名　称	初始值	设定值	说　明
No.0	控制模式、再生制动选件选择	0000	0002	设置成速度控制模式
No.8	内部速度1	100	1000	1000r/min
No.9	内部速度2	500	300	300r/min
No.11	加速时间常数	0	500	1000ms
No.12	减速时间常数	0	500	1000ms
No.20	功能选择2	0000	0010	停止时间伺服锁定，停电时不能自动重新启动
No.41	输入信号自动ON选择	0000	0001	SON能内部自动置ON，LSP、LSN依靠外部置ON

表中，将 No.20 参数设为 0010，其功能是在停电再通电后不让伺服电机重新启动，且停止时锁定伺服电机；将 No.41 参数设为 0001，其功能是让 SON 信号由伺服驱动器内部自动产生，LSP、LSN 信号则由外部输入。

4．PLC程序

根据控制要求，PLC 程序可采用步进指令编写。为了更容易编写梯形图，通常先绘出状态转移图，然后依据状态转移图编写梯形图。

（1）绘制状态转移图

图 9-7 所示为工作台往返限位运行控制的自动控制部分状态转移图。

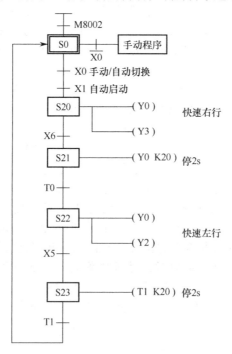

图 9-7　工作台往返限位运行控制的自动控制部分状态转移图

（2）绘制梯形图

启动编程软件，按照图 9-7 所示的状态转移图编写梯形图，工作台往返限位运行控制的梯形图如图 9-8 所示。

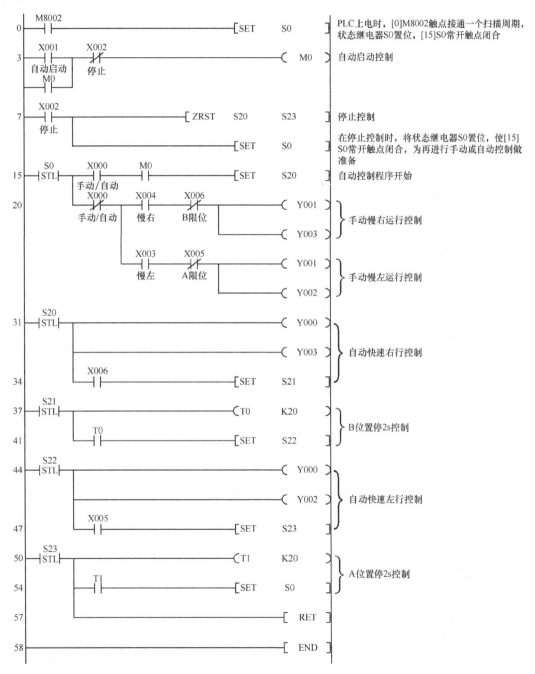

图 9-8　工作台往返限位运行控制的梯形图

下面对照图 9-6 来说明图 9-8 所示梯形图的工作原理。

PLC 上电时，[0]M8002 触点接通一个扫描周期，"SET S0"指令执行，将状态继电器

S0 置位，[15]S0 常开触点闭合，为启动做准备。

① 自动控制。将手动/自动切换开关 SA 闭合，选择自动控制，[20]X000 常闭触点断开，切断手动控制程序，[15]X000 常开触点闭合，为接通自动控制程序做准备。如果按下自动启动按钮 SB1，[3]X001 常开触点闭合，M0 线圈得电，M0 自锁触点闭合，[15]M0 常开触点闭合，"SET S20" 指令执行，将状态继电器 S20 置位，[31]S20 常开触点闭合，开始自动控制程序。

[31]S20 常开触点闭合后，Y000、Y003 线圈得电，Y000、Y003 端子输出为 ON，伺服驱动器的 SP1、ST2 端子输入为 ON，伺服驱动选择设定好的高速度（1000r/min）驱动电机反转，工作台往右移动。当工作台移到 B 位置时，限位开关 SQ2 闭合，[34]X006 常开触点闭合，"SET S21" 指令执行，将状态继电器 S21 置位，[37]S21 常开触点闭合，T0 定时器开始 2s 计时；同时上一步程序复位，Y000、Y003 端子输出为 OFF，伺服电机停转，工作台停止移动。

2s 后，T0 定时器动作，[41]T0 常开触点闭合，"SET S22" 指令执行，将状态继电器 S22 置位，[44]S22 常开触点闭合，Y000、Y002 线圈得电，Y000、Y002 端子输出为 ON，伺服驱动器的 SP1、ST1 端子输入为 ON，伺服驱动选择设定好的高速度（1000r/min）驱动电机正转，工作台往左移动。当工作台移到 A 位置时，限位开关 SQ1 闭合，[47]X005 常开触点闭合，"SET S23" 指令执行，将状态继电器 S23 置位，[50]S23 常开触点闭合，T1 定时器开始 2s 计时；同时上一步程序复位，Y000、Y002 端子输出为 OFF，伺服电机停转，工作台停止移动。

2s 后，T1 定时器动作，[54]T1 常开触点闭合，"SET S0" 指令执行，将状态继电器 S0 置位，[15]S0 常开触点闭合，由于 X000、M0 常开触点仍闭合，"SET S20" 指令执行，将状态继电器 S20 置位，[31]S20 常开触点闭合，以后重复上述控制过程，结果工作台在 A、B 位置之间做往返限位运行。

② 停止控制。在伺服电机自动往返限位运行时，如果按下停止按钮 SB2，[7]X002 常开触点闭合，"ZRST S20 S23" 指令法执行，S20~S23 均被复位，Y000、Y002、Y003 线圈均失电，这些线圈对应的端子输出均为 OFF，伺服驱动器控制伺服电机停转。另外，[3]X002 常闭触点断开，M0 线圈失电，M0 自锁触点断开，解除自锁，同时[15]M0 常开触点断开，"SET S20" 指令无法执行，无法进入自动控制程序。

在按下停止按钮 SB2 时，同时会执行 "SET S0" 指令，让[15]S0 常开触点闭合，这样在松开停止按钮 SB2 后，可以重新进行自动或手动控制。

③ 手动控制。将手动/自动切换开关 SA 断开，选择手动控制，[15]X000 常开触点断开，切断自动控制程序，[20]X000 常闭触点闭合，接通手动控制程序。

当按下慢右按钮 SB4 时，[20]X004 常开触点闭合，Y001、Y003 线圈得电，Y001、Y003 端子输出为 ON，伺服驱动器的 SP2、ST2 端子输入为 ON，伺服驱动选择设定好的低速度（300r/min）驱动电机反转，工作台往右慢速移动。当工作台移到 B 位置时，限位开关 SQ2 闭合，[20]X006 常闭触点断开，Y001、Y003 线圈失电，伺服驱动器的 SP2、ST2 端子输入为 OFF，伺服电机停转，工作台停止移动。当按下慢左按钮 SB3 时，X003 常开触点闭合，其过程与手动右移控制相似。

9.1.3　伺服驱动器速度控制模式的标准接线

伺服驱动器速度控制模式的标准接线如图 9-9 所示。

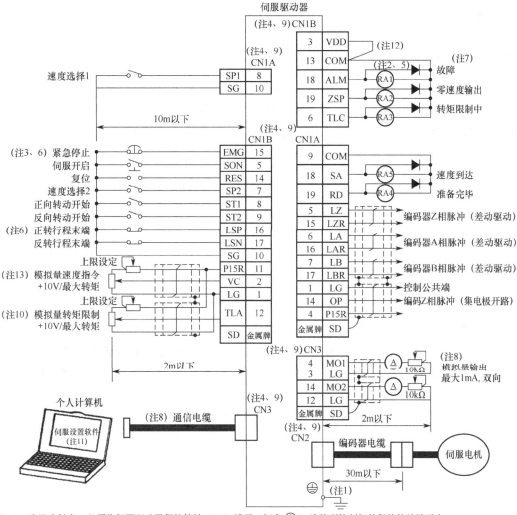

注：1. 为防止触电，必须将伺服驱动器保护接地（PE）端子（标有 ⏚ ）连接到控制柜的保护接地端子上。

　　2. 二极管的方向不能接错，否则紧急停止和其他保护电路可能无法正常工作。

　　3. 必须安装紧急停止开关（常闭）。

　　4. CN1A、CN1B、CN2 和 CN3 为同一形状，如果将这些接头接错，可能会引起故障。

　　5. 外部继电器线圈中的电流总和应控制在 80mA 以下。如果超过 80mA，I/O 接口使用的电源应由外部提供。

　　6. 运行时，异常情况下的紧急停止信号（EMG）、正向/反向行程末端（LSP、LSN）与 SG 端子之间必须接触（常闭接点）。

　　7. 故障端子（ALM）在无报警（正常运行）时与 SG 之间是接通的。

　　8. 同时使用模拟量输出通道 1、2 和个人计算机通信时，请使用维护用接口卡（MR-J2CN3TM）。

　　9. 同名信号在伺服驱动器内部是接通的。

　　10. 通过设定参数 No.43～No.48，能使用 TL（转矩限制选择）和 TLA 功能。

　　11. 伺服设置软件应使用 MRAJW3-SETUP111E 或更高版本。

　　12. 使用内部电源（VDD）时，必须将 VDD 连到 COM 上；当使用外部电源时，VDD 不要与 COM 连接。

　　13. 在微小电压输入的场合，请使用外部电源。

图 9-9　伺服驱动器速度控制模式的标准接线

9.2 伺服驱动器转矩控制模式的应用实例

9.2.1 卷纸机的收卷恒张力控制实例

1. 控制要求

图 9-10 所示为卷纸机的结构示意图,在卷纸时,压纸辊将纸压在托纸辊上,卷纸辊在伺服电机的驱动下卷纸,托纸辊与压纸辊也随之旋转;当收卷的纸达到一定长度时切刀动作,将纸切断,然后开始下一个卷纸过程。卷纸的长度由与托纸辊同轴旋转的编码器来测量。

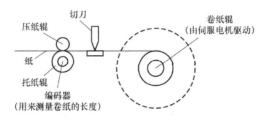

图 9-10　卷纸机的结构示意图

卷纸系统由 PLC、伺服驱动器、伺服电机和卷纸机组成,控制要求如下。

① 按下启动按钮后,开始卷纸,在卷纸过程中,要求卷纸张力保持不变,即卷纸开始时要求卷纸辊快速旋转;随着卷纸直径不断增大,要求卷纸辊逐渐变慢;当卷纸长度达到 100m 时切刀动作,将纸切断。

② 按下暂停按钮时,机器工作暂停,卷纸辊停转,编码器记录的纸长度保持;按下启动按钮后机器工作,在暂停前的卷纸长度上继续卷纸,直到 100m 为止。

③ 按下停止按钮时,机器停止工作,不记录停止前的卷纸长度;按下启动按钮后,机器重新从 0 开始卷纸。

2. 控制线路图

卷纸机的收卷恒张力控制线路图如图 9-11 所示。

电路工作过程说明如下。

（1）电路的工作准备

220V 的单相交流电源经开关 NFB 送到伺服驱动器的 L11、L21 端子,伺服驱动器内部的控制电路开始工作,ALM 端子内部变为 ON,VDD 端子输出电流经继电器 RA 线圈进入 ALM 端子,RA 线圈得电,电磁制动器外接 RA 触点闭合,制动器线圈得电而使抱闸松开,停止对伺服电机刹车;同时,附属电路中的 RA 触点也闭合,接触器 MC 线圈得电,MC 主触点闭合,220V 电源送到伺服驱动器的 L1、L2 端子,为内部的主电路供电。

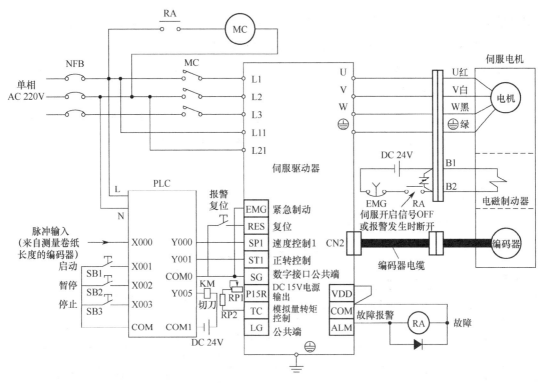

图 9-11　卷纸机的收卷恒张力控制线路图

（2）收卷恒张力控制

① 启动控制。按下启动按钮 SB1，PLC 的 Y000、Y001 端子输出为 ON，伺服驱动器的 SP1、ST1 端子输入为 ON，伺服驱动器按设定的速度输出驱动信号，驱动伺服电机运转，电机带动卷纸辊旋转进行卷纸。在卷纸开始时，伺服驱动器 U、V、W 端子输出的驱动信号频率较高，电机转速较快；随着卷纸辊上的卷纸直径不断增大，伺服驱动器输出的驱动信号频率自动不断降低，电机转速逐渐下降，卷纸辊的转速变慢，这样可保证卷纸时卷纸辊对纸的张力（拉力）恒定。在卷纸过程中，可调节 RP1、RP2 电位器，使伺服驱动器的 TC 端子输入电压在 0～8V 范围内变化，TC 端子输入电压越高，伺服驱动器输出的驱动信号幅度越大，伺服电机运行转矩（转力）越大。在卷纸过程中，PLC 的 X000 端子不断输入测量卷纸长度的编码器送来的脉冲，脉冲数量越多，表明已收卷的纸张越长。当输入脉冲总数达到一定值时，说明卷纸已达到指定的长度，PLC 的 Y005 端子输出为 ON，KM 线圈得电，控制切刀动作，将纸张切断；同时，PLC 的 Y000、Y001 端子输出为 OFF，伺服电机停止输出驱动信号，伺服电机停转，停止卷纸。

② 暂停控制。在卷纸过程中，若按下暂停按钮 SB2，PLC 的 Y000、Y001 端子输出为 OFF，伺服驱动器的 SP1、ST1 端子输入为 OFF，伺服驱动器停止输出驱动信号，伺服电机停转，停止卷纸；与此同时，PLC 将 X000 端子输入的脉冲数量记录下来。按下启动按钮 SB1 后，PLC 的 Y000、Y001 端子输出又为 ON，伺服电机又开始运行，PLC 在先前

记录的脉冲数量上累加计数，直到达到指定值时才让 Y005 端子输出 ON，进行切纸动作，并从 Y000、Y001 端子输出 OFF，让伺服电机停转，停止卷纸。

③ 停止控制。在卷纸过程中，若按下停止按钮 SB3，PLC 的 Y000、Y001 端子输出为 OFF，伺服驱动器的 SP1、ST1 端子输入为 OFF，伺服驱动器停止输出驱动信号，伺服电机停转，停止卷纸；与此同时，Y005 端子输出 ON，切刀动作，将纸切断。另外，PLC 将 X000 端子输入的反映卷纸长度的脉冲数量清 0，这时可取下卷纸辊上的卷纸，再按下启动按钮 SB1 后可重新开始卷纸。

3．参数设置

伺服驱动器的参数设置内容如表 9-4 所示。

表 9-4　伺服驱动器的参数设置内容

参数	名　称	初始值	设定值	说　明
No.0	控制模式、再生制动选件选择	0000	0004	设置成转矩控制模式
No.8	内部速度 1	100	1000	1000r/min
No.11	加速时间常数	0	1000	1000ms
No.12	减速时间常数	0	1000	1000ms
No.20	功能选择 2	0000	0010	停止时伺服锁定，停电时不能自动重新启动
No.41	输入信号自动 ON 选择	0000	0001	SON 能内部自动置 ON，LSP、LSN 依靠外部置 ON

表中，将 No.0 参数设为 0004，让伺服驱动器工作在转矩控制模式；将 No.8 参数设为 1000，让输出速度为 1000r/min；将 No.11、No.12 参数均设为 1000，让速度转换的加、减速时间均为 1s（1000ms）；将 No.20 参数设为 0010，其功能是在停电再通电后不让伺服电机重新启动，且停止时锁定伺服电机；将 No.41 参数设为 0001，其功能是让 SON 信号由伺服驱动器内部自动产生，LSP、LSN 信号则由外部输入。

4．PLC 程序

图 9-12 所示为卷纸机的收卷恒张力控制梯形图。

下面对照图 9-11 来说明图 9-12 所示梯形图的工作原理。

卷纸系统采用与托纸辊同轴旋转的编码器来测量卷纸的长度，托纸辊每旋转一周，编码器会产生 N 个脉冲，同时会传送与托纸辊周长 S 相同长度的纸张。

传送纸张的长度 L、托纸辊周长 S、编码器旋转一周产生的脉冲个数 N 与编码器产生的脉冲总个数 D 满足下面的关系：

编码器产生的脉冲总个数 D=传送纸张的长度 L/托纸辊周长 S·编码器旋转一周产生的脉冲个数 N

对于一个卷纸系统来说，N、S 值一般是固定的，而传送纸张的长度 L 可以改变，为了程序编写方便，可将上式变形为 $D=LN/S$，假设托纸辊的周长 S 为 0.05m，编码器旋转一周产生的脉冲个数 N 为 1000 个脉冲，那么当传送长度 L 为 100m 时，编码器产生的脉冲总个数 $D=100\times10000/0.05=100\times20000=2000000$。

PLC 采用高速计数器 C235 对输入脉冲进行计数，该计数器对应的输入端子为 X000。

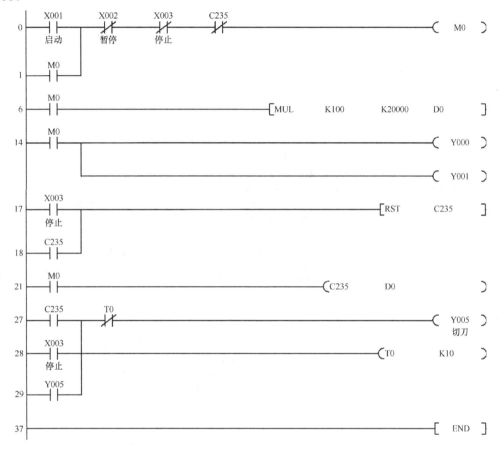

图 9-12　卷纸机的收卷恒张力控制梯形图

（1）启动控制

按下启动按钮SB1→梯形图中的 [0] X001常开触点闭合→辅助继电器M0线圈得电

　　[1] M0触点闭合→锁定M0线圈得电

　　[6] M0触点闭合→MUL乘法指令执行，将传送纸张长度值100与20000相乘，得到
　　　　2000000作为脉冲总个数存入数据存储器D0

　　[14] M0触点闭合→Y000、Y001线圈得电，Y000、Y001端子输出为ON，伺服驱动
　　　　器驱动伺服电机运转开始卷纸

　　[21] M0触点闭合→C235计数器对X000端子输入的脉冲进行计数，当卷纸长度达到
　　　　100m时，C235的计数值会达到D0中的值（2000000），C235动作

[27] C235常开触点闭合 {
[27] Y005线圈得电，Y005端子输出为ON，KM线圈得电，切刀动作切断纸张
[29] Y005自锁触点闭合，锁定Y005线圈得电
[28] T0定时器开始1s计时，1s后T0动作，[27] T0常闭触点断开，Y005线圈失电，KM线圈失电，切刀返回
}

[0] C235常闭触点断开，M0线圈失电 {
[1] M0触点断开，解除M0线圈自锁
[6] M0触点断开，MUL乘法指令无法执行
[14] M0触点断开，Y000、Y001线圈失电，Y000、Y001端子输出为OFF，伺服驱动器使伺服电机停转，停止卷纸
[21] M0触点断开，C235计数器停止计数
}

[18] C235常开触点闭合，RST指令执行，将计数器C235复位清0

（2）暂停控制

按下暂停按钮SB2，[0] X002常闭触点断开 ——

M0线圈失电 {
[1] M0触点断开，解除M0线圈自锁
[6] M0触点断开，MUL乘法指令无法执行
[14] M0触点断开，Y000、Y001线圈失电，Y000、Y001端子输出为OFF，伺服驱动器使伺服电机停转，停止卷纸
[21] M0触点断开，C235计数器停止计数
}

在暂停控制时，只是让伺服电机停转而停止卷纸，不会对计数器的计数值复位，切刀也不会动作；当按下启动按钮时，会在先前卷纸长度的基础上继续卷纸，直到纸张长度达到100m。

（3）停止控制

按下停止按钮SB3 {
[0] X003常闭触点断开，M0线圈失电 {
[1] M0触点断开，解除M0线圈自锁
[6] M0触点断开，MUL乘法指令无法执行
[14] M0触点断开，Y000、Y001线圈失电，Y000、Y001端子输出为OFF，伺服驱动器使伺服电机停转，停止卷纸
[21] M0触点断开，C235计数器停止计数
}
[17] X003常开触点闭合，RST指令执行，将计数器C235复位清0
[28] X003常开触点闭合 {
[27] Y005线圈得电，Y005端子输出为ON，KM线圈得电，切刀动作切断纸张
[29] Y005自锁触点闭合，锁定Y005线圈得电
[28] T0定时器开始1s计时，1s后T0动作，[27] T0常闭触点断开，Y005线圈失电，KM线圈失电，切刀返回
}
}

9.2.2 伺服驱动器转矩控制模式的标准接线

伺服驱动器转矩控制模式的标准接线如图9-13所示。

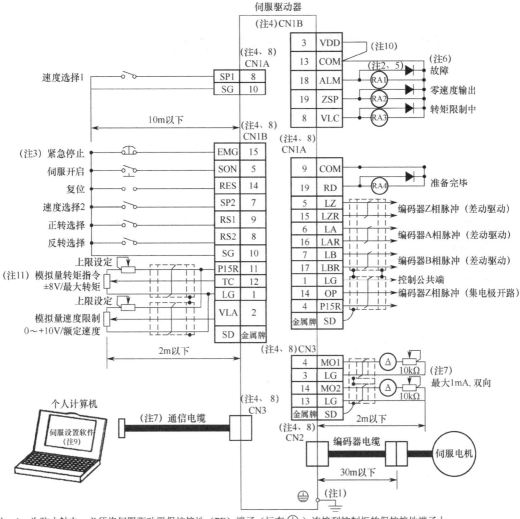

注：1. 为防止触电，必须将伺服驱动器保护接地（PE）端子（标有 ⏚ ）连接到控制柜的保护接地端子上。

2. 二极管的方向不能接错，否则紧急停止和其他保护电路可能无法正常工作。

3. 必须安装紧急停止开关（常闭）。

4. CN1A、CN1B、CN2 和 CN3 为同一形状，如果将这些接头接错，可能会引起故障。

5. 外部继电器线圈中的电流总和应控制在 80mA 以下。如果超过 80mA，I/O 接口使用的电源应由外部提供。

6. 故障端子（ALM）在无报警（正常运行）时与 SG 之间是接通的。

7. 同时使用模拟量输出通道 1、2 和个人计算机通信时，请使用维护用接口卡（MR-J2CN3TM）。

8. 同名信号在伺服驱动器内部是接通的。

9. 伺服设置软件应使用 MRAJW3-SETUP111E 或更高版本。

10. 使用内部电源（VDD）时，必须将 VDD 连到 COM 上；当使用外部电源时，VDD 不要与 COM 连接。

11. 在微小电压输入的场合，请使用外部电源。

图 9-13　伺服驱动器转矩控制模式的标准接线

9.3 伺服驱动器位置控制模式的应用实例

9.3.1 工作台往返定位运行控制实例

1. 控制要求

采用 PLC 控制伺服驱动器来驱动伺服电机运转，通过与伺服电机同轴的丝杠带动工作台移动，如图 9-14 所示，具体要求如下。

① 按下启动按钮，伺服电机通过丝杠驱动工作台从 A 位置（起始位置）往右移动，当移动 30mm 后停止 2s，然后往左返回；当到达 A 位置时，工作台停止 2s，又往右运动，如此反复。

② 在工作台移动时，按下停止按钮，工作台运行完一周后返回 A 位置并停止移动。

③ 要求工作台移动速度为 10mm/s，已知丝杠的螺距为 5mm。

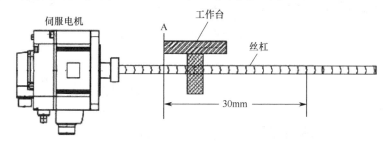

图 9-14　工作台往返定位运行示意图

2. 控制线路图

工作台往返定位运行控制线路图如图 9-15 所示。

电路工作过程说明如下。

（1）电路的工作准备

220V 的单相交流电源经开关 NFB 送到伺服驱动器的 L11、L21 端子，伺服驱动器内部的控制电路开始工作，ALM 端子内部变为 ON，VDD 端子输出电流经继电器 RA 线圈进入 ALM 端子，RA 线圈得电，电磁制动器外接 RA 触点闭合，制动器线圈得电而使抱闸松开，停止对伺服电机刹车；同时，附属电路中的 RA 触点也闭合，接触器 MC 线圈得电，MC 主触点闭合，220V 电源送到伺服驱动器的 L1、L2 端子，为内部的主电路供电。

（2）往返定位运行控制

按下启动按钮 SB1，PLC 的 Y001 端子输出为 ON（Y001 端子内部三极管导通），伺服驱动器 NP 端子输入为低电平，确定伺服电机正向旋转；与此同时，PLC 的 Y000 端子输出一定数量的脉冲信号进入伺服驱动器的 PP 端子，确定伺服电机旋转的转数。在 NP、PP 端子输入信号控制下，伺服驱动器驱动伺服电机正向旋转一定的转数，通过丝杠带动工作台从起始位置往右移动 30mm，然后 Y000 端子停止输出脉冲，伺服电机停转，工作台停止；2s 后，Y001 端子输出为 OFF（Y001 端子内部三极管截止），伺服驱动器 NP 端子输入为高电平；同时 Y000 端子又输出一定数量的脉冲到 PP 端子，伺服驱动器驱动伺服电机反向旋转一定的转数，通过丝杠带动工作台往左移动 30mm 返回起始位置；停止 2s 后又重复上述过程，从而使工作台在起始位置至右方 30mm 之间往返运行。

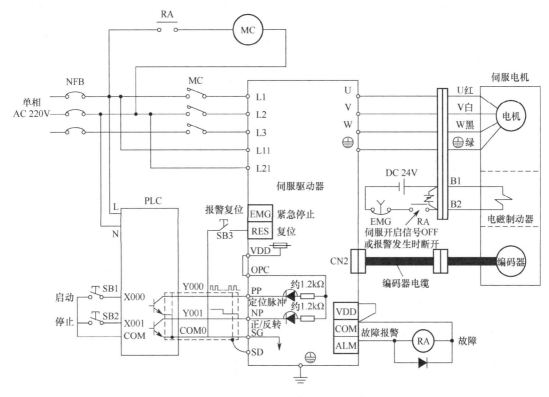

图 9-15　工作台往返定位运行控制线路图

在工作台往返运行过程中，若按下停止按钮 SB2，PLC 的 Y000、Y001 端子并不会马上停止输出，而是必须等到 Y001 端子输出为 OFF，Y000 端子的脉冲输出完毕，这样才能确保工作台停在起始位置。

3．参数设置

伺服驱动器的参数设置内容如表 9-5 所示。

表 9-5　伺服驱动器的参数设置内容

参数	名　　称	初始值	设定值	说　　明
No.0	控制模式、再生制动选件选择	0000	0000	设定位置控制模式
No.3	电子齿轮分子	1	16384	设定上位机 PLC 发出 5000 个脉冲伺服电机转一周
No.4	电子齿轮分母	1	625	
No.21	功能选择 3	0000	0001	用于设定伺服电机转数和转向的脉冲串输入形式为脉冲+方向
No.41	输入信号自动 ON 选择	0000	0001	设定 SON 内部自动置 ON，LSP、LSN 需外部置 ON

表中，将 No.0 参数设为 0000，让伺服驱动器工作在位置控制模式；将 No.21 参数设为 0000，其功能是将伺服电机转数和转向的控制形式设为脉冲（PP）+方向（NP），将 No.41 参数设为 0001，其功能是让 SON 信号由伺服驱动器内部自动产生，则 LSP、LSN 信号则由外部输入。

在位置控制模式时需要设置伺服驱动器的电子齿轮值。电子齿轮设置规律为：电子齿轮值=编码器产生的脉冲数/输入脉冲数。由于使用的伺服电机编码器分辨率为 131072（即编码器每旋转一周会产生 131072 个脉冲），如果要求伺服驱动器输入 5000 个脉冲电机旋转一周，则电子齿轮值应为 131072/5000=16384/625，故将电子齿轮分子 No.3 设为 16384，电子齿轮分母 No.4 设为 625。有关电子齿轮值的设置详细说明可参见 3.2.3 节。

4．PLC 程序

图 9-16 所示为工作台往返定位运行控制梯形图。

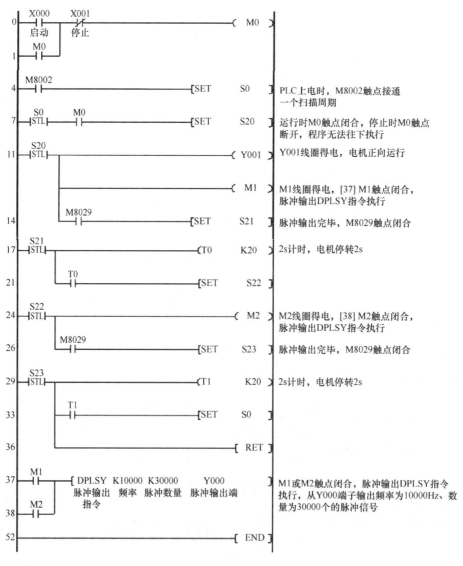

图 9-16　工作台往返定位运行控制梯形图

下面对照图 9-15 来说明图 9-16 所示梯形图的工作原理。

在 PLC 上电时，[4]M8002 常开触点接通一个扫描周期，"SET S0"指令执行，将状态继电器 S0 置位，[7]S0 常开触点闭合，为启动做准备。

（1）启动控制

按下启动按钮 SB1，[0]X000 常开触点闭合，M0 线圈得电，[1]、[7]M0 常开触点均闭合。[1]M0 常开触点闭合，锁定 M0 线圈供电；[7]M0 常开触点闭合，"SET S20"指令执行，将状态继电器 S20 置位，[11]S20 常开触点闭合，Y001 线圈得电，Y001 端子内部三极管导通，伺服驱动器 NP 端子输入为低电平，确定伺服电机正向旋转；同时 M1 线圈得电，[37]M1 常开触点闭合，脉冲输出 DPLSY 指令执行，PLC 从 Y000 端子输出频率为 10000Hz、数量为 30000 个的脉冲信号，该脉冲信号进入伺服驱动器的 PP 端子。因为伺服驱动器的电子齿轮设置值对应 5000 个脉冲使电机旋转一周，当 PP 端子输入 30000 个脉冲信号时，伺服驱动器驱动电机旋转 6 周，丝杠也旋转 6 周，丝杠螺距为 5mm，丝杠旋转 6 周会带动工作台右移 30mm。PLC 输出脉冲信号频率为 10000Hz，即 1s 会输出 10000 个脉冲进入伺服驱动器，输出 30000 个脉冲需要 3s，也即电机和丝杠旋转 6 周需要 3s，工作台的移动速度为 30mm/3s=10mm/s。

当 PLC 的 Y000 端子输出 30000 个脉冲后，伺服驱动器 PP 端子无脉冲输入，电机停转，工作台停止移动；同时 PLC 的完成标志继电器 M8029 置 1，[14]M8029 常开触点闭合，"SET S21"指令执行，将状态继电器 S21 置位，[17]S21 常开触点闭合，T0 定时器开始 2s 计时。2s 后，T0 定时器动作，[21]T0 常开触点闭合，"SET S22"指令执行，将状态继电器 S22 置位，[24]S22 常开触点闭合，M2 线圈得电，[38]M2 常开触点闭合，DPLSY 指令又执行，PLC 从 Y000 端子输出频率为 10000Hz、数量为 30000 个的脉冲信号。由于此时 Y001 线圈失电，Y001 端子内部三极管截止，伺服驱动器 NP 端子输入高电平，它控制电机反向旋转 6 周，工作台往左移动 30mm。当 PLC 的 Y000 端子输出 30000 个脉冲后，电机停止旋转，工作台停在左方起始位置，同时完成标志继电器 M8029 置 1，[26]M8029 常开触点闭合，"SET S23"指令执行，将状态继电器 S23 置位，[29]S23 常开触点闭合，T1 定时器开始 2s 计时。2s 后，T1 定时器动作，[33]T1 常开触点闭合，"SET S0"指令执行，将状态继电器 S0 置位，[7]S0 常开触点闭合，开始下一个工作台运行控制。

（2）停止控制

在工作台运行过程中，如果按下停止按钮 SB2，[0]X001 常闭触点断开，M0 线圈失电，[1]、[7]M0 常开触点均断开。[1]M0 常开触点断开，解除 M0 线圈供电；[7]M0 常开触点断开，"SET S20"指令无法执行，也就是说工作台运行完一个周期后执行"SET S0"指令，使[7]S0 常开触点闭合，但由于[7]M0 常开触点断开，下一个周期的程序无法开始执行，工作台停止在起始位置。

9.3.2 伺服驱动器位置控制模式的标准接线

当伺服驱动器工作在位置控制模式时，需要接收脉冲信号来定位，脉冲信号可以由 PLC 产生，也可以由专门的定位模块产生。图 9-17 所示为伺服驱动器在位置控制模式时与定位模块 FX-10GM 的标准接线。

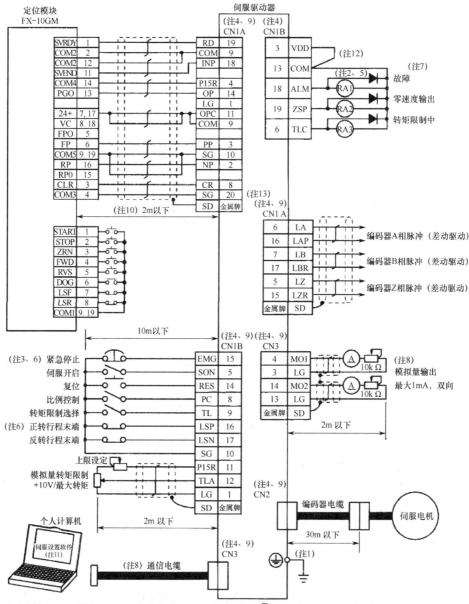

注：1. 为防止触电，必须将伺服驱动器保护接地（PE）端子（标有⏚）连接到控制柜的保护接地端子上。

2. 二极管的方向不能接错，否则紧急停止和其他保护电路可能无法正常工作。

3. 必须安装紧急停止开关（常闭）。

4. CN1A、CN1B、CN2 和 CN3 为同一形状，如果将这些接头接错，可能会引起故障。

5. 外部继电器线圈中的电流总和应控制在 80mA 以下。如果超过 80mA，I/O 接口使用的电源应由外部提供。

6. 运行时，异常情况下的紧急停止信号（EMG）、正向/反向行程末端（LSP、LSN）与 SG 端子之间必须接通（常闭）。

7. 故障端子（ALM）在无报警（正常运行）时与 SG 之间是接通的。发生故障（OFF）时请通过程序停止伺服驱动器的输出。

8. 同时使用模拟量输出通道 1、2 和个人计算机通信时，请使用维护用接口卡（MR-J2CN3TM）。

9. 同名信号在伺服驱动器内部是接通的。

10. 指令脉冲串的输入采用集电极开路的方式，差动驱动方式为 10m 以下。

11. 伺服设置软件应使用 MRAJW3-SETUP111E 或更高版本。

12. 使用内部电源 VDD 时，必须将 VDD 连到 COM 上；当使用外部电源时，VDD 不要与 COM 连接。

13. 在使用中继端子台的场合，需连接 CN1A-10。

图 9-17　伺服驱动器在位置控制模式时与定位模块 FX-10GM 的标准接线

第10章

步进电机与步进驱动器

10.1 步进电机

步进电机是一种用电脉冲控制运转的电动机，每输入一个电脉冲，步进电机就会旋转一定的角度，因此步进电机又称脉冲电机。步进电机的转速与脉冲频率成正比，脉冲频率越高，单位时间内输入电机的脉冲个数越多，旋转角度越大，即转速越快。步进电机广泛应用于雕刻机、激光制版机、贴标机、激光切割机、喷绘机、数控机床、机械手等各种中大型自动化设备和仪器中。

 ### 10.1.1 外形

步进电机的外形如图 10-1 所示。

图 10-1 步进电机的外形

 ### 10.1.2 结构与工作原理

1. 与步进电机有关的实验

在说明步进电机工作原理前，先来分析如图 10-2 所示的与步进电机有关的实验现象。

如图 10-2（a）所示，一根铁棒斜放在支架上，若将一对磁铁靠近铁棒，则 N 极磁铁产生的磁感线会通过气隙、铁棒和气隙到达 S 极磁铁，如图 10-2（b）所示。**由于磁感线总是力图通过磁阻最小的途径**，它将对铁棒产生作用力，使铁棒旋转到水平位置，如图 10-2（c）所示，此时磁感线所经磁路的磁阻最小（磁阻主要由 N 极与铁棒间的气隙和S 极与铁棒间的气隙大小决定，气隙越大，磁阻越大，铁棒处于图示位置时的气隙最小，因此磁阻也最小）。这时若顺时针旋转磁铁，为了保持磁路的磁阻最小，磁感线对铁棒产生作用力使之也顺时针旋转，如图10-2（d）所示。

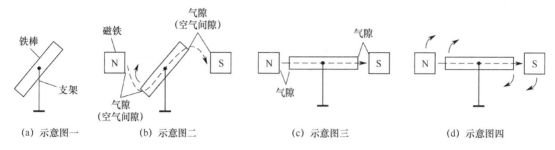

(a) 示意图一　　　　(b) 示意图二　　　　(c) 示意图三　　　　(d) 示意图四

图 10-2　与步进电机有关的实验现象

2．工作原理

步进电机的种类很多，根据运转方式可分为旋转式、直线式和平面式，其中旋转式应用最为广泛。旋转式步进电机又分为永磁式和反应式，永磁式步进电机的转子采用永久磁铁制成，反应式步进电机的转子采用软磁性材料制成。由于反应式步进电机具有反应快、惯性小和速度高等优点，因此应用很广泛。

（1）反应式步进电机

图 10-3 所示为三相六极反应式步进电机工作原理，它主要由凸极式定子、定子绕组和带有 4 个齿的转子组成。

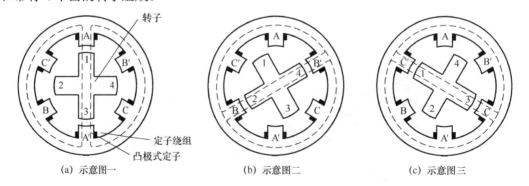

(a) 示意图一　　　　　(b) 示意图二　　　　　(c) 示意图三

图 10-3　三相六极反应式步进电机工作原理

反应式步进电机的工作原理如下。

① 当 A 相定子绕组通电时，如图 10-3（a）所示，绕组产生磁场，由于磁场磁感线力图通过磁阻最小的路径，在磁场的作用下，转子旋转使齿 1、3 分别正对 A、A′极。

② 当 B 相定子绕组通电时，如图 10-3（b）所示，绕组产生磁场，在绕组磁场的作用下，转子旋转使齿 2、4 分别正对 B、B′极。

③ 当 C 相定子绕组通电时，如图 10-3（c）所示，绕组产生磁场，在绕组磁场的作用下，转子旋转使齿 3、1 分别正对 C、C′极。

从图中可以看出，当 A、B、C 相按 A→B→C 顺序依次通电时，转子逆时针旋转，并且转子齿 1 由正对 A 极运动到正对 C′；若按 A→C→B 顺序通电，转子则会顺时针旋转。给某定子绕组通电时，步进电机会旋转一个角度；若按 A→C→B→A→B→C→…顺序依次不断给定子绕组通电，转子就会连续不断地旋转。

图 10-3 中的步进电机为三相单三拍反应式步进电机,其中"三相"是指定子绕组为三组,"单"是指每次只有一相绕组通电,"三拍"是指在一个通电循环周期内绕组有 3 次供电切换。

步进电机的定子绕组每切换一相电源,转子就会旋转一定的角度,该角度称为步距角。在图 10-3 中,步进电机定子圆周上平均分布着 6 个凸极,任意两个凸极之间的角度为 60°,转子每个齿由一个凸极移到相邻的凸极需要前进两步,因此该转子的步距角为 30°。步进电机的步距角可用下面的公式计算:

$$\theta = \frac{360°}{ZN}$$

式中,Z 为转子的齿数;N 为一个通电循环周期的拍数。

图 10-3 中的步进电机的转子齿数 $Z=4$,一个通电循环周期的拍数 $N=3$,则步距角 $\theta=30°$。

（2）三相单双六拍反应式步进电机

三相单三拍反应式步进电机的步距角较大,稳定性较差;而三相单双六拍反应式步进电机的步距角较小,稳定性更好。三相单双六拍反应式步进电机的结构示意图如图 10-4 所示。

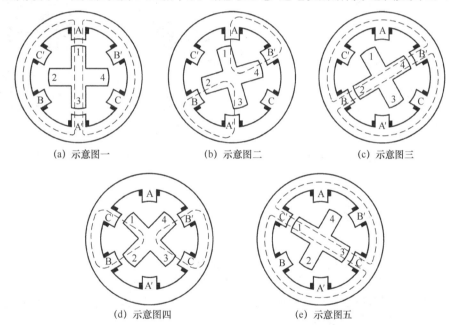

(a) 示意图一　　　　(b) 示意图二　　　　(c) 示意图三

(d) 示意图四　　　　(e) 示意图五

图 10-4　三相单双六拍反应式步进电机的结构示意图

三相单双六拍反应式步进电机的工作原理如下。

① 当 A 相定子绕组通电时,如图 10-4(a)所示,绕组产生磁场,由于磁场磁感线力图通过磁阻最小的路径,在磁场的作用下,转子旋转使齿 1、3 分别正对 A、A'极。

② 当 A、B 相定子绕组同时通电时,绕组产生如图 10-4(b)所示的磁场,在绕组磁场的作用下,转子旋转使齿 2、4 分别向 B、B'极靠近。

③ 当 B 相定子绕组通电时,如图 10-4(c)所示,绕组产生磁场,在绕组磁场的作用下,转子旋转使齿 2、4 分别正对 B、B'极。

④ 当 B、C 相定子绕组同时通电时,如图 10-4(d)所示,绕组产生磁场,在绕组磁

场的作用下，转子旋转使齿 3、1 分别向 C、C′极靠近。

⑤ 当 C 相定子绕组通电时，如图 10-4（e）所示，绕组产生磁场，在绕组磁场的作用下，转子旋转使齿 3、1 分别正对 C、C′极。

从图中可以看出，当 A、B、C 相按 A→AB→B→BC→C→CA→A…顺序依次通电时，转子逆时针旋转，每一个通电循环分 6 拍，其中包括 3 个单拍通电、3 个双拍通电，因此这种反应式步进电机称为三相单双六拍反应式步进电机。三相单双六拍反应式步进电机的步距角为 15°。

3．结构

不管是三相单三拍反应式步进电机还是三相单双六拍反应式步进电机，它们的步距角都比较大，若用它们作为传动设备的动力源，则往往不能满足精度要求。为了减小步距角，实际的步进电机通常在定子凸极和转子上开很多小齿，这样可以大大减小步距角。三相步进电机的结构示意图如图 10-5 所示。三相步进电机的实际结构如图 10-6 所示。

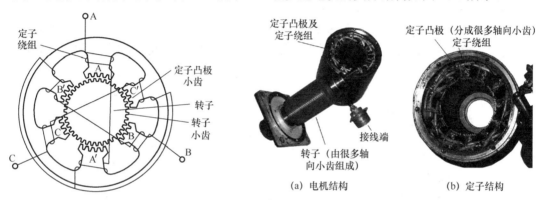

图 10-5　三相步进电机的结构示意图　　　　图 10-6　步进电机的结构

10.2　步进驱动器

步进电机工作时需要提供脉冲信号，并且提供给定子绕组的脉冲信号要不断切换，这需要由专门的电路来完成。为了使用方便，通常将这些电路做成一个成品设备——步进驱动器。**步进驱动器的功能就是在控制设备（如 PLC 或单片机）的控制下，为步进电机提供工作所需的幅度足够的脉冲信号。**

步进驱动器种类很多，使用方法大同小异，下面主要以 HM275D 型步进驱动器为例进行说明。

 ### 10.2.1　外形

图 10-7 列出两种常见的步进驱动器，其中左侧为 HM275D 型步进驱动器。

图 10-7 两种常见的步进驱动器

10.2.2 内部组成与原理

步进驱动器的组成框图如图 10-8 所示，其中虚线框内部分为步进驱动器，其内部主要由环形分配器和功率放大器组成。

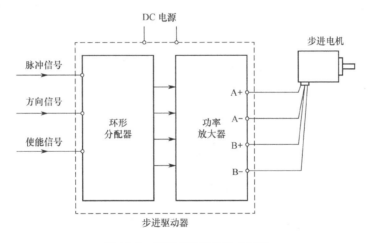

图 10-8 步进驱动器的组成框图

步进驱动器有三种输入信号，分别是脉冲信号、方向信号和使能信号，这些信号来自控制器（如 PLC、单片机等）。在工作时，步进驱动器的环形分配器将输入的脉冲信号分成多路脉冲，再送到功率放大器进行功率放大，然后输出大幅度脉冲去驱动步进电机；方向信号的功能是控制环形分配器分配脉冲的顺序，比如先送 A 相脉冲再送 B 相脉冲会使步进电机逆时针旋转，那么先送 B 相脉冲再送 A 相脉冲则会使步进电机顺时针旋转；使能信号的功能是允许或禁止步进驱动器工作，当使能信号为禁止时，即使输入脉冲信号和方向信号，步进驱动器也不会工作。

10.2.3 步进驱动器的接线及说明

步进驱动器的接线包括输入信号接线、电源接线和电机接线。HM275D 型步进驱动器的典型接线如图 10-9 所示，图 10-9（a）所示为 HM275D 与 NPN 型三极管输出型控制器的接线，图 10-9（b）所示为 HM275D 与 PNP 型三极管输出型控制器的接线。

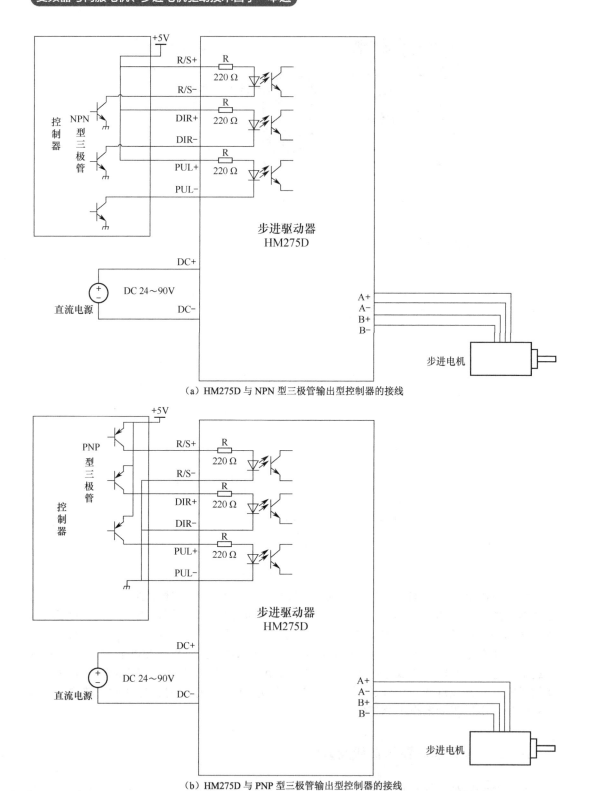

（a）HM275D 与 NPN 型三极管输出型控制器的接线

（b）HM275D 与 PNP 型三极管输出型控制器的接线

图 10-9　HM275D 型步进驱动器的典型接线

1. 输入信号接线

HM275D 型步进驱动器输入信号有 6 个接线端子,如图 10-10 所示,这 6 个端子分别是 R/S+、R/S-、DIR+、DIR-、PUL+和 PUL-。

① R/S+(+5V)、R/S-(R/S)端子:使能信号。此信号用于使能和禁止,R/S+接+5V,R/S-接低电平时,驱动器切断电机各相电流使电机处于自由状态,此时步进脉冲不被响应。如果不需要此项功能,悬空此信号输入端子即可。

② DIR+(+5V)、DIR-(DIR)端子:单脉冲控制方式时为方向信号,用于改变电机的转向;双脉冲控制方式时为反转脉冲信号。单、双脉冲控制方式由 SW5 控制,为了保证电机可靠响应,方向信号应先于脉冲信号至少 5μs 建立。

③ PUL+(+5V)、PUL-(PUL)端子:单脉冲控制时为步进脉冲信号,此脉冲上升沿有效;双脉冲控制时为正转脉冲信号,此脉冲上升沿有效。脉冲信号的低电平时间应大于 3μs,以保证电机可靠响应。

2. 电源与输出信号接线

HM275D 型步进驱动器电源与输出信号有 6 个接线端子,如图 10-11 所示,这 6 个端子分别是 DC+、DC-、A+、A-、B+和 B-。

图 10-10 HM275D 型步进驱动器的
6 个输入信号接线端子

图 10-11 HM275D 型步进驱动器电源与
输出信号接线端子

① DC-端子:直流电源负极,也即电源地。

② DC+端子:直流电源正极,电压范围为 24~90V,推荐理论值 DC 70V 左右。电源电压在 DC 24~90V 之间都可以正常工作,本驱动器最好采用无稳压功能的直流电源供电,也可以采用变压器降压+桥式整流+电容滤波,电容可大于 2200μF。但注意应使整流后电压纹波峰值不超过 95V,避免电网波动超过步进驱动器电压工作范围。

在连接电源时要特别注意:

● 接线时电源正、负极切勿反接;

● 最好采用非稳压电源;

● 采用非稳压电源时,电源电流输出能力应大于步进驱动器设定电流的 60%,采用稳压电源时,应大于步进驱动器设定电流;

● 为了降低成本,两三个驱动器可共用一个电源。

③ A+、A-端子：A 相脉冲输出。A+、A-互调，电机运转方向会改变。

④ B+、B-端子：B 相脉冲输出。B+、B-互调，电机运转方向会改变。

 ### 10.2.4 步进电机的接线及说明

HM275D 型步进驱动器可驱动所有相电流为 7.5A 以下的四线、六线和八线的两相、四相步进电机。由于 HM275D 型步进驱动器只有 A+、A-、B+和 B-四个脉冲输出端子，故连接四线以上的步进电机时需要先对步进电机进行必要的接线。步进电机的接线如图 10-12 所示，图中的 NC 表示该接线端子悬空不用。

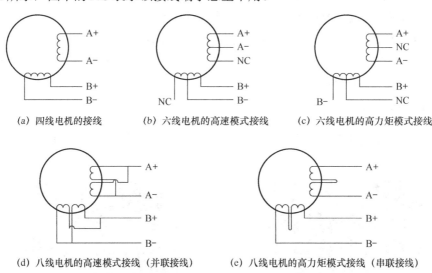

(a) 四线电机的接线　　(b) 六线电机的高速模式接线　　(c) 六线电机的高力矩模式接线

(d) 八线电机的高速模式接线（并联接线）　　(e) 八线电机的高力矩模式接线（串联接线）

图 10-12　步进电机的接线

为了达到最佳的步进电机驱动效果，需要给步进驱动器选取合理的供电电压并设定合适的输出电流值。

（1）供电电压的选择

一般来说，供电电压越高，步进电机高速时力矩越大，越能避免高速时掉步。但电压太高也会导致过压保护，甚至可能损害步进驱动器，而且在高压下工作时，低速运动振动较大。

（2）输出电流的设定

对于同一步进电机，电流设定值越大，步进电机输出的力矩越大，同时步进电机和步进驱动器的发热也比较严重。因此，一般情况下应把电流设定成步进电机长时间工作出现温热但不过热的数值。

输出电流的具体设置如下。

① 四线电机和六线电机高速模式：输出电流设成等于或略小于步进电机额定电流值。

② 六线电机高力矩模式：输出电流设成步进电机额定电流的 70%。

③ 八线电机串联接法：由于串联时电阻增大，输出电流应设成步进电机额定电流的 70%。

④ 八线电机并联接法：输出电流可设成步进电机额定电流的 1.4 倍。

注意：电流设定后应让步进电机运转 15～30min，如果步进电机温升太高，应降低电流设定值。

 ### 10.2.5　细分设置

为了提高步进电机的控制精度，现在的步进驱动器都具备了细分设置功能。**所谓细分，是指通过设置驱动器来减小步距角**。例如，若步进电机的步距角为 1.8°，则旋转一周需要 200 步；若将细分设为 10，则步距角被调整为 0.18°，旋转一周需要 2000 步。

HM275D 型步进驱动器面板上有 SW1～SW9 共 9 个开关，如图 10-13 所示。SW1～SW4 用于设置步进驱动器的输出工作电流，SW5 用于设置步进驱动器的脉冲输入模式，SW6～SW9 用于设置细分。SW6～SW9 开关的位置与细分关系如表 10-1 所示。例如，当 SW6～SW9 分别处于 ON、ON、OFF、OFF 位置时，将细分数设为 4，电机旋转一周需要 800 步。

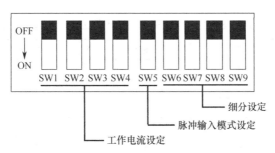

图 10-13　面板上的 SW1～SW9 开关及功能

表 10-1　SW6～SW9 开关的位置与细分关系

SW6	SW7	SW8	SW9	细分数	步数/圈（1.8°/整步）
ON	ON	ON	OFF	2	400
ON	ON	OFF	OFF	4	800
ON	OFF	ON	OFF	8	1600
ON	OFF	OFF	OFF	16	3200
OFF	ON	ON	OFF	32	6400
OFF	ON	OFF	OFF	64	12800
OFF	OFF	ON	OFF	128	25600
OFF	OFF	OFF	OFF	256	51200
ON	ON	ON	ON	5	1000
ON	ON	OFF	ON	10	2000
ON	OFF	ON	ON	25	5000
ON	OFF	OFF	ON	50	10000
OFF	ON	ON	ON	125	25000
OFF	ON	OFF	ON	250	50000

在设置细分时要注意以下事项。

① 一般情况下，细分不能设置过大，因为在步进驱动器输入脉冲不变的情况下，细分设置越大，步进电机转速越慢，而且步进电机的输出力矩会变小。

② 步进电机的驱动脉冲频率不能太高，否则步进电机输出力矩会迅速减小，而细分设置过大会使步进驱动器输出的驱动脉冲频率过高。

 10.2.6 工作电流的设置

为了能驱动多种功率的步进电机，大多数步进驱动器具有工作电流（也称动态电流）设置功能。当连接功率较大的步进电机时，应将步进驱动器的输出工作电流设大一些。**对于同一步进电机，工作电流设置越大，步进电机输出力矩越大，但发热也越严重**，因此通常将工作电流设定在步进电机长时间工作出现温热但不过热的数值。

HM275D 型步进驱动器面板上有 SW1～SW4 四个开关用于设置工作电流大小，SW1～SW4 开关的位置与工作电流值的关系如表 10-2 所示。

表 10-2　SW1～SW4 开关的位置与工作电流值的关系

SW1	SW2	SW3	SW4	电流值/A
ON	ON	ON	ON	3.0
OFF	ON	ON	ON	3.3
ON	OFF	ON	ON	3.6
OFF	OFF	ON	ON	4.0
ON	ON	OFF	ON	4.2
OFF	ON	OFF	ON	4.6
ON	OFF	OFF	ON	4.9
ON	ON	ON	OFF	5.1
OFF	OFF	ON	ON	5.3
OFF	ON	ON	OFF	5.5
ON	OFF	ON	OFF	5.8
OFF	OFF	ON	OFF	6.2
ON	ON	OFF	OFF	6.4
OFF	ON	OFF	OFF	6.8
ON	OFF	OFF	OFF	7.1
OFF	OFF	OFF	OFF	7.5

 10.2.7 静态电流的设置

在停止时，为了锁住步进电机，步进驱动器仍会输出一路电流给步进电机的某相定子线圈，该相定子凸极产生的磁场像磁铁一样吸引住转子，使转子无法旋转。**步进驱动器在停止时提供给步进电机的单相锁定电流称为静态电流**。

HM275D 型步进驱动器的静态电流由内部 S3 跳线来设置，如图 10-14 所示。当 S3 接通（短路）时，静态电流与设定的工作电流相同，即静态电流为全流；当 S3 断开（开路，出厂设定）时，静态电流为待机自动半电流，即静态电流为半流。一般情况下，如果步进电机负载为提升类负载（如升降机），则静态电流应设为全流；对于平移动类负载，静态电流可设为半流。

(a) S3开路时静态电流为半流
（出厂设定）

(b) S3短路时静态电流为全流

图 10-14　S3 跳线设置静态电流

 10.2.8　脉冲输入模式的设置

HM275D 型步进驱动器的脉冲输入模式有单脉冲和双脉冲两种。脉冲输入模式由 SW5 开关来设置，当 SW5 处于 OFF 位置时为单脉冲输入模式，即脉冲+方向模式，PUL 端子定义为脉冲输入端，DIR 定义为方向控制端；当 SW5 处于 ON 位置时为双脉冲输入模式，即脉冲+脉冲模式，PUL 端子定义为正向（CW）脉冲输入端，DIR 定义为反向（CCW）脉冲输入端。

单脉冲输入模式和双脉冲输入模式的输入信号波形如图 10-15 所示，下面对照图 10-9（a）来说明这两种模式的工作过程。

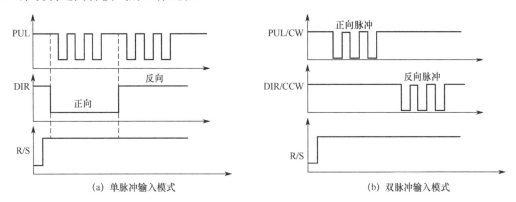

(a) 单脉冲输入模式

(b) 双脉冲输入模式

图 10-15　单脉冲输入模式和双脉冲输入模式的输入信号波形

当步进驱动器工作在单脉冲输入模式时，控制器首先送高电平（控制器内的三极管截止）到步进驱动器的 R/S-端子，R/S+、R/S-端子之间的内部光电耦合器不导通，步进驱动器内部电路被允许工作；然后控制器送低电平（控制器内的三极管导通）到步进驱动器的 DIR-端子，DIR+、DIR-端子之间的内部光电耦合器导通，让步进驱动器内部电路控制步进电机正转；接着控制器输出脉冲信号送到步进驱动器的 PUL-端子，当脉冲信号为低电平时，PUL+、PUL-端子之间的光电耦合器导通，当脉冲信号为高电平时，PUL+、PUL-端子之间的光电耦合器截止，光电耦合器不断导通、截止，就为内部电路提供脉冲信号，在 R/S、DIR、PUL 端子输入信号的控制下，步进驱动器控制电机正向旋转。

当步进驱动器工作在双脉冲输入模式时，控制器先送高电平到步进驱动器的 R/S-端子，步进驱动器内部电路被允许工作；然后控制器输出脉冲信号送到步进驱动器的 PUL-端子，同时控制器送高电平到步进驱动器的 DIR-端子，步进驱动器控制步进电机正向旋转，如果步进驱动器 PUL-端子变为高电平、DIR-端子输入脉冲信号，步进驱动器则控制步进电机反向旋转。

为了让步进驱动器和步进电机均能可靠运行，应注意以下要点。

① R/S 要比 DIR 至少提前 5μs 为高电平，通常建议 R/S 悬空。

② DIR 要比 PUL 下降沿至少提前 5μs 确定其状态高或低。

③ 输入脉冲的高、低电平宽度均不能小于 2.5μs。

④ 输入信号的低电平要低于 0.5V，高电平要高于 3.5V。

第11章

PLC 与步进驱动器的综合应用

步进电机正反向定角循环运行控制的应用实例

 11.1.1 控制要求

采用 PLC 作为上位机来控制步进驱动器，使之驱动步进电机定角循环运行。具体控制要求如下。

① 按下启动按钮，控制步进电机顺时针旋转 2 周（720°），停 5s，再逆时针旋转 1 周（360°），停 2s，如此反复运行。按下停止按钮，步进电机停转，同时步进电机转轴被锁住。

② 按下脱机按钮，松开步进电机转轴。

 11.1.2 电气线路及说明

步进电机正反向定角循环运行控制的线路图如图 11-1 所示。

（1）启动控制

按下启动按钮 SB1，PLC 的 X000 端子输入为 ON，内部程序运行，从 Y002 端子输出高电平（Y002 端子内部三极管截止），从 Y001 端子输出低电平（Y001 端子内部三极管导通），从 Y000 端子输出脉冲信号（Y000 端子内部三极管导通、截止状态不断切换），结果步进驱动器的 R/S-端子得到高电平，DIR-端子得到低电平，PUL-端子输入脉冲信号，步进驱动器输出脉冲信号驱动步进电机顺时针旋转 2 周。然后 PLC 的 Y000 端子停止输出脉冲，Y001 端子输出高电平，Y002 端子输出仍为高电平，步进驱动器只输出一相电流到步进电机，锁住步进电机转轴，步进电机停转。5s 后，PLC 的 Y000 端子又输出脉冲，Y001 端子输出高电平，Y002 端子仍输出高电平，步进驱动器驱动步进电机逆时针旋转 1 周。接着 PLC 的 Y000 端子又停止输出脉冲，Y001 端子输出高电平，Y002 端子输出仍为高电平，步进驱动器只输出一相电流锁住步进电机转轴，步进电机停转。2s 后，又开始顺时针旋转 2 周控制，以后重复上述过程。

（2）停止控制

在步进电机运行过程中，如果按下停止按钮 SB2，PLC 的 Y000 端子停止输出脉冲（输出为高电平），Y001 端子输出高电平，Y003 端子输出高电平，步进驱动器只输出一相电流到步进电机，锁住步进电机转轴，步进电机停转，此时手动无法转动步进电机转轴。

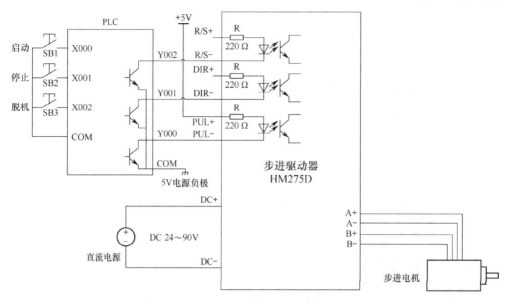

图 11-1　步进电机正反向定角循环运行控制的线路图

（3）脱机控制

在步进电机运行或停止时，按下脱机按钮 SB3，PLC 的 Y002 端子输出低电平，R/S-端子得到低电平。如果步进电机先前处于运行状态，则 R/S-端子得到低电平后步进驱动器马上停止输出两相电流，步进电机处于惯性运转状态；如果步进电机先前处于停止状态，则 R/S-端子得到低电平后步进驱动器马上停止输出一相锁定电流，这时可手动转动步进电机转轴。松开脱机按钮 SB3，步进电机又开始运行或进入自锁停止状态。

 11.1.3　细分、工作电流和脉冲输入模式的设置

步进驱动器配接的步进电机的步距角为 1.8°，工作电流为 3.6A，步进驱动器的脉冲输入模式为单脉冲输入模式，可将步进驱动器面板上的 SW1～SW9 开关按图 11-2 所示进行设置，其中将细分设为 4。

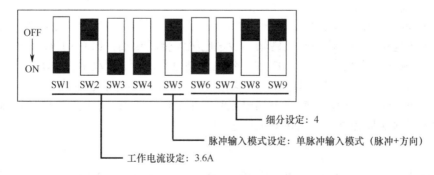

图 11-2　细分、工作电流和脉冲输入模式的设置

11.1.4　PLC 控制程序及说明

根据控制要求，PLC 程序可采用步进指令编写。为了更容易编写梯形图，通常先绘出状态转移图，然后依据状态转移图编写梯形图。

1．状态转移图

图 11-3 所示为步进电机正反向定角循环运行控制的状态转移图。

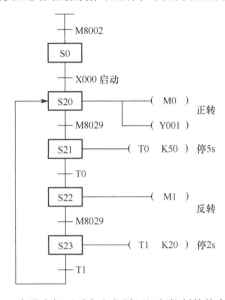

图 11-3　步进电机正反向定角循环运行控制的状态转移图

2．控制程序

启动编程软件，按照图 11-3 所示的状态转移图编写梯形图，步进电机正反向定角循环运行控制的梯形图如图 11-4 所示。

下面对照图 11-1 来说明图 11-4 所示梯形图的工作原理。

步进电机的步距角为 1.8°，如果不设置细分，步进电机旋转 1 周需要走 200 步（360°/1.8°=200），步进驱动器相应要求输入 200 个脉冲；当步进驱动器细分设为 4 时，需要输入 800 个脉冲才能让步进电机旋转 1 周，旋转 2 周则要输入 1600 个脉冲。

PLC 上电时，梯形图中的[0]M8002 常开触点接通一个扫描周期，"SET S0"指令执行，将状态继电器 S0 置位，[3]S0 常开触点闭合，为启动做准备。

（1）启动控制

按下启动按钮 SB1，[3]X000 常开触点闭合，"SET S20"指令执行，将状态继电器 S20 置位，[7]S20 常开触点闭合，M0 线圈和 Y001 线圈均得电；另外"MOV K1600 D0"指令执行，将 1600 送入数据存储器 D0 中作为输出脉冲的个数值。M0 线圈得电使[43]M0 常开触点闭合，"PLSY K800 D0 Y000"指令执行，从 Y000 端子输出频率为 800Hz、个数为 1600（D0 中的数据）的脉冲信号，送到驱动器的 PUL- 端子，Y001 线圈得电，Y001 端子内部的三极管导通，Y001 端子输出低电平，送到驱动器的 DIR- 端子，步进驱动器驱动步进电机顺时针旋转，当脉冲输出指令 PLSY 送完 1600 个脉冲后，步进电机正好旋转 2 周，[15]完成标志继电器 M8029 常开触点闭合，"SET S21"指令执行，将状态继电器 S21 置位，[18]S21 常开触点闭合，T0 定时器开始 5s 计时，计时期间步进电机处于停止状态。

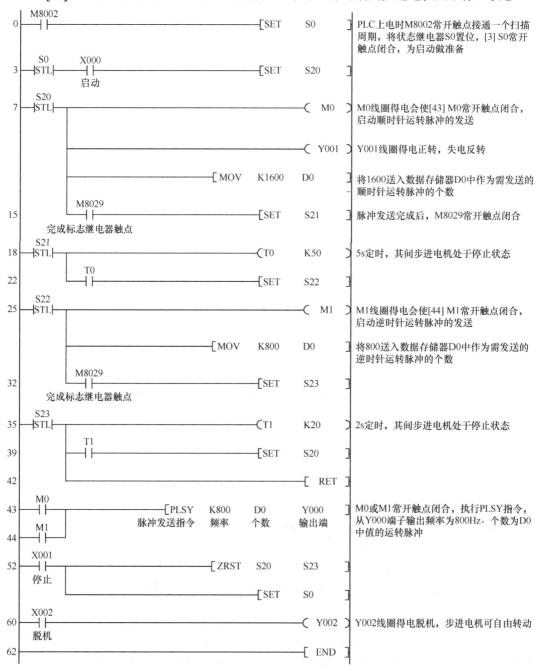

图 11-4　步进电机正反向定角循环运行控制的梯形图

5s 后，T0 定时器动作，[22]T0 常开触点闭合，"SET S22"指令执行，将状态继电器 S22 置位，[25]S22 常开触点闭合，M1 线圈得电，"MOV K800 D0"指令执行，将 800 送入数据存储器 D0 中作为输出脉冲的个数值。M1 线圈得电使[44]M1 常开触点闭合，PLSY 指令执行，从 Y000 端子输出频率为 800Hz、个数为 800（D0 中的数据）的脉冲信号，送到驱动器的 PUL-端子。由于此时 Y001 线圈已失电，Y001 端子内部的三极管截止，Y001 端子输出高电平，送到驱动器的 DIR-端子，步进驱动器驱动步进电机逆时针旋转，当 PLSY 送完 800 个脉冲后，步进电机正好旋转 1 周，[32]完成标志继电器 M8029 常开触点闭合，"SET S23" 指令执行，将状态继电器 S23 置位，[35]S23 常开触点闭合，T1 定时器开始 2s 计时，计时期间步进电机处于停止状态。

2s 后，T1 定时器动作，[39]T1 常开触点闭合，"SET S20" 指令执行，将状态继电器 S20 置位，[7]S20 常开触点闭合，开始下一个周期的步进电机正反向定角运行控制。

（2）停止控制

在步进电机正反向定角循环运行时，如果按下停止按钮 SB2，[52]X001 常开触点闭合，ZRST 指令执行，将 S20～S23 状态继电器均复位，S20～S23 常开触点均断开，[7]～[42]之间的程序无法执行，[43]程序也无法执行，PLC 的 Y000 端子停止输出脉冲，Y001 端子输出高电平，步进驱动器仅输出一相电流给步进电机绕组，锁住步进电机转轴。另外，[52]X001 常开触点闭合同时会使 "SET S0" 指令执行，[3]S0 常开触点闭合，为重新启动步进电机运行做准备。如果按下启动按钮 SB1，X000 常开触点闭合，程序会重新开始步进电机正反向定角运行控制。

（3）脱机控制

在步进电机运行或停止时，按下脱机按钮 SB3，[60]X002 常开触点闭合，Y002 线圈得电，PLC 的 Y002 端子内部的三极管导通，Y002 端子输出低电平，R/S-端子得到低电平。如果步进电机先前处于运行状态，R/S-端子得到低电平后步进驱动器马上停止输出两相电流，PUL-端子输入脉冲信号无效，步进电机处于惯性运转状态；如果步进电机先前处于停止状态，R/S-端子得到低电平后步进驱动器马上停止输出一相锁定电流，这时可手动转动步进电机转轴。松开脱机按钮 SB3，步进电机又开始运行或进入自锁停止状态。

11.2　步进电机定长运行控制的应用实例

11.2.1　控制要求

图 11-5 所示为自动切线装置组成示意图，采用 PLC 作为上位机来控制步进驱动器，使之驱动步进电机运行，让步进电机抽送线材，每抽送完指定长度的线材后切刀动作，将线材切断。具体控制要求如下。

① 按下启动按钮，步进电机运转，开始抽送线材；当达到设定长度时步进电机停转，切刀动作，切断线材；然后步进电机又开始抽送线材，如此反复，直到切刀动作次数达到指定值时，步进电机停转并停止剪切线材。在自动切线装置工作过程中，按下停止按钮，步进电机停转，自锁转轴并停止剪切线材；按下脱机按钮，步进电机停转并松开转轴，可手动抽拉线材。

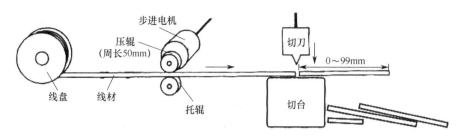

图 11-5　自动切线装置组成示意图

② 步进电机抽送线材的压辊周长为 50mm。剪切线材（即短线）的长度值用两位 BCD 数字开关来输入。

 11.2.2　电气线路及说明

步进电机定长运行控制的线路图如图 11-6 所示。

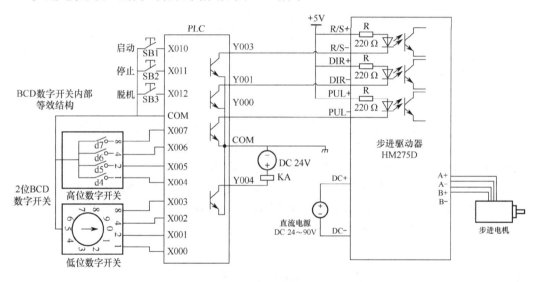

图 11-6　步进电机定长运行控制的线路图

下面对照图 11-5 来说明图 11-6 所示线路图的工作原理，具体如下。

（1）设定移动的长度值

步进电机通过压辊抽拉线材，抽拉的线材长度达到设定值时切刀动作，切断线材。本系统采用 2 位 BCD 数字开关来设定切割线材的长度值。**BCD 数字开关是一种将十进制数 0～9 转换成 BCD 数 0000～1001 的电子元件**，常见的 BCD 数字开关外形如图 11-7 所示，其内部等效结构如图 11-6 所示。从图中可以看出，1 位 BCD 数字开关内部由 4 个开关组成，当将 BCD 数字开关拨到某个十进制数字时，如拨到数字 6，内部 4 个开关的通断情况分别为 d7 断、d6 通、d5 通、d4 断，X007～X004 端子输入分别为 OFF、ON、ON、OFF，也即给 X007～X004 端子输入 BCD 数 0110。如果高、低位 BCD 数字开关分别拨到 7、2 位置，则 X007～X004 输入为 0111，X003～X000 输入为 0010，即将 72 转换成 01110010 并通过 X007～X000 端子送入 PLC 内部的输入继电器 X007～X000。

图 11-7　常见的 BCD 数字开关外形

（2）启动控制

按下启动按钮 SB1，PLC 的 X010 端子输入为 ON，内部程序运行，从 Y003 端子输出高电平（Y003 端子内部的三极管截止），从 Y001 端子输出低电平（Y001 端子内部的三极管导通），从 Y000 端子输出脉冲信号（Y000 端子内部的三极管导通、截止状态不断切换），结果驱动器的 R/S-端子得到高电平，DIR-端子得到低电平，PUL-端子输入脉冲信号，步进驱动器驱动步进电机顺时针旋转，通过压辊抽拉线材。当 Y000 端子发送完指定数量的脉冲信号后，线材会抽拉到设定长度值，步进电机停转并自锁转轴；同时 Y004 端子内部的三极管导通，有电流流过 KA 继电器线圈，控制切刀动作，切断线材。然后 PLC 的 Y000 端子又开始输出脉冲，步进驱动器又驱动步进电机抽拉线材，以后重复上述工作过程。当切刀动作次数达到指定值时，Y001 端子输出低电平，Y003 端子仍输出高电平，驱动器只输出一相电流到步进电机，锁住步进电机转轴，步进电机停转。更换新线盘后，按下启动按钮 SB1，又开始按上述过程切割线材。

（3）停止控制

在步进电机运行过程中，如果按下停止按钮 SB2，PLC 的 X011 端子输入为 ON，PLC 的 Y000 端子停止输出脉冲（输出为高电平），Y001 端子输出高电平，Y003 端子输出高电平，步进驱动器只输出一相电流到步进电机，锁住步进电机转轴，步进电机停转，此时手动无法转动步进电机转轴。

（4）脱机控制

在步进电机运行或停止时，按下脱机按钮 SB3，PLC 的 X012 端子输入为 ON，Y003 端子输出低电平，R/S-端子得到低电平。如果步进电机先前处于运行状态，R/S-端子得到低电平后步进驱动器马上停止输出两相电流，步进电机处于惯性运转状态；如果步进电机先前处于停止状态，R/S-端子得到低电平后步进驱动器马上停止输出一相锁定电流，这时可手动转动步进电机转轴来抽拉线材。松开脱机按钮 SB3，步进电机又开始运行或进入自锁停止状态。

 11.2.3　细分、工作电流和脉冲输入模式的设置

步进驱动器配接的步进电机的步距角为 1.8°，工作电流为 5.5A，步进驱动器的脉冲输入模式为单脉冲输入模式，可将驱动器面板上的 SW1~SW9 开关按图 11-8 所示进行设置，其中细分设为 5。

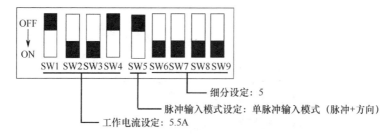

图 11-8　细分、工作电流和脉冲输入模式的设置

11.2.4　PLC 控制程序及说明

步进电机定长运行控制的梯形图如图 11-9 所示。

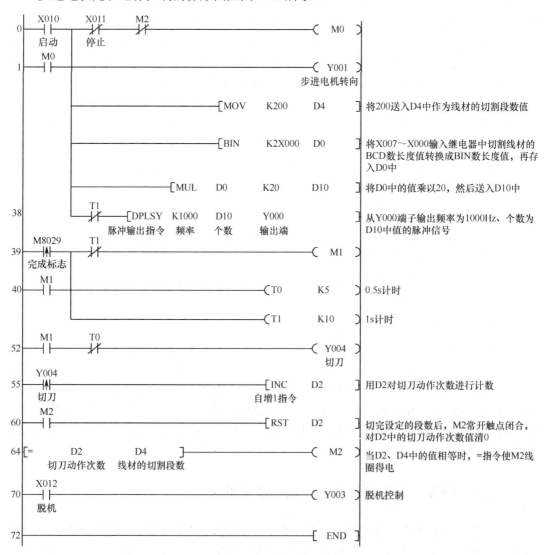

图 11-9　步进电机定长运行控制的梯形图

下面对照图 11-5 和图 11-6 来说明图 11-9 所示梯形图的工作原理。

步进电机的步距角为 1.8°，如果不设置细分，步进电机旋转 1 周需要走 200 步（360°/1.8°=200），步进驱动器相应要求输入 200 个脉冲；当步进驱动器细分设为 5 时，需要输入 1000 个脉冲才能让步进电机旋转 1 周。与步进电机同轴旋转的用来抽送线材的压辊周长为 50mm，它旋转 1 周会抽送 50mm 线材，如果设定线材的长度为 D_0（mm），则抽送 D0 长度的线材需旋转 $D_0/50$ 周，需要给驱动器输入的脉冲数为 $\frac{D_0}{50} \times 1000 = D_0 \times 20$。

（1）设定线材的切割长度值

在控制步进电机工作前，先用 PLC 输入端子 X007～X000 外接的 2 位 BCD 数字开关设定线材的切割长度值。如果设定的长度值为 75，则 X007～X000 端子输入为 01110101，该 BCD 数据由输入端子送入内部的输入继电器 X007～X000 中保存。

（2）启动控制

按下启动按钮 SB1，PLC 的 X010 端子输入为 ON，梯形图中[0]X010 常开触点闭合，M0 线圈得电，[1]M0 常开自锁触点闭合，锁定 M0 线圈供电；X010 常开触点闭合还会使 Y001 线圈得电并使 MOV、BIN、MUL、DPLSY 指令相继执行。Y001 线圈得电，Y001 端子内部的三极管导通，步进驱动器的 DIR-端子输入低电平，步进驱动器控制步进电机顺时针旋转。如果步进电机的旋转方向不符合线材的抽拉方向，可删除梯形图中的 Y001 线圈，让 DIR-端子输入高电平，使步进电机逆时针旋转。另外，将步进电机的任意一相绕组的首尾端互换，也可以改变步进电机的转向。MOV 指令执行，将 200 送入 D4 中作为线材切割的段数值；BIN 指令执行，将输入继电器 X007～X000 中的 BCD 数长度值 01110101 转换成 BIN 数长度值 01001011，存入数据存储器 D0 中；MUL 指令执行，将 D0 中的数据乘以 20，所得结果存入 D11、D10（使用 MUL 指令进行乘法运算时，操作结果为 32 位，故结果存入 D11、D10）中作为 PLC 输出脉冲的个数；DPLSY 指令执行，从 Y000 端子输出频率为 1000Hz，个数为 D11、D10 中值的脉冲信号送入驱动器，驱动步进电机旋转，通过压辊抽拉线材。

当 PLC 的 Y000 端子发送脉冲完毕，步进电机停转，压辊停止抽拉线材，同时[39]完成标志继电器上升沿触点 M8029 闭合，M1 线圈得电，[40]、[52]M1 常开触点均闭合。[40]M1 常开触点闭合，锁定 M1 线圈及定时器 T0、T1 供电，T0 定时器开始 0.5s 计时，T1 定时器开始 1s 计时；[52]M1 常开触点闭合，Y004 线圈得电，Y004 端子内部的三极管导通，继电器 KA 线圈通电，控制切刀动作，切断线材。0.5s 后，T0 定时器动作，[52]T0 常闭触点断开，Y004 线圈失电，切刀回位；1s 后，T1 定时器动作，[39]T1 常闭触点断开，M1 线圈失电，[40]、[52]M1 常开触点均断开。[40]M1 常开触点断开，会使 T0、T1 定时器均失电，[38]、[39]T1 常闭触点闭合，[52]T0 常闭触点闭合，[40]M1 常开触点断开还可使[39]T1 常闭触点闭合后 M1 线圈无法得电；[52]M1 常开触点断开，可保证[52]T0 常闭触点闭合后 Y004 线圈无法得电，[38] T1 常闭触点由断开转为闭合，DPLSY 指令又开始执行，重新输出脉冲信号来抽拉下一段线材。

在工作时，Y004 线圈每得电一次，[55]Y004 上升沿触点会闭合一次，自增 1 指令 INC 会执行一次，这样使 D2 中的值与切刀动作的次数一致。当 D2 与 D4 中的值（线材切断的段数值）相等时，=指令使 M2 线圈得电，[0]M2 常闭触点断开，M0 线圈失电，

[1]M0 常开自锁触点断开，[1]～[39]之间的程序不会执行，即 Y001 线圈失电，Y001 端输出高电平，步进驱动器 DIR-端子输入高电平，DPLSY 指令也不执行，Y000 端子停止输出脉冲信号，步进电机停转并自锁。M2 线圈得电还会使[60]M2 常开触点闭合，RST 指令执行，将 D2 中的切刀动作次数值清 0，以便下一次启动时从 0 开始重新计算切刀动作次数。清 0 后，D2、D4 中的值不再相等，=指令使 M2 线圈失电，[0]M2 常闭触点闭合，为下一次启动做准备；[60]M2 常开触点断开，停止对 D2 复位清 0。

（3）停止控制

在自动切线装置工作过程中，按下停止按钮 SB2，[0]X011常闭触点断开，M0 线圈失电，[1]M0 常开自锁触点断开，[1]～[64]之间的程序都不会执行，即 Y001 线圈失电，Y000 端子输出高电平，步进驱动器 DIR-端子输入高电平，DPLSY 指令也不执行，Y000 端子停止输出脉冲信号，步进电机停转并自锁。

（4）脱机控制

在自动切线装置工作或停止时，按下脱机按钮 SB3，[70]X012常开触点闭合，Y003 线圈得电，PLC 的 Y003 端子内部的三极管导通，Y003 端子输出低电平，R/S-端子得到低电平。如果步进电机先前处于运行状态，R/S-端子得到低电平后步进驱动器马上停止输出两相电流，PUL-端子输入脉冲信号无效，步进电机处于惯性运转；如果步进电机先前处于停止状态，R/S-端子得到低电平后步进驱动器马上停止输出一相锁定电流，这时可手动转动步进电机转轴。松开脱机按钮 SB3，步进电机又开始运行或进入自锁停止状态。

变频器的电路原理与检修（一）

变频器主电路的功能是对电能进行交-直-交的转换，将工频电源转换成频率可调的交流电源来驱动电机。变频器的主电路由整流电路、中间电路和逆变电路组成，如图 12-1 所示。整流电路的作用是将工频电压转换成脉动直流电压 U_1，经中间电路的滤波电路平滑后，得到波动小的直流电压 U_2 送给逆变电路，在驱动电路送来的驱动脉冲控制下，逆变电路将直流电压转换成三相交流电压送给电机，驱动电机运转。

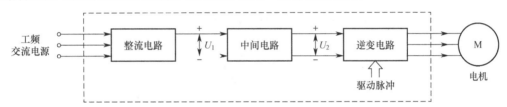

图 12-1　主电路的组成

12.1　主电路的单元电路分析

主电路的单元电路主要有整流电路、中间电路和逆变电路。

12.1.1　整流电路

变频器采用的整流电路主要有两种：不可控整流电路和可控整流电路。

1. 不可控整流电路

不可控整流电路以二极管作为整流器件，其整流过程不可控制。图 12-2（a）所示是一种典型的不可控三相桥式整流电路，其输入的三相交流电压波形如图 12-2（b）所示，经 6 个二极管构成的三相整流电路整流后，在负载 R_L 上得到 U_L 电压，该电压是一种有脉动变化的直流电压。

2. 可控整流电路

可控整流电路采用可控电力电子器件（如晶闸管、**IGBT** 等）作为整流器件，其整流输出电压大小可以通过改变开关器件的导通、关断来调节。图 12-3 所示是一种常见的单相半控桥式整流电路，VS1、VS2 为单向晶闸管，它们的 G 极连接在一起，当触发信号 U_G 送到晶闸管的 G 极时，晶闸管会被触发导通；当触发信号提前加到晶闸管的 G 极时，晶闸管提前导通，整流输出电压平均值高，反之，晶闸管导通推迟，整流输出电压平均值低。

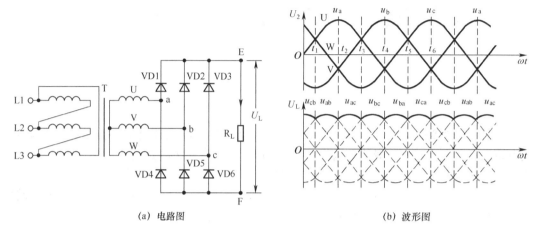

(a) 电路图　　　　　　　　　　　(b) 波形图

图 12-2　不可控三相桥式整流电路及有关信号波形

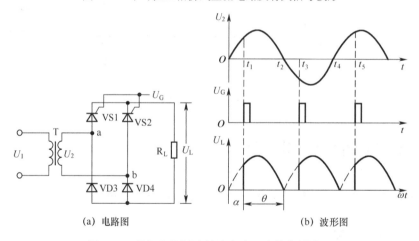

(a) 电路图　　　　　　　　　　　(b) 波形图

图 12-3　单相半控桥式整流电路及有关信号波形

 ### 12.1.2　中间电路

中间电路位于整流电路和逆变电路之间，它主要由滤波电路和制动电路等组成。

1. 滤波电路

滤波电路的功能是对整流电路输出的波动较大的电压或电流进行平滑，为逆变电路提供波动小的直流电压或电流。滤波电路可采用大电容滤波，也可采用大电感（或称电抗）滤波。采用大电容滤波的滤波电路能为逆变电路提供稳定的直流电压，故称为电压型变频器；采用大电感滤波的滤波电路能为逆变电路提供稳定的直流电流，故称为电流型变频器。

（1）电容滤波电路

电容滤波电路如图 12-4 所示，它采用容量很大的电容作为滤波元件，该电容又称储能电容。工频电源经三相整流电路对滤波电容 C 充电，在 C 上充到上正下负的直流电压 U_d，然后电容往后级电路放电。这样的充、放电会不断重复，在充电时电容上的电压会上升，放电时电压会下降，电容上的电压有一些波动，电容容量越大，U_d 电压波动越小，即滤波效果越好。

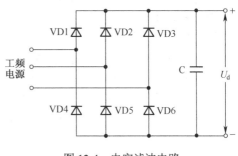

图 12-4　电容滤波电路

对于采用电容滤波的变频器，接通电源前电容两端电压为 0，在刚接通电源时，会有很大的浪涌电流（冲击电流）经整流器件对电容充电，这样易烧坏整流器件。**为了保护整流器件不被开机浪涌电流烧坏，通常要采取一些浪涌保护电路。浪涌保护电路又称充电限流电路，**图 12-5 所示是几种常用的浪涌保护电路。

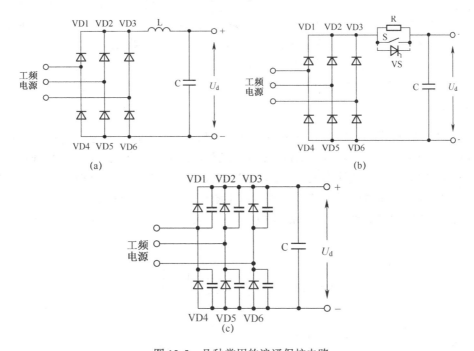

图 12-5　几种常用的浪涌保护电路

图 12-5（a）所示电路采用了电感进行浪涌保护。在接通电源时，流过电感 L 的电流突然增大，L 会产生左正右负的电动势阻碍电流，由于电感对电流的阻碍，流过二极管并经 L 对电容充电的电流不会很大，有效保护了整流二极管。当电容上充得较高电压后，流过 L 的电流减小，L 产生的电动势降低，对电流的阻碍减小，L 相当于导线。

图 12-5（b）所示电路采用限流电阻进行浪涌保护。在接通电源时，开关 S 断开，整流电路通过限流电阻 R 对电容 C 充电，由于 R 的阻碍作用，流过二极管并经 R 对电容充电的电流较小，保护了整流二极管。图中的开关 S 一般由晶闸管取代，在刚接通电源时，

让晶闸管关断（相当于开关断开），待电容上充得较高的电压后让晶闸管导通，相当于开关闭合，电路开始正常工作。

图 12-5（c）所示电路采用保护电容进行浪涌保护。由于保护电容与整流二极管并联，在接通电源时，输入的电流除要经过二极管外，还会分流对保护电容充电，这样就减小了通过整流二极管的电流。当保护电容充电结束后，滤波电容 C 上也充得较高的电压，电流仅流过整流二极管，电路开始正常工作。

滤波电路使用的电容要求容量大、耐压高，若单个电容无法满足要求，可采用多个电容并联增大容量，或采用多个电容串联来提高耐压。电容串联后总容量减小，但每个串联电容两端承受的电压减小，电容两端承受的电压与容量成反比（$U_1/U_2 = C_2/C_1$），即电容串联后，容量小的电容两端要承受更高的电压。

图 12-6 所示电路中采用两个电容 C1、C2 串联来提高总耐压，为了使每个电容两端承受的电压相等，要求 C1、C2 的容量相同，这样总耐压就为两个电容耐压之和，如 C1、C2 耐压都为 250V，那么它们串联后可以承受 500V 电压。由于电容容量有较大的变化性，即使型号、容量都相同的电容，容量也可能有一定的差别。这样的两个电容串联后，容量小的电容两端承受的电压高，易被击穿；该电容击穿短路后，另一个电容要承受全部电压，也会被击穿。为了避免这种情况的出现，往往须在串联的电容两端并联阻值相同的均压电阻，使容量不同的电容两端承受的电压相同。图 12-6 所示均压电路中的电阻 R1、R2 就是均压电阻，它们的阻值相同，并且都并联在电容两端，当容量小的电容两端电压高时，该电容会通过并联的电阻放电来降低两端电压，使两个电容两端的电压保持相同。

（2）电感滤波电路

电感滤波电路如图 12-7 所示，它采用一个电感量很大的电感 L 作为滤波元件，该电感又称储能电感。工频电源经三相整流电路后有电流流过电感 L，当流过的电流 I 增大时，L 会产生左正右负的电动势阻碍电流增大，使电流慢慢增大；当流过的电流 I 减小时，L 会产生左负右正的电动势，该电动势产生的电流与整流电路送来的电流一起送往后级电路，这样送往后级电路的电流慢慢减小，即由于电感的作用，整流后送往逆变电路的电流变化很小。

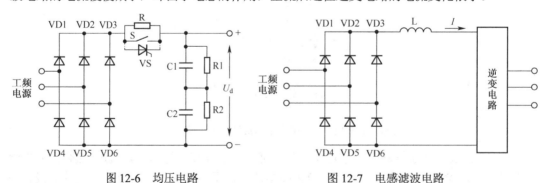

图 12-6　均压电路　　　　　图 12-7　电感滤波电路

2. 制动电路

变频器是通过改变输出交流电的频率来控制电机转速的。当需要电机减速时，变频器的逆变器输出交流电频率下降，由于惯性原因，电机减速时转子转速会短时高于定子绕组产生的旋转磁场转速（该磁场由变频器提供给定子绕组的交流电产生），电机处于再生发电状态，它会产生电动势通过逆变电路对滤波电容反充电，使电容两端电压升高。**为了避免在减速时工作在再生发电状态的电机对电容充电电压过高，同时也为了提高减速制动效果，通常在变频器的中间电路中设置制动电路。**

图 12-8 所示电路中虚线框内部分为制动电路，它由 R1、VT 构成。在对电机进行减速或制动控制时，由于惯性原因，电机转子的转速会短时高于绕组产生的旋转磁场的转速，电机工作在再生发电状态，这时的电机相当于一台发电机，电机绕组会产生反馈电流经逆变电路对电容 C 充电，C 上的电压 U_d 升高。为了避免过高的 U_d 电压损坏电路中的元器件，在制动或减速时，控制系统会将控制信号送到三极管 VT 的基极，VT 导通，电机通过逆变电路送来的反馈电流经 R1、VT 形成回路，不会对电容 C 充电。另外，该电流在流回电机绕组时会产生磁场，该磁场对转子产生很大的制动力矩，从而使电机快速由高速转为低速，回路电流越大，绕组产生的磁场对转子形成的制动力矩越大。当电机功率较大或电机需要频繁调速时，内部制动电阻 R1 容易发热损坏（内部制动电阻功率通常较小，且散热条件差），在这种情况下，可去掉 b、c 之间的短路片，在 a、c 间接功率更大的外部制动电阻 R。

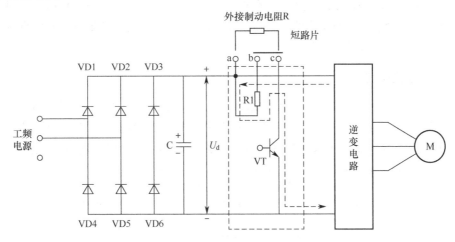

图 12-8　制动电路（虚线框内部分）

 ### 12.1.3　逆变电路

1. 逆变的基本原理

逆变电路的功能是将直流电转换成交流电。下面以图 12-9 所示电路来说明逆变的基本原理。

在电路工作时，给三极管 VT1、VT4 基极提供驱动脉冲 $U_{b1/4}$，给 VT2、VT3 基极提供驱动脉冲 $U_{b2/3}$。在 $0 \sim t_1$ 期间，VT1、VT4 基极的驱动脉冲为高电平，而 VT2、VT3 基极的驱动脉冲为低电平，VT1、VT4 导通，VT2、VT3 关断，有电流经 VT1、VT4 流过负载 R_L，电流途径是：电源 E 正极→VT1→R_L→VT4→电源 E 负极，R_L 两端的电压极性为左正右负；在 $t_1 \sim t_2$ 期间，VT2、VT3 基极的驱动脉冲为高电平，VT1、VT4 基极的驱动脉冲为低电平，VT2、VT3 导通，VT1、VT4 关断，有电流经 VT2、VT3 流过负载 R_L，电流途径是：电源 E 正极→VT3→R_L→VT2→电源 E 负极，R_L 两端电压的极性是左负右正。

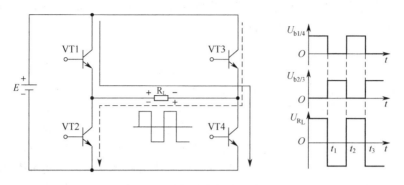

图 12-9　逆变的基本原理说明图

从上述过程可以看出，在直流电源供电的情况下，通过控制开关器件的通断可以改变流过负载的电流方向，负载两端电压的极性也会发生变化，该方向变化的电压即为交流电压，从而实现直-交转换功能。另外，不难发现，当驱动脉冲的频率变化时，负载两端的交流电压频率也会发生变化。例如，驱动脉冲 $U_{b1/4}$、$U_{b2/3}$ 频率升高时，负载两端得到的交流电压 U_{R_L} 频率也会随之升高。

2. 三相逆变电路

图 12-9 所示的逆变电路为单相逆变电路，只能将直流电压转换成一相交流电压，而变频器需要为电机提供三相交流电压，因此变频器采用三相逆变电路。图 12-10 所示是一种典型的三相逆变电路，R1、L1，R2、L2，R3、L3 分别为三相异步电机的三个绕组及直流电阻。

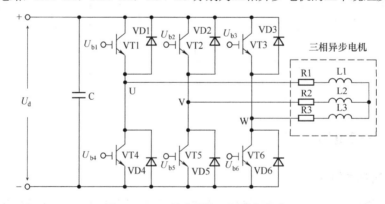

图 12-10　一种典型的三相逆变电路

电路工作过程说明如下。

当 VT1、VT5、VT6 基极的驱动脉冲均为高电平时，这 3 个 IGBT 都导通，有电流流过三相负载，电流途径是：U_d+→VT1→R1、L1，再分作两路，一路经 L2、R2、VT5 流到 U_d-，另一路经 L3、R3、VT6 流到 U_d-。

当 VT2、VT4、VT6 基极的驱动脉冲均为高电平时，这 3 个 IGBT 不能马上导通，因为 VT1 关断后流过三相负载的电流突然减小，L1 产生左负右正的电动势，L2、L3 均产生左正右负的电动势，这些电动势叠加对直流侧电容 C 充电，充电途径是：L2 左正→

VD2→C，L3 左正→VD3→C，两路电流汇合对 C 充电后，再经 VD4、R1 至 L1 左负。VD2 的导通使 VT2 集、射极电压相等，VT2 无法导通，VT4、VT6 也无法导通。当 L1、L2、L3 叠加电动势下降到 U_d 大小时，VD2、VD3、VD4 截止，VT2、VT4、VT6 开始导通，有电流流过三相负载，电流途径是：U_d+→VT2→R2、L2，再分作两路，一路经 L1、R1、VT4 流到 U_d-，另一路经 L3、R3、VT6 流到 U_d-。

当 VT3、VT4、VT5 基极的驱动脉冲均为高电平时，这 3 个 IGBT 不能马上导通，因为 VT2 关断后流过三相负载的电流突然减小，L2 产生左负右正的电动势，L1、L3 均产生左正右负的电动势，这些电动势叠加对直流侧电容 C 充电，充电途径是：L1 左正→VD1→C，L3 左正→VD3→C，两路电流汇合对 C 充电后，再经 VD5、R2 至 L2 左负。VD3 的导通使 VT3 集、射极电压相等，VT3 无法导通，VT4、VT5 也无法导通。当 L1、L2、L3 叠加电动势下降到 U_d 大小时，VD1、VD3、VD5 截止，VT3、VT4、VT5 开始导通，有电流流过三相负载，电流途径是：U_d+→VT3→R3、L3，再分作两路，一路经 L1、R1、VT4 流到 U_d-，另一路经 L2、R2、VT5 流到 U_d-。

以后的工作过程与上述相同，这里不再赘述。通过控制开关器件的导通、关断，三相逆变电路实现了将直流电压转换成三相交流电压的功能。

12.2　主电路实例分析

12.2.1　典型主电路实例分析一

图 12-11 所示是一种典型的变频器主电路。

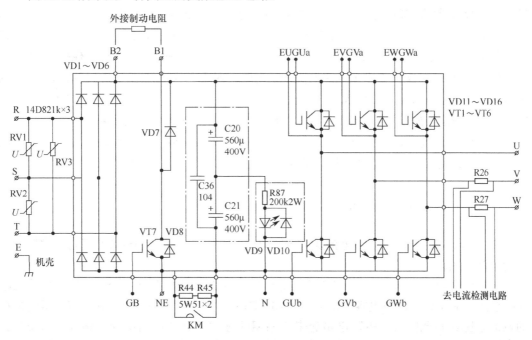

图 12-11　一种典型的变频器主电路

三相交流电压从 R、S、T 三个端子输入变频器，经 VD1～VD6 构成的三相桥式整流电路对滤波电容 C20、C21 充电，在 C20、C21 上得到很高的直流电压（如果输入的三相电压为 380V，C20、C21 上的电压可达到 500V 以上）。与此同时，驱动电路送来 6 路驱动脉冲，分别加到逆变电路 VT1～VT6 的栅、射极，VT1～VT6 工作，将直流电压转换成三相交流电压，从 U、V、W 端子输出，去驱动三相电机运转。

RV1～RV3 为压敏电阻，用于防止输入电压过高。当输入电压过高时，压敏电阻会击穿导通，输入电压被钳位在击穿电压上；输入电压恢复正常后，压敏电阻由导通恢复为截止。R44、R45、接触器 KM 组成开机充电保护电路，由于开机前滤波电容 C20、C21 两端电压为 0，在开机时，经整流二极管对 C20、C21 充电的电流很大，极易损坏整流二极管。为了保护整流二极管，在开机时让充电接触器 KM 触点断开（由控制电路控制），整流电路只能通过充电电阻 R44、R45 对 C20、C21 充电，由于电阻的限流作用，充电电流较小，待 C20、C21 两端电压达到较高值时，让 KM 触点闭合。

VT7、VD7、VD8 及 B1、B2 端外接的制动电阻组成制动电路。当对电机进行减速或制动控制时，由于惯性原因，电机转速短时偏高，它会工作在再生发电状态，电机绕组产生的电流通过逆变电路对 C20、C21 充电，使 C20、C21 两端的电压升高。该过高的电压除易击穿 C20、C21 外，还可能损坏整流电路和逆变电路。为了避免出现这种情况，在对电机进行减速或制动控制时，控制电路会发送一个控制信号到 VT7 的栅极，VT7 导通，电机绕组产生的反馈电流经逆变电路上半部二极管、外接制动电阻、VT7、KM 触点和逆变电路下半部二极管流回电机绕组，该电流使绕组产生的磁场对电机转子有制动作用，电流越大，制动效果越明显。另外，由于电机产生的电流主要经导通的 VT7 返回，故对 C20、C21 充电很少，C20、C21 两端电压升高很少，不会对主电路造成损坏。由于制动电阻的功率较大，通常使用合金丝绕制成的电阻，它是一种具有电感性质的电阻。在制动时，若 VT7 由导通转为截止，制动电阻会产生很高的左负右正的反峰电压，该电压易击穿 VT7。使用 VD7 后，制动电阻产生的反峰电压马上使 VD7 导通，反峰电压迅速释放而下降，保护了 VT7。

R87、VD9、VD10 构成主电路电源指示电路。在主电路工作时，C21 两端有 200V 以上电压，该电压使发光二极管 VD9 导通发光，指示主电路中存在直流电压；VD10 用于关机时为 C20 提供放电回路。R26、R27 为电流取样电阻，其阻值为毫欧级。如果逆变电路流往电机的电流过大，该大电流在流经 R26、R27 时，R26、R27 两端会得到较高的电压，该电压经电流检测电路处理后送至控制系统，使之作用于报警和停机等控制。

12.2.2　典型主电路实例分析二

图 12-12 所示是另一种典型的变频器主电路，它由主电路和为整流晶闸管提供触发脉冲的电路组成。

三相交流电压经 R、S、T 端子送入变频器，经 3 个晶闸管和 3 个二极管构成的三相半控桥式整流电路对滤波电容（由电容 C10～C15 串并联组成）充电，在电容上得到很高的直流电压。与此同时，驱动电路送来 6 路驱动脉冲，分别加到逆变电路 6 个 IGBT 的栅、射极，6 个 IGBT 工作，将直流电压转换成三相交流电压，从 U、V、W 端子输出，

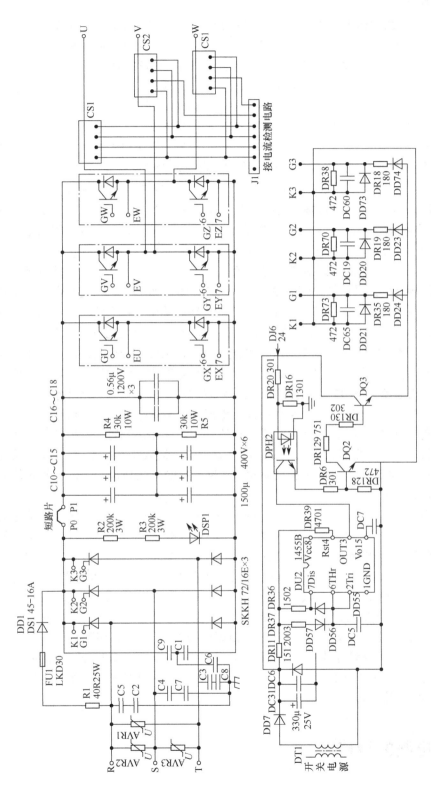

图 12-12　另一种典型的变频器主电路

去驱动三相电机运转。

R1、R2、R3 为压敏电阻，用于抑制过高的输入电压。C1～C9 为抗干扰电容，用于将三相交流电压中的高频干扰信号旁路到地，防止它们窜入主电路。R2、R3、DSP1 为主电路电源指示电路，当主电路中存在电压时，发光二极管 DSP1 会导通发光。C10～C15 通过串并联组成滤波电容，每个电容容量、耐压均为 1500μF/400V，6 只电容串并联后总容量/耐压为 2250μF/800V。由于电容容量大，在电机减速或制动时，电机再生电流短时对电容充电仅会使电容两端电压略有上升，这就像装相同量的水，大杯子水位上升较小杯子更少一样。滤波电容容量大，它对再生电流阻碍小，这样返回电机的再生电流较大（再生电流途径：电机→逆变电容上半部二极管→滤波电容→逆变电容下半部二极管→电机），再生电流产生的制动力矩可满足电机制动要求，因此主电路中未采用专门的制动电路。C16～C18 容量较小，主要用于滤除主电路中的高频干扰信号。CS1、CS2、CS3 为电流检测器件，当逆变电路输出电流过大时，这些元件会产生过流信号送至电流检测电路处理，再送给控制系统，使之作用于相应的保护控制。

本电路除未采用专门的制动电路外，也没有采用类似于图 12-11 所示的开机充电限流电路，它以开机预充电方式保护整流电路。R1、FU1、DD1 组成开机预充电电路，在开机时，三相整流电路中的 3 个晶闸管无触发脉冲不能导通，整个三相整流电路不工作，而 R 端子输入电压经 R1、FU1、DD1 对滤波电容 C10～C15 充电，充电电流途径为：R 端子→R1、FU1、DD1→P0、P1 之间的短路片→滤波电容 C10～C15→分作两路，一路经整流二极管到 S 端子，另一路经整流二极管到 T 端子。开机预充电电路对滤波电容预充较高的电压，然后给三相整流电路中的 3 个晶闸管发送触发脉冲，三相整流电路开始工作。由于滤波电容两端已充得一定电压，故不会再有冲击电流流过整流电路的整流元件。

本电路的整流电路采用三相半控桥式整流电路，它由 3 个晶闸管（可控整流元件）和 3 个整流二极管（不可控整流元件）组成。晶闸管工作时需要在 G、K 极之间加触发信号，该触发信号由 DU2（1455B，555 时基集成电路）、DQ2、DPH2 和 DQ3 等元件构成的晶闸管触发电路产生。

晶闸管触发电路工作原理：开机后，变频器的开关电源工作，其一路电压经变压器 DT1 送到二极管 DD7、DC31 构成的半波整流电路，在 DC31 上得到直流电压，该电压经电阻 DR11 送到 DU2 的电源脚（Vcc）。DU2 与外围元件组成多谐振荡器，从 OUT 脚（3 脚）输出脉冲信号，送到光电耦合器 DPH2。当控制系统通过端子排 24 脚发送一高电平到 DPH2 时，DPH2 内部的发光二极管发光，内部光敏管随之导通，DU2 输出的脉冲信号经 DPH2 送到三极管 DQ2 放大，再由 DQ3 进一步放大后输出，一分为三，分别经二极管 DD24、DD23、DD74 等元件处理后，得到 3 路触发脉冲，送到三相整流电路的 3 个晶闸管的 G、K 极，触发晶闸管导通，三相整流电路开始正常工作。DU2 外围未使用可调元件，故其产生的触发脉冲频率和相位是不可调节的，因此无法改变 3 个晶闸管的导通情况来调节整流输出的直流电压值。

12.3 主电路的检修

主电路工作在高电压、大电流状态下，是变频器故障率最高的电路。据不完全统计，主电路的故障率约为 40%，开关电源的故障率约为 30%，检测电路的故障率约为 15%，控制电路的故障率约为 15%。这意味着只要会检修主电路和开关电源，就能修好大部分变频器。

12.3.1　变频器电路的工作流程

变频器种类很多，但主电路结构大同小异，典型的主电路结构如图 12-13 所示，它由整流电路、限流电路（浪涌保护电路）、滤波电路（储能电路）、高压指示电路、制动电路和逆变电路组成。

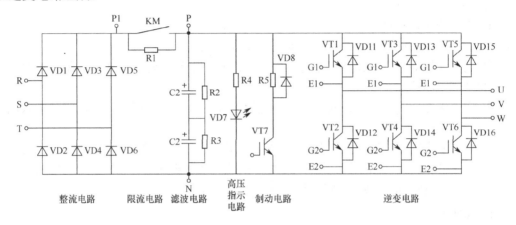

图 12-13　典型的主电路结构

变频器内部有很多电路，但都是围绕着主电路展开的，当主电路不工作或出现故障时，往往不是主电路本身的原因，而是由其他电路引起的。当变频器出现故障时，要站在系统的角度来分析故障原因，了解变频器电路的工作流程对分析变频器故障有非常大的帮助。

变频器接通输入电源后，输入电源经主电路的整流电路对储能电容充电，在储能电容两端得到 500V 以上的直流电压，该电压即为主电路电压。主电路电压一方面送到逆变电路，另一方面送到开关电源，开关电源将该电压转换成各种电压供给主电路以外的其他电路，CPU 获得供电后开始工作。当用户操作面板给 CPU 输入运行指令后，CPU 马上输出驱动脉冲，经驱动电路放大后送到逆变电路 6 个 IGBT 的 G、E 极，逆变电路在驱动脉冲的控制下开始工作，将主电路电压转换成三相交流电压从 U、V、W 端子输出，驱动电机运转。

在变频器运行过程中，CPU 通过检测电路检测主电路电压、逆变电路输出电流和整流逆变电路的温度，一旦发现主电路电压过高或过低，逆变电路输出电流过大或模块工作温度过高，CPU 会停止输出驱动脉冲让逆变电路停止工作，变频器无 U、V、W 相电压输出，同时 CPU 还会在面板显示器上显示相应的故障代码（如过压、欠压、过流和过热等）。

12.3.2　主电路各单元电路的常见故障

1. 整流电路

整流电路常见故障如下。

① 整流电路中的一个或多个整流二极管开路，会导致主电路直流电压（P、N 间的电

压）下降或无电压。

② 整流电路中的一个或多个整流二极管短路，会导致变频器的输入电源短路。如果变频器输入端接有断路器，断路器会跳闸，变频器无法接通输入电源。

2．限流电路

变频器在刚接通电源时，充电接触器触点断开，输入电源通过整流电路、限流电阻对滤波电容（或称储能电容）充电，当电容两端电压达到一定值时，充电接触器触点闭合，短接充电限流电阻。

限流电路的常见故障如下。

① 充电接触器触点接触不良，会使主电路的输入电流始终流过限流电阻，主电路电压会下降，使变频器出现欠电压故障，限流电阻易因长时间通过电流而烧坏。

② 充电接触器触点短路不能断开，在开机时充电限流电阻不起作用，整流电路易被过大的开机电流烧坏。

③ 充电接触器线圈开路或接触器控制电路损坏，触点无法闭合，主电路的输入电流始终流过限流电阻，限流电阻易烧坏。

④ 充电限流电阻开路，主电路无直流电压，高压指示灯不亮，变频器面板无显示。

对于一些采用晶闸管的限流电路，晶闸管相当于接触器触点，晶闸管控制电路相当于接触器线圈及控制电路，其故障特点与上述①～③一致。

3．滤波电路

滤波电路的作用是接受整流电路的充电而得到较高的直流电压，再将该电压作为电源供给逆变电路。

滤波电路常见故障如下。

① 滤波电容老化，容量变小或开路，主电路电压会下降，当容量低于标称容量的85%时，变频器的输出电压低于正常值。

② 滤波电容漏电或短路，会使主电路输入电流过大，易损坏接触器触点、限流电阻和整流电路。

③ 匀压电阻损坏，会使两只电容承受电压不同，承受电压高的电容易先被击穿，然后另一只电容承受全部电压也被击穿。

4．制动电路

在变频器减速过程中，制动电路导通，让再生电流回流电机，增加电机的制动力矩，同时也释放再生电流对滤波电容过充的电压。

制动电路常见故障如下。

① 制动管或制动电阻开路，制动电路失去对电机的制动功能，同时滤波电容两端会充得过高的电压，易损坏主电路中的元件。

② 制动电阻或制动管短路，主电路电压下降，同时增加整流电路负担，易损坏整流电路。

5．逆变电路

逆变电路的功能是在驱动脉冲的控制下，将主电路的直流电压转换成三相交流电压供给电机。逆变电路是主电路中故障率最高的电路。

逆变电路常见故障如下。

① 6 个开关器件中的一个或一个以上损坏，会造成输出电压抖动、断相或无输出电压现象。

② 同一桥臂的两个开关器件同时短路，则会使主电路的 P、N 之间直接短路，充电接触器触点、整流电路会有过大的电流通过而被烧坏。

12.3.3 不带电检修主电路

由于主电路电压高、电流大，如果在主电路未排除故障前通电检测，有可能使电路的故障范围进一步扩大。为了安全起见，在检修时通常先不带电检修，然后带电检修。

1. 整流电路（模块）的检测

整流电路由 6 个整流二极管组成，有的变频器将 6 个二极管做成一个整流模块。从图 12-13 中可以看出，整流电路输入端接外部的 R、S、T 端子，上桥臂输出端接 P1 端子，下桥臂输出端接 N 端子，故检测整流电路可不用拆开变频器外壳。整流电路的检测如图 12-14 所示，万用表拨至 R×1kΩ 挡，红表笔接 P1 端子，黑表笔依次接 R、S、T 端子，测量上桥臂 3 个二极管的正向电阻；然后调换表笔测上桥臂 3 个二极管的反向电阻。用同样的方法测 N 与 R、S、T 端子间的下桥臂 3 个二极管的正、反向电阻。

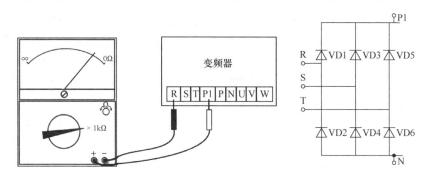

图 12-14 整流电路的检测

对于一个正常的二极管，其正向电阻小、反向电阻大。若测得正、反向电阻都为无穷大，则被测二极管开路；若测得正、反向电阻都为 0 或阻值很小，则被测二极管短路；若测得正向电阻偏大、反向电阻偏小，则被测二极管性能不良。

2. 逆变电路（模块）的检测

逆变电路由 6 个 IGBT（或三极管）组成，有的变频器将 6 个 IGBT 及有关电路做成一个逆变模块。从图 12-13 中可以看出，逆变电路输出端接外部的 U、V、W 端子，上桥臂输入端与 P 端子相通，下桥臂输入端与 N 端子相通，故检测逆变电路可不用拆开变频器外壳。由于正常的 IGBT 的 C、E 极之间的正、反向电阻均为无穷大，故检测逆变电路时可将 IGBT 视为不存在，逆变电路的检测与整流电路相同。

逆变电路的检测如图 12-15 所示，万用表拨至 R×1kΩ 挡，红表笔接 P 端子，黑表笔依次接 U、V、W 端子，测量上桥臂 3 个二极管的正向电阻和 IGBT 的 E、C 极之间的电阻；然后调换表笔测上桥臂 3 个二极管的反向电阻和 IGBT 的 C、E 极之间的电阻。用同样的方法测 N 与 U、V、W 端子间的下桥臂 3 个二极管和 IGBT 的 C、E 极之间的电阻。

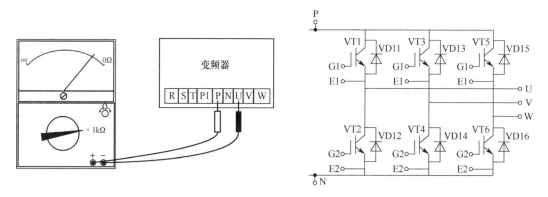

图 12-15　逆变电路的检测

对于一个正常的桥臂，IGBT 的 C、E 极之间的正、反向电阻均为无穷大，而二极管的正向电阻小、反向电阻大。若测得某桥臂正、反向电阻都为无穷大，则被测桥臂的二极管开路；若测得正、反向电阻都为 0 或阻值很小，则可能是被测桥臂二极管短路或 IGBT 的 C、E 极之间短路；若测得正向电阻偏大、反向电阻偏小，则被测二极管性能不良或 IGBT 的 C、E 极之间漏电。

在采用上述方法检测逆变电路时，只能检测二极管是否正常及 IGBT 的 C、E 极之间是否短路。如果需要进一步确定 IGBT 是否正常，可打开机器测量逆变电路 IGBT 的 G、E 极之间的正、反向电阻。如果取下驱动电路与 G、E 极之间的连线测量，G、E 极之间的正、反向电阻应均为无穷大，若不符合则为所测 IGBT 损坏；如果在驱动电路与 G、E 极保持连接的情况下测量，则 G、E 极之间的正、反向电阻约为几千至十几千欧。由于逆变电路具有对称性，上桥臂 3 个 IGBT 的 G、E 极之间电阻相同，下桥臂 3 个 IGBT 的 G、E 极之间电阻相同。如果某个桥臂 IGBT 的 G、E 极之间的电阻与其他们两个差距很大，则可能是该 IGBT 损坏或该路驱动电路有故障。

3．限流、滤波和制动电路的检测

在检测限流电路时，主要测量充电电阻、充电接触器触点和接触器线圈。正常的充电电阻值很小，如果阻值无穷大，则电阻开路，充电电阻开路故障较为常见；在不带电时充电接触器触点处于断开状态，如果测得阻值为 0，则为触点短路；如果测得接触器线圈阻值为无穷大，则为线圈开路。检测充电电阻和触点使用 R×1Ω 挡，检测接触器线圈使用 R×10Ω 或 R×100Ω 挡。

充电电阻功率很大，如果损坏后找不到功率相同或略大的电阻代换，可将多个电阻并联来增大功率。例如，100 只阻值为 1kΩ、功率为 0.5W 的电阻并联可相当于一只 50W、10Ω 的电阻。

在检测滤波电路时，先用万用表 R×10kΩ 挡测量储能电容的阻值，正常时正向阻值为无穷大或接近无穷大；然后可用电容表或带容量测量功能的数字万用表来检测储能电容的容量，如果发现电容容量与标称容量有较大差距，应考虑更换。

在检测制动电路时，主要用万用表欧姆挡检测制动电阻、制动管的好坏。

为了确保检测的准确性，除接触器触点可在路测量外，其他元件应拆下来测量。

 ### 12.3.4　变频器无输出电压的检修

1．故障现象

变频器无 U、V、W 相电压输出，但主电路 P、N 之间（储能电容两端）有 500V 以上的正常电压，高压指示灯亮。

2．故障分析

主电路 P、N 之间直流电压正常，说明整流、限流和滤波等电路基本正常，制动电路和逆变电路也不存在短路故障。变频器无输出电压的原因在于逆变电路不工作，因为逆变电路 3 个上桥臂同时开路的可能性非常小，而逆变电路不工作的原因在于无驱动脉冲。

根据前面介绍的变频器电路工作流程可知，逆变电路所需的驱动脉冲由 CPU 产生，并经驱动电路放大后提供，所以逆变电路不工作的原因可能在于 CPU 和驱动电路出现故障。另外，如果逆变电路的过流、过热等检测电路出现故障，也会使 CPU 识别失误而停止输出驱动脉冲。而且这些电路的工作电压都由开关电源提供，故开关电源出现故障也会使逆变电路不工作。

3．故障检修

该故障可能是由 CPU、驱动电路、开关电源或检测电路损坏引起的。检修过程如下。

① 检测开关电源有无输出电压，若无输出电压，应检查开关电源。

② 对变频器进行运行操作，同时用示波器测量 CPU 的驱动脉冲输出脚有无脉冲输出。若 CPU 有脉冲输出，故障应在驱动电路，它无法将 CPU 产生的驱动脉冲送到逆变电路；若 CPU 无脉冲输出，应检查 CPU 及检测电路。

在通电期间，禁止用万用表和示波器直接测量逆变电路 IGBT 的 G 极，因为测量时可能会产生干扰信号，将 IGBT 非正常触发导通而损坏。另外，严禁断开驱动电路后给逆变电路通电，因为逆变电路各 IGBT 的 G 极悬空后极易受到干扰而使 C、E 极之间导通。如果上、下桥臂 IGBT 同时导通，就将逆变电路的电源直接短路，IGBT 和供电电路会被烧坏。

关于开关电源、驱动电路、CPU 电路和检测电路的具体检修，可参阅后续相关章节内容。

 ### 12.3.5　主电路大量元件损坏的检修

1．故障现象

变频器不工作，主电路有大量元件被烧坏。

2．故障分析

主电路大量元件损坏，有可能是因为主电路中某元件出现短路（如储能电容短路），引起其他元件相继损坏；也可能是其他电路（如制动控制电路）出现故障，在电机减速制动时制动电路不能导通，电机的再生电流对储能电容充电过高而击穿储能电容或逆变电路的 IGBT，这些元件短路后又会使充电电阻和整流二极管进一步损坏。

3．故障检修

为了防止故障范围进一步扩大，应先不带电检修，然后带电检修。检修过程如下。

（1）不带电检修

用前面介绍的不带电检修方法，检测主电路的整流电路、逆变电路、限流电路、滤波电路和制动电路，找出故障元件后更换新元件。

（2）带电检修

找出故障元件并更换后可以通电试机，因为万用表的测量电压很低，可能无法检测出一些只有在通电情况下才表现出故障的元件。为了避免通电造成损失，在通电时可采取一些防护措施。

在通电前，将两只 220V、25W 的灯泡串联起来，接在整流电路和滤波电容之间，并将逆变电路也断开，如图 12-16 所示，其中灯泡起限流保护作用。当给变频器接通输入电源时，若电路正常，灯泡会亮一下后熄灭（输入电源经整流电路对储能电容充电的表现）；如果灯泡一直亮，则可能是储能电容 C1、C2 短路，制动管 VT7 短路，可断开制动管 VT7，若灯泡熄灭，则为制动管短路，若灯泡仍亮，则为储能电容短路。

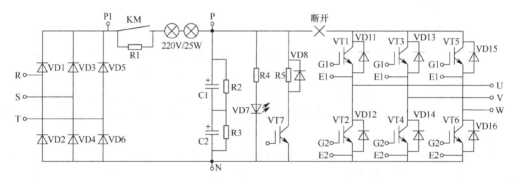

图 12-16　采用串接灯泡和断开电路的方法检查主电路

在确定滤波和制动电路正常后，将两只 220V、25W 的灯泡串接到逆变电路之前，如图 12-17 所示，然后对变频器进行空载（即 U、V、W 端子不接负载）通电试机，可能会出现以下情况。

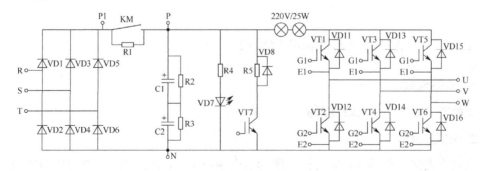

图 12-17　在逆变电路和前级电路之间串接灯泡

① 变频器通电待机时，灯泡亮。变频器通电待机时，驱动电路不会送驱动脉冲给逆变电路的 IGBT，所有的 IGBT 应处于截止状态，灯泡亮的原因为逆变电路某上、下桥臂存在漏电或短路现象，如 VT1、VT2 同时短路或漏电，用万用表测 VT1、VT2 可能是正常的，但在通电高压下故障会表现出来。

② 变频器通电待机时，灯泡不亮，但对变频器进行运行操作后灯泡一亮一暗闪烁。变频器运行时，驱动电路送驱动脉冲给逆变电路的 IGBT，灯泡闪亮说明流过灯泡的电流时大时小，其原因是某个 IGBT 损坏，如 VT2 短路，当 VT1 触发导通时，VT1、VT2 将逆变电路供电端短路，流过灯泡的电流很大而发出强光。

③ 变频器待机和运行时，灯泡均不亮。用万用表交流 500V 挡测量 U、V、W 端子的输出电压 U_{UV}、U_{UW}、U_{VW}，测量 U_{UV} 电压时，一支表笔接 U 端子，另一支表笔接 V 端子，发现三相电压平衡（相等），说明逆变电路工作正常，可给变频器接上负载进一步试机。

如果用万用表测得 U_{UV}、U_{UW}、U_{VW} 电压不相等，差距较大，其原因是某个 IGBT 开路或导通电阻变大。为了找出损坏的 IGBT，可用万用表直流 500V 挡分别测量 U、V、W 端子与 N 端子之间的直流电压。如果逆变电路正常，U、V、W 端子与 N 端子之间的电压约为主电路电压（530V 左右）的一半，约 260V。如果 U、N 之间的电压远远高于 260V 甚至等于 530V，说明 VT2 的 C、E 极之间导通电阻很大或开路（也可能是 VT2 无驱动脉冲）；如果 U、N 之间的电压远远低于 260V 甚至等于 0V，说明 VT1 的 C、E 极之间导通电阻很大或开路（也可能是 VT1 无驱动脉冲）。

变频器的电路原理与检修（二）

变频器内部除有主电路外，还有电源电路、驱动电路、检测电路和 CPU 电路等。电源电路的作用是为变频器内部电路提供工作电源，为了使电源电路具有较大的输出功率，变频器的电源电路采用开关电源。驱动电路的作用是将 CPU 电路产生的驱动脉冲进行放大并送给逆变电路。

13.1 电源电路详解与检修

13.1.1 开关电源的特点与工作原理

1．开关电源的特点

开关电源是一种应用很广泛的电源，常用在彩色电视机、变频器、计算机和复印机等功率较大的电子设备中。与线性稳压电源相比，**开关电源主要具有以下特点。**

① **效率高、功耗小。**开关电源的效率可达 80%以上，一般的线性电源效率只有 50%左右。

② **稳压范围宽。**例如，彩色电视机的开关电源稳压范围在 130～260V，性能优良的开关电源可达到 90～280V，而一般的线性电源稳压范围只有 190～240V。

③ **质量小、体积小。**开关电源不用体积大且笨重的电源变压器，只采用体积小的开关变压器，又因为效率高、损耗小，所以开关电源不用大的散热片。

开关电源虽然有很多优点，但电路复杂、维修难度大，且干扰性较强。

2．开关电源的基本工作原理

开关电源电路较复杂，但其基本工作原理却不难理解，下面以图 13-1 所示来说明开关电源的基本工作原理。

在图 13-1（a）中，当开关 S 合上时，电源 E 经 S 对 C 充电，在 C 上获得上正下负的电压；当开关 S 断开时，C 往后级电路（未画出）放电。若开关 S 闭合时间长，则电源 E 对 C 充电时间长，C 两端电压 U_o 会升高；反之，如果 S 闭合时间短，则电源 E 对 C 充电时间短，C 上充电少，C 两端电压会下降。由此可见，改变开关的闭合时间长短就能改变输出电压的高低。

在实际的开关电源中，开关 S 常用三极管来代替，如图 13-1（b）所示。该三极管称为开关管，并且在开关管的基极加一个控制信号（激励脉冲）来控制开关管的导通和截止。当控制信号高电平送到开关管的基极时，开关管基极电压会上升而导通，VT 的 c、e 极相当于短路，电源 E 经 VT 的 c、e 极对 C 充电；当控制信号低电平到来时，VT 基极电压下降而截止，VT 的 c、e 极相当于开路，C 往后级电路放电。如果开关管基极的控制信号高电平持续时间长，低电平持续时间短，电源 E 对 C 充电时间长，C 放电时间短，C 两端电压会上升。

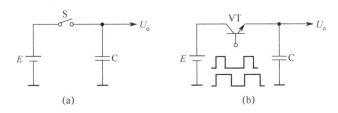

图 13-1　开关电源的基本工作原理

如果因某些原因使输入电源 E 下降，为了保证输出电压不变，可以让送到 VT 基极的脉冲更宽（即脉冲的高电平时间更长），VT 导通时间长，E 经 VT 对 C 充电时间长，即使电源 E 下降，但由于 E 对 C 的充电时间延长，仍可让 C 两端电压不会因 E 的下降而下降。

由此可见，**控制开关管导通、截止时间的长短就能改变输出电压或稳定输出电压，开关电源就是利用这个原理来工作的**。送到开关管基极的脉冲宽度可变化的信号称为 PWM 脉冲，PWM 意为脉冲宽度调制。

3. 3 种类型的开关电源工作原理分析

开关电源的种类很多，根据开关器件在电路中的连接方式不同，可分为串联型、并联型和变压器耦合型 3 种。

（1）串联型开关电源

串联型开关电源如图 13-2 所示。

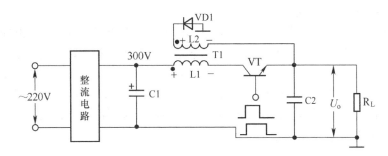

图 13-2　串联型开关电源

220V 交流市电经整流电路整流和 C1 滤波后，在 C1 上得到 300V 的直流电压（市电电压为 220V，该值是指有效值，其最大值可达到 $220\sqrt{2}$ V≈311V，故 220V 市电直接整流后可得到 300V 左右的直流电压），该电压经线圈 L1 送到开关管 VT 的集电极。

开关管 VT 的基极加有脉冲信号，当脉冲信号高电平送到 VT 的基极时，VT 饱和导通，300V 的电压经 L1 及 VT 的 c、e 极对电容 C2 充电，在 C2 上充得上正下负的电压，充电电流在经过 L1 时，L1 会产生左正右负的电动势阻碍电流，L2 上会感应出左正右负的电动势（同名端极性相同），续流二极管 VD1 截止；当脉冲信号低电平送到 VT 的基极时，VT 截止，无电流流过 L1，L1 马上产生左负右正的电动势，L2 上感应出左负右正的电动势，二极管 VD1 导通，L2 上的电动势对 C2 充电，充电途径是：L2 的右正→C2→地→VD2→L2 的左负，在 C2 上充得上正下负的电压 U_o，供给负载 R_L。

稳压过程：若 220V 市电电压下降，C1 上的 300V 电压也会下降，如果 VT 基极的脉冲宽度不变，在 VT 导通时，充电电流会因 300V 电压下降而减小，C2 充电少，两端的电压 U_o 会下降。为了保证在市电电压下降时 C2 两端的电压不会下降，可让送到 VT 基极的脉冲信号变宽（高电平持续时间长），VT 导通时间长，C2 充电时间长，C2 两端的电压又回升到正常值。

（2）并联型开关电源

并联型开关电源如图 13-3 所示。

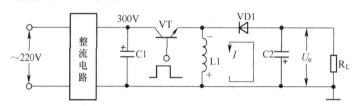

图 13-3　并联型开关电源

220V 交流电经整流电路整流和 C1 滤波后，在 C1 上得到 300V 的直流电压，该电压送到开关管 VT 的集电极。开关管 VT 的基极加有脉冲信号，当脉冲信号高电平送到 VT 的基极时，VT 饱和导通，300V 的电压产生电流经 VT、L1 到地，电流在经过 L1 时，L1 上会产生上正下负的电动势阻碍电流，同时 L1 中储存了能量；当脉冲信号低电平送到 VT 的基极时，VT 截止，无电流流过 L1，L1 马上产生上负下正的电动势，该电动势使续流二极管 VD1 导通，并对电容 C2 充电，充电途径是：L1 的下正→C2→VD1→L1 的上负，在 C2 上充得上负下正的电压 U_o，该电压供给负载 R_L。

稳压过程：若市电电压上升，C1 上的 300V 电压也会上升，流过 L1 的电流大，L1 储存的能量多，在 VT 截止时 L1 产生的上负下正电动势高，该电动势对 C2 充电，使电压 U_o 升高。为了保证在市电电压上升时 C2 两端的电压不会上升，可让送到 VT 基极的脉冲信号变窄，VT 导通时间短，流过线圈 L2 的电流时间短，L2 储能减小，在 VT 截止时产生的电动势下降，对 C2 充电电流减小，C2 两端的电压又回落到正常值。

（3）变压器耦合型开关电源

变压器耦合型开关电源如图 13-4 所示。

220V 的交流电压经整流电路整流和 C1 滤波后，在 C1 上得到 300V 的直流电压，该电压经开关变压器 T1 的初级线圈 L1 送到开关管 VT 的集电极。

开关管 VT 的基极加有控制脉冲信号，当脉冲信号高电平送到 VT 的基极时，VT 饱和导通，有电流流过 VT，其途径是：300V→L1→VT 的 c、e 极→地，电流在流经线圈 L1 时，L1 会产生上正下负的电动势阻碍电流，L1 上的电动势感应到次级线圈 L2 上，由于同名端的原因，L2 上感应的电动势极性为上负下正，二极管 VD 不能导通；当脉冲信号低电平送到 VT 的基极时，VT 截止，无电流流过线圈 L1，L1 马上产生相反的电动势，其极性是上负下正，该电动势感应到次级线圈 L2 上，L2 上得到上正下负的电动势，此电动势经二极管 VD 对 C2 充电，在 C2 上得到上正下负的电压 U_o，该电压供给负载 R_L。

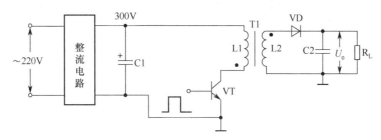

图 13-4　变压器耦合型开关电源

稳压过程：若 220V 的电压上升，经电路整流、滤波后在 C1 上得到的电压也上升，在 VT 饱和导通时，流经 L1 的电流大，L1 中储存的能量多；当 VT 截止时，L1 产生的上负下正电动势高，L2 上感应得到的上正下负电动势高，L2 上的电动势经 VD 对 C2 充电，在 C2 上充得的电压 U_o 升高。为了保证在市电电压上升时，C_2 两端的电压不会上升，可让送到 VT 基极的脉冲信号变窄，VT 导通时间短，电流流过 L1 的时间短，L1 储能减小，在 VT 截止时，L1 产生的电动势低，L2 上感应得到的电动势低，L2 上的电动势经 VD 对 C2 的充电减少，C2 上的电压下降，回到正常值。

 ### 13.1.2　电源电路的取电方式

对于彩色电视机、计算机等电子设备，其开关电源直接对 220V 市电进行整流获得直流电压，再经过处理得到其他各种更低的直流电压供给内部电路使用。

作为一种工业电气设备，变频器的开关电源取电方式有所不同，其取电方式主要有 3 种，如图 13-5 所示。图 13-5（a）所示开关电源的输入电压取自主电路储能电容（滤波电容）两端，即取自 P（+）、N（−）两端，输入电压达 530V；图 13-5（b）所示开关电源的输入电压取自主电路两只储能电容的中点电压，输入电压为 265V；图 13-5（c）所示电路采用变压器将 380V 电压降为 220V 供给开关电源，开关电源再利用整流电路将 220V 交流电压整流成 300V 左右的直流电压。

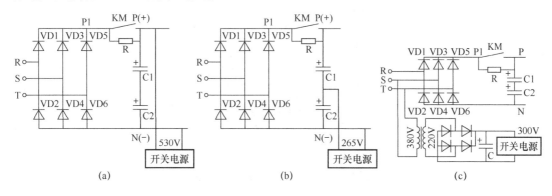

图 13-5　开关电源的 3 种取电方式

13.1.3　自激式开关电源典型电路分析

根据激励脉冲产生方式的不同，开关电源有自激式和他激式之分。图 13-6 所示是一种典型的自激式开关电源。

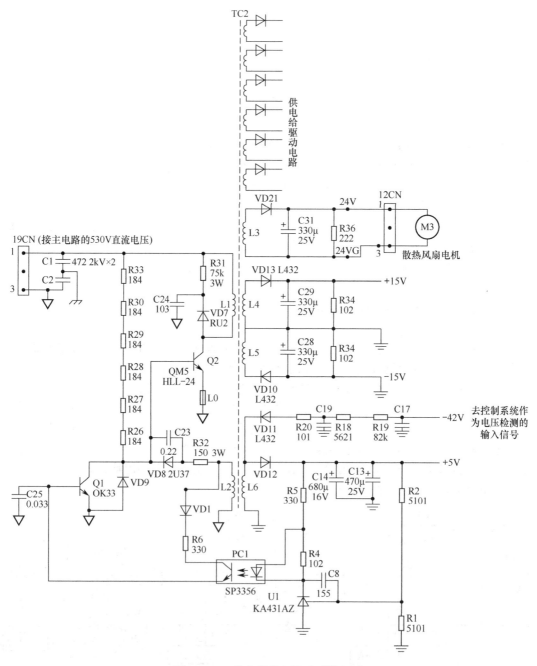

图 13-6　一种典型的自激式开关电源

自激式开关电源主要由启动电路、自激振荡电路和稳压电路组成，有的电源还设有保护电路。

（1）启动电路

R33、R30、R29、R28、R27、R26 为启动电阻。

主电路 530V 的直流电压经插件 19CN 送入开关电源，分作两路：一路经开关变压器 TC2 的 L1 线圈送到开关管 Q2 的 c 极；另一路经启动电阻 R33、R30、R29、R28、R27、R26 降压后为 Q2 提供 b 极电压，Q2 开始导通，有 I_b、I_c 电流产生，启动完成。

（2）自激振荡电路

由反馈元件 R32、VD8、C23 和反馈线圈 L2 组成正反馈电路，它们与开关管 Q2 及开关变压器 L1 线圈一起组成自激振荡电路。

自激振荡过程如下。

启动过程让开关管 Q2 由开机前的截止进入放大状态，Q2 有 I_c 电流流过，该 I_c 电流在流经开关变压器 TC2 的 L1 线圈时，L1 会产生上正下负的电动势 e_1 阻碍电流。该电动势感应到反馈线圈 L2，L2 上电动势为 e_2，其极性为上正下负。L2 的上正电压通过 R32、VD8//C23 反馈到开关管 Q2 的 b 极，U_{b2} 升高，I_{b2} 增大，I_{c2} 也增大，L1 上的电动势 e_1 增大，L2 上的感应电动势 e_2 增大，L2 的上正电压更高，从而形成强烈的正反馈，正反馈过程如下。

$$U_{b2} \uparrow \rightarrow I_{b2} \uparrow \rightarrow I_{c2} \uparrow \rightarrow e_1 \uparrow \rightarrow e_2 \uparrow \rightarrow \text{L2的上正电压} \uparrow$$

正反馈使开关管 Q2 由放大迅速进入饱和状态。

Q2 饱和后，I_{c2} 电流不再增大，e_1、e_2 电动势也不再增大，L2 上的 e_2 电动势产生电流流向 Q2 发射结，让 Q2 维持饱和状态。e_2 电动势输出电流的途径为：L2 上正→R32→VD8→Q2 发射结→电源地→L2 下负。电流的流出使 e_2 电动势越来越小，输出电流也越来越小，流经 Q2 发射结的 I_{b2} 电流也越来越小，当 I_{b2} 电流减小时 I_{c2} 也减小，即 I_{b2} 电流恢复了对 I_{c2} 电流的控制，Q2 则由饱和状态退出进入放大状态，I_{c2} 减小，流过 L1 线圈的电流也减小，L1 马上产生上负下正的电动势 e_1'，L2 则感应出上负下正的电动势 e_2'，L2 的上负电压通过 R32、VD8//C23 反馈到 Q2 的 b 极，U_{b2} 下降，I_{b2} 减小，I_{c2} 也减小，L1 上的电动势 e_1' 增大，L2 上的感应电动势 e_2' 增大，L2 的上负电压更低，从而形成强烈的正反馈，正反馈过程如下。

$$U_{b2} \downarrow \rightarrow I_{b2} \downarrow \rightarrow I_{c2} \downarrow \rightarrow e_1' \uparrow \rightarrow e_2' \uparrow \rightarrow \text{L2的上负电压} \downarrow$$

正反馈使开关管 Q2 由放大状态迅速进入截止状态。

Q2 截止后，e_1'、e_2' 电动势也不再增大，L2 上的 e_2' 电动势产生电流经 VD9 对电容 C23 充电，电流途径为：L2 下正→电源地→VD9→C23→R32→L2 上负，在 C23 上充得左正右负的电压。同时，+530V 电压也通过启动电阻 R33、R30、R29、R28、R27、R26 对 C23 充电，两者充电使 C23 左正电压逐渐升高，Q2 的 U_{b2} 电压也逐渐升高，当 U_{b2} 升高到 Q2 发射结导通电压时，Q2 由截止转为导通，进入放大状态，又有 I_c 电流流过开关变压器的 L1 线圈，L1 产生电动势 e_1，从而开始下一周期的振荡。

在电路中，开关管 Q2 在反馈线圈送来的激励脉冲控制下工作在开关状态，而开关管又参与激励脉冲的产生，这种开关管参与产生激励脉冲而又受激励脉冲控制的开关电源称为自激式开关电源。

在电路工作时，开关变压器 TC2 的 L1 线圈会产生上正下负电动势（Q2 导通时）和上负下正电动势（Q2 截止时），这些电动势会感应到次级线圈 L3～L6 上，这些线圈上的电动势经本路整流二极管对本路电容充电后，在电容上可得到上正下负的正电压或上负下正的负电压，再供给变频器有关电路。

（3）稳压电路

输出取样电阻 R1、R2 及三端基准稳压器 KA431AZ、光电耦合器 PC1 和线圈 L2、整流二极管 VD1、滤波电容 C23、脉宽调整管 Q1 等元件构成稳压电路。

在开关电源工作时，开关变压器 TC2 的 L6 线圈的上正下负感应电动势经二极管 VD12 对电容 C14 充电，在 C14 上充得+5V 电压，该电压经 R2、R1 分压后为 KA431AZ 的 R 极提供电压，KA431AZ 的 K、A 极之间导通，PC1 内的发光二极管导通发光，PC1 内的光敏管也导通，L2 线圈的上正下负电动势经 VD1、R6、光敏管对 C25 充电，在 C25 上得到上正下负电压，该电压送到 Q1 基极来控制 Q1 的导通程度，进而控制 Q2 基极的分流量，最终调节输出电压。

下面以开关电源输出电压偏高为例来说明稳压工作原理。

如果开关电源输入电压升高，在稳压调整前，各输出电压也会升高，其中 C14 两端电压也会上升，KA431AZ 的 R 极电压上升，K、A 极之间导通变深，流过 PC1 内部发光二极管的电流增大，PC1 内部的光敏管导通加深，L2 上的电动势经 VD1、PC1 内部光敏管对 C25 充电电阻变小，C25 上充得的电压更高，Q1 因基极电压上升而导通更深，对 Q2 基极分流更大，在 Q2 饱和时由 L2 流向 Q2 基极维持 Q2 饱和的 I_b 电流减小很快（L2 输出电流一路会经 Q1 构成回路），Q2 饱和时间缩短，L1 线圈流过电流时间短而储能减小，在 Q2 截止时 L1 产生的电动势低，L6 等各次级线圈上的感应电动势下降，各输出电压下降，回到正常值。

（4）其他元件及电路说明

R31、VD7、C24 构成阻尼吸收电路，在 Q2 由导通转为截止瞬间，L1 会产生很高的上负下正的反峰电压，该电压易击穿 Q2。采用阻尼吸收电路后，反峰电压经 VD7 对 C24 充电并经 R31 构成回路而迅速降低。VD11、C19、C17 等元件构成电压检测取样电路，L6 线圈的上负下正电动势经二极管 VD11 对 C17 充得上负下正约-42V 电压，送到控制系统作为电压检测取样信号。当主电路的直流电压上升时，开关电源输入电压上升，在开关管 Q2 导通时 L1 线圈产生的上正下负电动势更高，L6 感应得到的上负下正电动势也更高，C17 上充得的负压（上负下正电压）更低，控制系统通过检测该取样电压就能知道主电路的直流电压升高。该电压检测取样电路与开关电源其他次级整流电路非常相似，但它有一个明显的特点，就是采用容量很小的无极性电容作为滤波电容（普通的整流电路采用大容量的有极性电容作为滤波电容），这样取样电压可以更快地响应主电路直流电压的变化。很多变频器采用这种间接方式来检测主电路的直流电压变化情况。

 13.1.4　自激式开关电源的检修

开关电源有自激式和他激式两种类型，他激式开关电源采用独立的振荡器来驱动开关管工作，而自激式开关电源没有独立的振荡器，它采用开关管和正反馈电路一起组成振荡器，依靠自己参与的振荡来产生脉冲信号驱动自身工作。自激式开关电源的种类很多，但工作原理和电路结构大同小异，只要掌握了一种自激式开关电源的检修，就能很快学会检修其他类型的自激式开关电源。这里以图 13-6 所示的电路为例，来说明自激式开关电源的检修。

开关电源常见故障有无输出电压、输出电压偏低和输出电压偏高。

1．无输出电压的检修

（1）故障现象

变频器面板无显示，且操作无效，测开关电源各路输出电压均为 0V，而主电路电压正常（500V 以上）。

（2）故障分析

因为除主电路外，变频器其他电路供电均来自开关电源，当开关电源无输出电压时，其他各路无法工作，就会出现面板无显示、任何操作均无效的故障现象。

开关电源不工作的主要原因如下。

① 主电路的电压未送到开关电源，开关电源无输入电压。

② 开关管损坏。

③ 开关管基极的上偏元件（R26～R30、R33）开路，或下偏元件（Q1、VD9）短路，均会使开关管基极电压为 0V，开关管始终处于截止状态，开关变压器的 L1 线圈无电流通过而不会产生电动势，次级线圈也就不会有感应电动势。

（3）故障检修

检修过程如下。

① 测量开关管 Q2 的 c 极有无 500V 以上的电压，如果电压为 0V，可检查 Q2 的 c 极至主电路之间的元件和线路是否开路，如开关变压器 L1 线圈、接插件 19CN。虽然 C1、C2、Q2 短路也会使 Q2 的 c 极电压为 0V，但它们短路也会使主电路电压不正常。

② 当开关管 Q2 的 c 极有 500V 以上电压时，可测量 Q2 的 U_{be} 电压，如果 $U_{be}>0.8V$，一般为 Q2 的发射结开路；如果 $U_{be}=0V$，可能是 Q2 的发射结短路、L0 开路、Q2 基极的上偏元件 R26～R30、R33 开路，或 Q2 的下偏元件 Q1、VD9 短路。

③ 在检修时，如果发现开关管 Q2 损坏，更换后不久又损坏，可能是阻尼吸收电路（R31、C24、VD7）损坏，不能吸收 L1 产生的很高的反峰电压；也可能是反馈电路（L2、R32、C23、VD8）存在开路，反馈信号无法送到 Q2 的基极，Q2 一直处于导通状态，Q2 长时间通过很大的 I_c 电流而被烧坏；还有可能是 Q1 开路，或稳压电路存在开路使 Q1 始终截止，无法对开关管 Q2 的 b 极进行分流，Q2 因 U_{b2} 电压偏高、饱和时间长而被烧坏。

2．输出电压偏低的检修

（1）故障现象

开关电源各路输出电压均偏低，开关电源输入电压正常。

（2）故障分析

如果仅某路输出电压不正常，则为该路整流滤波和负载电路出现故障所致；现各路输出电压均偏低，故障原因应是开关电源主电路不正常。开关电源输出电压偏低的主要原因如下。

① 开关管基极的上偏元件（R26～R30、R33）阻值变大，或下偏元件（Q1、VD9）漏电，均会使开关管基极电压偏低，开关管 Q2 因基极电压偏低而饱和时间缩短，L1 线圈通过电流的时间短、储能少，产生的电动势也低，感应到次级线圈的电动势随之下降，故各路输出电压偏低。

② 稳压电路存在故障使 Q1 导通程度深，而使开关管 Q2 基极电压低，如光电耦合器 PC1 的光敏管短路， KA431AZ 的 A、K 极之间短路，R1 阻值变大等。

③ 开关变压器的 L1、L2 线圈存在局部短路现象，其产生的电动势下降。

（3）故障检修

检修过程如下。

① 测量开关管 Q2 的 U_{be} 电压，同时用导线短路稳压电路中的 R1，相当于给稳压电路输入一个低取样电压。如果稳压电路正常，KA431AZ 的 A、K 极之间导通变浅，光耦 PC1 导通也变浅，调整管 Q1 基极电压下降，导通变浅，对开关管 Q2 基极的分流降低，Q2 基极电压应该有变化。如果 Q2 的 U_{be} 电压没有变化或变化不明显，应检查稳压电路。

② 检查开关管 Q2 基极的上偏元件（R26～R30、R33）是否阻值变大，检查 Q1、VD9、VD8、C23 等元件是否存在漏电现象。

③ 检查开关变压器温度是否偏高，若是，可更换变压器。

3. 输出电压偏高的检修

（1）故障现象

开关电源各路输出电压均偏高，开关电源输入电压正常。

（2）故障分析

开关电源输出电压偏高的故障与输出电压偏低是相反的，其原因也相反。开关电源输出电压偏高的主要原因如下。

① 开关管基极的上偏元件（R26～R30、R33）阻值变小，或下偏元件 Q1 开路，均会使开关管基极电压偏高，开关管 Q2 因基极电压偏高而饱和时间延长，L1 线圈因通过电流的时间长而储能多，产生的电动势升高，感应到次级线圈的电动势随之上升，故各路输出电压偏高。

② 稳压电路存在故障使 Q1 导通程度变浅或截止，而使开关管 Q2 基极电压升高，如 VD1、R6、PC1 开路，KA431AZ 的 A、K 极之间开路，R2 阻值变大等。

③ 稳压电路取样电压下降，如 C13、C14 漏电，L6 线圈局部短路均会使+5V 电压下降，稳压电路认为输出电压偏低，马上将 Q1 的导通程度调浅，让开关管 Q2 导通时间变长，开关电源输出电压上升。

（3）故障检修

检修过程如下。

① 测量开关管 Q2 的 U_{be} 电压，同时用导线短接 R2，如果稳压电路正常，KA431AZ 的 A、K 极之间导通变深，光耦 PC1 导通也变深，调整管 Q1 基极电压上升，导通变深，

对开关管 Q2 基极的分流增大，Q2 基极电压应该有变化。如果 Q2 的 U_{be} 电压没有变化或变化不明显，应检查稳压电路。

② 检查开关管 Q2 基极的上偏元件（R26～R30、R33）是否阻值变小，检查 Q1 等元件是否开路。

③ 检查 C13、C14 是否漏电或短路，L6 是否开路或短路，VD12 是否开路。

13.1.5　他激式开关电源典型电路分析

有些变频器采用自激式开关电源，有些变频器采用他激式开关电源，两种类型电源的区别在于：自激式开关电源的开关管参与激励脉冲的产生，即开关管是振荡电路的一部分，而他激式开关电源的激励脉冲由专门的振荡电路产生，开关管是独立的。图 13-7 所示是一种典型的他激式开关电源。

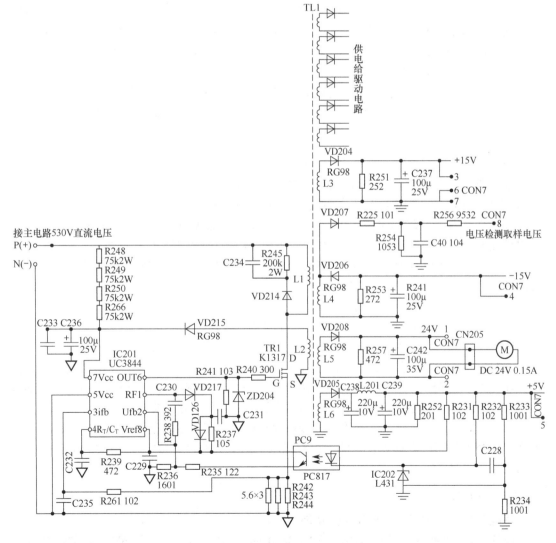

图 13-7　一种典型的他激式开关电源

1．电路说明

他激式开关电源主要由启动电路、振荡电路、稳压电路和保护电路组成。

（1）启动电路

R248、R249、R250 和 R266 为启动电阻。

主电路 530V 的直流电压送入开关电源，分作两路：一路经开关变压器 TL1 的 L1 线圈送到开关管 TR1（增强型 N 沟道 MOS 管）的 D 极；另一路经启动电阻 R248、R249、R250 和 R266 对电容 C236 充电，C236 两端电压加到集成电路 UC3844 的 7 脚，当 C236 两端电压上升到 16V 时，UC3844 内部的振荡电路开始工作，启动完成。

（2）振荡电路

UC3844 及外围元件构成振荡电路。当 UC3844 的 7 脚电压达到 16V 时，内部的振荡电路开始工作，从 6 脚输出激励脉冲，经 R240 送到开关管 TR1 的 G 极，在激励脉冲的控制下，TR1 工作在开关状态。当 TR1 处于开状态（D、S 极之间导通）时，有电流流过开关变压器的 L1 线圈，线圈会产生上正下负的电动势；当 TR1 处于关状态（D、S 极之间断开）时，L1 线圈会产生上负下正的电动势，L1 上的电动势感应到 L2～L6 等线圈上，经各路二极管整流后可得到各种直流电压。

UC3844 芯片内部有独立的振荡电路，获得正常供电后就能产生激励脉冲。开关管不是振荡电路的一部分，不参与振荡。这种激励脉冲由独立振荡电路产生的开关电源称为他激式开关电源。

（3）稳压电路

输出取样电阻 R233、R234，三端基准稳压器 L431，光电耦合器 PC9，电阻 R235、R236 及 UC3844 的 2 脚内部有关电路共同组成稳压电路。

开关变压器 L6 线圈上的电动势经 VD205 整流和 C238、C239 滤波后得到+5V 电压，该电压经 R233、R234 分压后送到 L431 的 R 极，L431 的 A、K 极之间导通，有电流流过光电耦合器 PC9 的发光管，发光管导通，光敏管也随之导通。UC3844 8 脚输出的+5V 电压经 PC9 的光敏管和 R235、R236 分压后，给 UC3844 的 2 脚送入一个电压反馈信号，控制内部振荡器产生的激励脉冲的宽度。

如果主电路 530V 电压上升或开关电源的负载减轻，均会使开关电源的输出电压上升，L6 线圈一路上的+5V 电压上升，经 R233、R234 分压后送到 L431 R 极的电压上升，L431 的 A、K 极之间导通变深，流过 PC9 的发光管电流增大，发光管发出光线强，光敏管导通变深，UC3844 8 脚输出的+5V 电压经 PC9 的光敏管和 R235、R236 分压给 UC3844 2 脚的电压更高，该电压使 UC3844 内部振荡器产生的激励脉冲的宽度变窄，开关管 TR1 导通时间变短，开关变压器 TL1 的 L1 线圈储能减少，其产生的电动势下降，开关变压器各次级线圈上的感应电动势也下降（相对稳压前的上升而言），经整流滤波后得到的电压降回正常值。

（4）保护电路

该电源具有欠压保护、过流保护功能。

UC3844 内部有欠压锁定电路，当 UC3844 的 7 脚输入电压大于 16V 时，欠压锁定电路开启，7 脚电压允许提供给内部电路；若 7 脚电压低于 10V，欠压锁定电路断开，切断 7 脚电压的输入途径，UC3844 内部振荡器不工作，6 脚无激励脉冲输出，开关管 TR1 截止，开关变压器线圈上无电动势产生，开关电源无输出电压，实现输入欠压保护功能。

开关管 TR1 的 S 极所接电流取样电阻 R242、R243、R244 及滤波电路 R261、C235 构成过流检测电路。在开关管导通时，有电流流过取样电阻 R242//R243//R244，取样电阻两端有电压，该电压经 R261 对 C235 充电，在 C235 上充得一定的电压；开关管截止后，C235 通过 R261、R242//R243//R244 放电。当开关导通时间长、截止时间短时，C235 充电时间长、放电时间短，C235 两端的电压高；反之，C235 两端的电压低，C235 两端的电压送到 UC3844 的 3 脚，作为电流检测取样输入。如果开关电源的负载短路，开关电源的输出电压会下降，为了提高输出电压，稳压电路会降低 UC3844 的 2 脚电压，使内部振荡器产生的激励脉冲变宽，开关管 TR1 导通时间变长，截止时间变短，C235 两端的电压升高，UC3844 的 3 脚电压也升高。如果该电压达到一定值，UC3844 内部的振荡器将停止工作，6 脚无激励脉冲输出，开关管 TR1 截止，开关电源停止输出电压，不但可以防止开关管长时间通过大电流而被烧坏，还可以在负载出现短路时停止输出电压，避免负载电路的故障范围进一步扩大。

（5）其他元件及电路说明

R245、VD214、C234 构成阻尼吸收电路，吸收开关管 TR1 由导通转为截止时 L1 线圈产生的很高的上负下正的反峰电压，防止反峰电压击穿开关管。L2、VD215、C233、C236 为二次供电电路，在开关电源工作后，L2 上的电动势经 VD215、C233、C236 整流滤波后为 UC3844 的 7 脚提供电压，减轻启动电阻供电负担。R239、C232 为 UC3844 内部振荡电路的定时元件，改变 R239、C232 的值可以改变振荡电路产生的激励脉冲的频率。R238、C230 为阻容反馈电路，UC3844 的 2 脚输出信号通过 R238、C230 反馈到 1 脚，改善内部放大器的性能。VD217、VD126、R237 用于限制 UC3844 的 1 脚输出信号的幅度，输出信号幅度最大不超过 6.4V（5V+0.7V+0.7V）。ZD204 用于消除开关管 TR1 G 极的正向大幅度干扰信号，在脉冲高电平送到开关管 G 极时，高电平会对 G、S 极之间的结电容充上一定电荷，高电平过后，结电容上的电荷可通过 R241 快速释放，这样可使开关管快速由导通转为截止。

VD207、R225、C40 等元件构成主电路电压取样电路，当主电路的直流电压上升时，开关电源输入电压上升，开关变压器 L1 线圈产生的电动势更高，L4 上的感应电动势更高，它经 VD207 对 C40 充电，在 C40 上得到的电压更高，控制系统通过检测该取样电压就能知道主电路的直流电压升高，以做出相应的控制。

2. UC3844 介绍

UC3844 是一种高性能控制器芯片，可产生最高频率达 500kHz 的 PWM 激励脉冲。该芯片内部具有可微调的振荡器、高增益误差放大器、电流取样比较器和大电流双管推挽功率放大输出电路，是驱动功率 MOS 管的理想器件。

（1）两种封装形式

如图 13-8 所示，UC3844 有 8 脚和 14 脚两种封装形式，分别为 8 脚双列直插塑料封装（DIP）和 14 脚塑料表面贴装封装（SO-14），SO-14 封装芯片的双管推挽功率放大输出电路具有单独的电源和接地引脚。UC3844 有 16V（通）和 10V（断）低压锁定门限，UC3845 的结构外形与 UC3844 相同，但是 UC3845 的低压锁定门限为 8.5V（通）和 7.6V（断）。

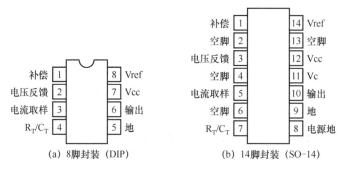

图 13-8   UC3844 的两种封装形式

（2）内部结构及引脚说明

UC3844 的内部结构及典型外围电路如图 13-9 所示。UC3844 各引脚功能说明如表 13-1 所示。

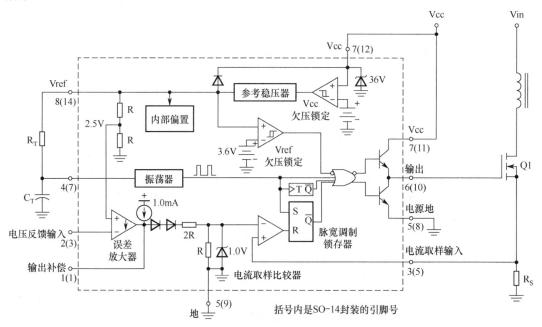

图 13-9   UC3844 的内部结构及典型外围电路

表 13-1   UC3844 各引脚功能说明

引脚号		功 能	说 明
8 引脚	14 引脚		
1	1	补偿	该引脚为误差放大输出，并可用于环路补偿
2	3	电压反馈	该引脚是误差放大器的反相输入，通常通过一个电阻分压器连接至开关电源输出
3	5	电流取样	一个正比于电感器电流的电压接到这个输入，脉宽调制器使用此信息中止输出开关的导通

（续表）

引脚号		功　能	说　　明
8 引脚	14 引脚		
4	7	R_T/C_T	通过将电阻 R_T 连至 Vref 并将电容 C_T 连至地，使振荡器频率和最大输出占空比可调。工作频率可达 1.0MHz
5	—	地	该引脚是控制电路和电源的公共地（仅对 8 引脚封装而言）
6	10	输出	该输出直接驱动功率 MOSFET 的栅极，高达 1.0A 的峰值电流由此引脚拉和灌，输出开关频率为振荡器频率的一半
7	12	Vcc	该引脚是控制集成电路的正电源
8	14	Vref	该引脚为参考输出，它经电阻 R_T 向电容 C_T 提供充电电流
—	8	电源地	该引脚是一个接回到电源的分离电源地返回端（仅对 14 引脚封装而言），用于减小控制电路中开关瞬态噪声的影响
—	11	Vc	输出高态（V_{oH}）由加到此引脚的电压设定（仅对 14 引脚封装而言）。通过分离的电源连接，可以减小控制电路中开关瞬态噪声的影响
—	9	地	该引脚是控制电路地返回端（仅对 14 引脚封装而言），并被接回电源地
—	2、4、6、13	空脚	无连接（仅对 14 引脚封装而言）。这些引脚没有内部连接

13.1.6　他激式开关电源的检修

他激式开关电源由独立的振荡器来产生激励脉冲，开关管不参与构成振荡器，他激式开关电源的振荡器通常由一块振荡芯片配以少量的外围元件构成。由于振荡器与开关管相互独立，相对于自激式开关电源来说，检修他激式开关电源更容易一些。

他激式开关电源常见故障有无输出电压、输出电压偏低和输出电压偏高。下面以图 13-7 所示的电源电路为例，来说明他激式开关电源的检修。

1．无输出电压的检修

（1）故障现象

变频器面板无显示，且操作无效，测开关电源各路输出电压均为 0V，而主电路电压正常（500V 以上）。

（2）故障分析

因为除主电路外，变频器其他电路供电均来自开关电源，当开关电源无输出电压时，其他各电路无法工作，就会出现面板无显示、任何操作均无效的故障现象。

开关电源不工作的主要原因如下。

① 主电路的电压未送到开关电源，开关电源无输入电压。

② 开关管损坏。

③ 开关管的 G 极无激励脉冲，始终处于截止状态。无激励脉冲的原因可能是振荡器芯片或其外围元件损坏，不能产生激励脉冲，也可能是保护电路损坏使振荡器停止工作。

（3）故障检修

检修过程如下。

① 测量开关管 TR1 的 D 极有无 500V 以上的电压，如果电压为 0V，可检查 TR1 的

D 极至主电路之间的元件和线路是否开路，如开关变压器 L1 线圈、接插件。

② 将万用表拨至交流 2.5V 挡，给红表笔串接一只 100μF 的电容（隔直）后接开关管 TR1 的 G 极电压，黑表笔接电源地（N 端子或 UC3844 的 5 脚），如果表针有一定的指示值，表明开关管 TR1 的 G 极有激励脉冲，无输出电压可能是开关管损坏，可拆下 TR1，检测其好坏。

③ 如果开关管 G 极无脉冲输入，而 R240、R241、ZD204 又正常，那么 UC3844 的 6 脚肯定无脉冲输出，应检查 UC3844 及外围元件和保护电路，具体检查过程如下。

a. 测量 UC3844 的 7 脚电压是否在 10V 以上，若在 10V 以下，UC3844 内部的欠压保护电路动作，停止从 6 脚输出激励脉冲，应检查 R248～R250、R266 是否开路或变值，C233、C236、VD215 是否短路或漏电。

b. 检查电流取样电阻 R242～R244 是否存在开路，因为一个或两个取样电阻开路均会使 UC3844 的 3 脚输入取样电压上升，内部的电流保护电路动作，UC3844 停止从 6 脚输出激励脉冲。

c. 检查 UC3844 4 脚外围的 C232、R239，这两个元件是内部振荡器的定时元件，如果损坏会使内部振荡器不工作。

d. 检查 UC3844 其他脚的外围元件，如果外围元件均正常，可更换 UC3844。

在检修时，如果发现开关管 TR1 损坏，更换后不久又损坏，可能是阻尼吸收电路 C234、R245、VD214 损坏，也可能是 R240 阻值变大，ZD204 反向漏电严重，送到开关管 G 极的激励脉冲幅度小，开关管导通、截止不彻底，使功耗增大而烧坏。

2. 输出电压偏低

（1）故障现象

开关电源各路输出电压均偏低，开关电源输入电压正常。

（2）故障分析

开关电源输出电压偏低的主要原因如下。

① 稳压电路中的某些元件损坏，如 R234 开路，会使 L431 的 A、K 极之间导通变深，光电耦合器 PC9 导通也变深，UC3844 的 2 脚电压上升，内部电路根据该电路判断开关电源输出电压偏高，马上让 6 脚输出高电平持续时间短的脉冲，开关管导通时间缩短，开关变压器 L1 线圈储能减少，产生的电动势低，次级线圈的感应电动势低，输出电压下降。

② 开关管 G 极所接的元件存在故障。

③ UC3844 性能不良或外围某些元件变值。

④ 开关变压器的 L1 线圈存在局部短路，其产生的电动势下降。

（3）故障检修

检修过程如下。

① 检查稳压电路中的有关元件，如 R234 是否开路，L431、PC9 是否短路，R236 是否开路等。

② 检查 R240、R241 和 ZD204。

③ 检查 UC3844 的外围元件，如果外围元件正常可更换 UC3844。

④ 检查开关变压器温度是否偏高，若是，可更换变压器。

3．输出电压偏高

（1）故障现象

开关电源各路输出电压均偏高，开关电源输入电压正常。

（2）故障分析

开关电源输出电压偏高的主要原因如下。

① 稳压电路中的某些元件损坏，如 R233 阻值变大，会使 L431 的 A、K 极之间导通变浅，光电耦合器 PC9 导通也变浅，UC3844 的 2 脚电压下降，内部电路根据该电路判断开关电源输出电压偏低，马上让 6 脚输出高电平持续时间长的脉冲，开关管导通时间变长，开关变压器 L1 线圈储能增加，产生的电动势高，次级线圈的感应电动势高，输出电压升高。

② 稳压取样电压偏低，如 C238、C239 漏电，L6 局部短路等均会使+5V 电压下降，稳压电路认为输出电压偏低，会让 UC3844 输出高电平更宽的激励脉冲，让开关管导通时间更长，开关电源输出电压升高。

③ UC3844 性能不良或外围某些元件变值。

（3）故障检修

检修过程如下。

① 检查稳压电路中的有关元件，如 R233 是否变值或开路，L431、PC9、R235 是否开路等。

② 检查 C238、C239 是否漏电或短路，VD205、L201 是否开路，L6 是否开路或局部短路。

③ 检查 UC3844 的外围元件，如果外围元件正常可更换 UC3844。

13.2　驱动电路详解与检修

驱动电路的功能是将 CPU 产生的驱动脉冲进行放大，然后输出去控制逆变电路开关器件的通断，让逆变电路将直流电压转换成三相交流电压，去驱动三相电机运转。如果改变驱动脉冲的频率，逆变电路的开关器件通断频率就会变化，转换成的三相交流电压频率也会变化，电机的转速会随之发生变化。

13.2.1　驱动电路与其他电路的连接

驱动电路的输入端要与 CPU 连接，以接收 CPU 送来的驱动脉冲；驱动电路的输出端要与逆变电路连接，以将放大的驱动脉冲送给逆变电路；驱动电路还要与开关电源连接，以获得供电。驱动电路与其他电路的连接如图 13-10 所示。

由 CPU 产生 6 路驱动脉冲信号，分别送到 6 个驱动电路进行放大，放大后的 6 路驱动脉冲分别送到逆变电路 6 个 IGBT 的 G、E 极。

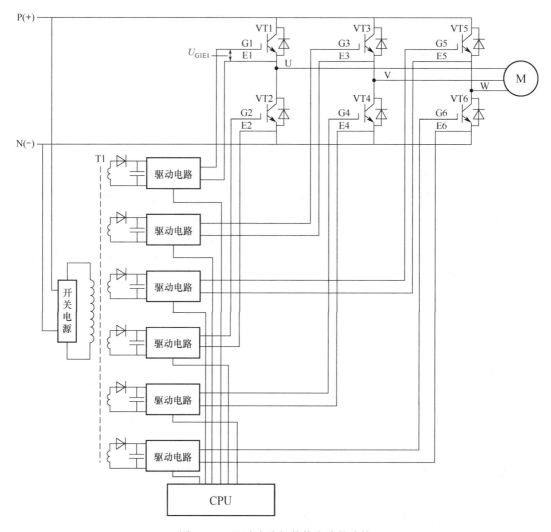

图 13-10　驱动电路与其他电路的连接

　　开关电源次级线圈上的感应电动势经整流滤波后得到电压，将这些电压提供给各路驱动电路作为电源。由于变压器对电压有隔离作用，故驱动电路的电压与主电路的电压是相互独立的，主电路 P+端子电压为 530V 是针对 N-端子而言的，由于驱动电路与主电路相互隔离，故 P+端子针对驱动电路中的任意一点而言电压都为 0。如果使用万用表直流电压挡，红表笔接 P+端子，黑表笔接驱动电路的任意一处，测得的电压将为 0V（可能会有较低的感应电压）。因此不管逆变电路各 IGBT 的 E 极电压针对 N-端子为多大，只要驱动电路提供给 IGBT 的脉冲电压 U_{GE} 大于开启电压，IGBT 就能导通。

 13.2.2　驱动电路的基本工作原理

　　为了让逆变电路的 IGBT 工作在导通、截止状态，要求驱动电路能将 CPU 送来的脉冲信号转换成幅度合适的正、负驱动脉冲。下面以图 13-11 为例来说明驱动电路的基本工作原理。

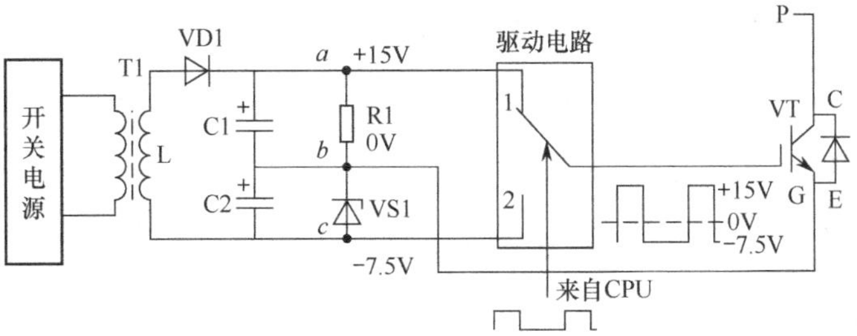

图 13-11　驱动电路基本工作原理说明图

开关变压器 T1 次级线圈上的感应电动势经 VD1 对 C1、C2 充电，在 C1、C2 两端充得 22.5V 电压，稳压二极管 VS1 的稳压值为 7.5V，VS1 两端电压维持 7.5V 不变（超过该值 VS1 会反向导通），电阻 R1 两端电压则为 15V，a、b、c 点电压关系为 $U_a > U_b > U_c$，如果将 b 点电位当作 0V，那么 a 点电压为 +15V，c 点电压为 -7.5V。在电路工作时，CPU 产生的驱动脉冲送到驱动芯片内部，当脉冲高电平到来时，驱动芯片内部等效开关接"1"，a 点电压经开关送到 IGBT 的 G 极，IGBT 的 E 极固定接 b 点，IGBT 的 G、E 极之间电压 $U_{GE}=+15V$，正电压 U_{GE} 使 IGBT 导通；当脉冲低电平到来时，驱动芯片内部等效开关接"2"，c 点电压经开关送到 IGBT 的 G 极，IGBT 的 E 极固定接 b 点，故 IGBT 的 G、E 极之间的 $U_{GE}=-7.5V$，负电压 U_{GE} 可以有效地使 IGBT 截止。

从理论上讲，在 IGBT 的 $U_{GE}=0V$ 时就能截止，但实际上 IGBT 的 G、E 极之间存在结电容，当正驱动脉冲加到 IGBT 的 G 极时，正的 U_{GE} 电压会对结电容存得一定电压，正驱动脉冲过后，结电容上的电压使 G 极电压仍高于 E 极，IGBT 会继续导通。这时如果送负驱动脉冲到 IGBT 的 G 极，可以迅速中和结电容上的电荷而让 IGBT 由导通转为截止。

13.2.3　4 种典型的驱动电路实例分析

变频器驱动电路的功能相同，都是将 CPU 送来的驱动脉冲放大后送给逆变电路，因此驱动电路的组成结构基本相似，区别主要在于采用了不同的驱动芯片。变频器采用的驱动芯片型号并不是很多，下面介绍几种采用不同驱动芯片的驱动电路。

1. 典型的驱动电路实例一分析

（1）TLP250 和 TLP750 芯片介绍

TLP250 是一种光电耦合驱动器芯片，内部有光电耦合器和双管放大电路，其内部结构如图 13-12 所示。当 2、3 脚之间加高电平时，输出端的三极管 VT1 导通，8 脚与 6、7 脚相通；当 2、3 脚之间为低电平时，输出端的三极管 VT2 导通，5 脚与 6、7 脚相通。TLP250 最大允许输入电流为 5mA，最大输出电流可达 ±2.0A，输入与输出光电隔离最大可达 2500V，电源允许范围为 10～35V。

TLP750 为光电耦合器，其内部结构如图 13-13 所示，当 2、3 脚为正电压时，6、5 脚内部的三极管导通，相当于 6、5 脚内部接通。

（2）由 TLP250 和 TLP750 构成的驱动电路分析

图 13-14 所示是由 TLP250 和 TLP750 构成的 U 相驱动电路，用来驱动 U 相上、下桥

臂 IGBT。另外，该电路还采用 IGBT 保护电路。

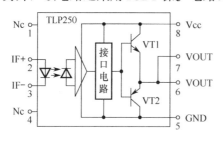

图 13-12　TLP250 芯片内部结构

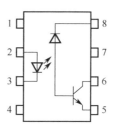

图 13-13　TLP750 芯片内部结构

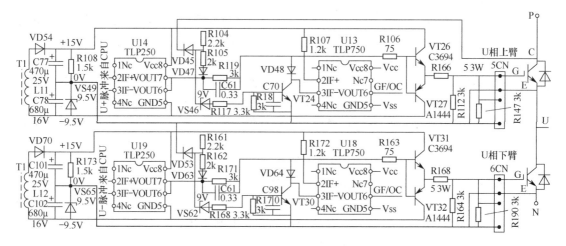

图 13-14　由 TLP250 和 TLP750 构成的 U 相驱动电路

① 驱动电路工作原理。开关变压器 T1 次级线圈 L11 上的感应电动势经整流二极管 VD54 对 C77、C78 充得 24.5V 电压，该电压由 R108、VS49 分成 15V 和 9.5V，以 R108、VS49 的连接点为 0V，则 R108 上端电压为+15V，VS49 下端电压为-9.5V。+15V 电压送到 U14（TLP250）的 8 脚（Vcc），-9.5V 电压送到 U14 的 5 脚（GND）。在变频器正常工作时，CPU 会送 U+相脉冲到 U14 的 2、3 脚，当脉冲高电平到来时，U14 的 8、7 脚内部的三极管导通，+15V 电压→U14 的 8 脚→U14 内总三极管→U14 的 7 脚→R119、R106 降压→VT26、VT27 的基极，VT26 导通，+15V 电压经 VT26、R166 送到上桥臂 IGBT 的 G 极，而 IGBT 的 E 极接 VS49 的负端，E 极电压为 0V，故上桥臂的 IGBT 因 U_{GE} 电压为正电压而导通。

当 CPU 送到 U14 的 2、3 脚的 U+脉冲为高电平时，送到 U19 的 2、3 脚的 U-脉冲则为低电平，U19 的 7、5 脚内部的三极管导通，-9.5V 电压→U19 的 5 脚→U19 内部三极管→U19 的 7 脚→R171、R163 降压→VT31、VT32 的基极，VT32 导通，下桥臂 IGBT 的 G 极通过 R168、VT32 接-9.5V，而 IGBT 的 E 极接 VS65 的负端，E 极电压为 0V，故下桥臂的 IGBT 因 U_{GE} 电压为负电压而截止。

② 保护电路。U13（TLP750）、VT24、VS46、VD45、VD47 等元件构成上桥臂 IGBT 保护电路。

当上桥臂 IGBT 正常导通时，其 C、E 极之间的压降很低（约 2V），VD45 正极电压也较低，不足于击穿稳压二极管 VS46，保护电路不工作。如果上桥臂 IGBT 出现过流情况，IGBT 的 C、E 极之间的压降增大，VD45 正极电压升高。如果电压大于 9V，稳压二极管 VS46 会被击穿，有电流流过 VT24 的发射结，VT24 导通，一方面二极管 VD48 导通，VD48 正极电压接近 0V，VT26 因基极电压接近 0V 而由导通转为截止，上桥臂 IGBT 失去 G 极电压而截止，从而避免 IGBT 因电流过大而烧坏；另一方面 VT24 导通使 U13 内部光电耦合器导通，U13 的 6、5 脚内部接通，6 脚输出低电平，该电平作为 GF/OC（接地/过流）信号去 CPU。在上桥臂 IGBT 截止期间，IGBT 的压降也很大，但 VD45 正极电压不会因此上升。这是因为此期间 U14 的 7 脚输出电压为-9.5V，VD47 导通，将 VD45 的正极电压拉低，稳压二极管 VS46 无法被击穿，即保护电路在 IGBT 截止期间不工作。

2. 典型的驱动电路实例二分析

（1）PC923 和 PC929 芯片介绍

PC923 是一种光电耦合驱动器，其内部结构如图 13-15 所示，当 2、3 脚之间加高电平时，输出端的三极管 VT1 导通，5 脚与 6 脚相通；当 2、3 脚之间为低电平时，输出端的三极管 VT2 导通，6 脚与 7 脚相通。PC923 允许输入电流范围为 5～20mA，最大输出电流为±0.4A，输入与输出光电隔离最大为 5000V，电源允许范围为 15～30V。

PC929 也是一种光电耦合驱动器，内部不但有光电耦合器和输出放大器，还带有 IGBT 保护电路。PC929 芯片内部结构如图 13-16 所示，其输入/输出关系如表 13-2 所示。例如，当 IF 端子输入为 ON（即 3、2 脚之间为高电平，光电耦合器导通）时，如果 C 端子输入为高电平，则输出端的三极管 VT1 导通，11 脚与 12 脚相通，Vo2 端子输出高电平，FS 端子输出高电平。

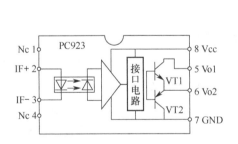

图 13-15　PC923 芯片内部结构

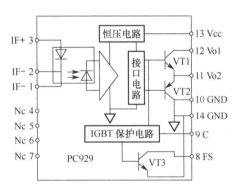

图 13-16　PC929 芯片内部结构

表 13-2　PC929 输入/输出关系

IF 端子（I）	C 端子（I/O）	Vo2 端子（O）	FS 端子（O）
ON	低电平	高电平	高电平
	高电平	低电平	低电平
OFF	低电平	低电平	高电平
	高电平	低电平	高电平

（2）由 PC923 和 PC929 构成的驱动电路分析

图 13-17 所示是由 PC923 和 PC929 构成的 U 相驱动电路，用来驱动 U 相上、下桥臂

IGBT。另外，该电路还采用 IGBT 保护电路。

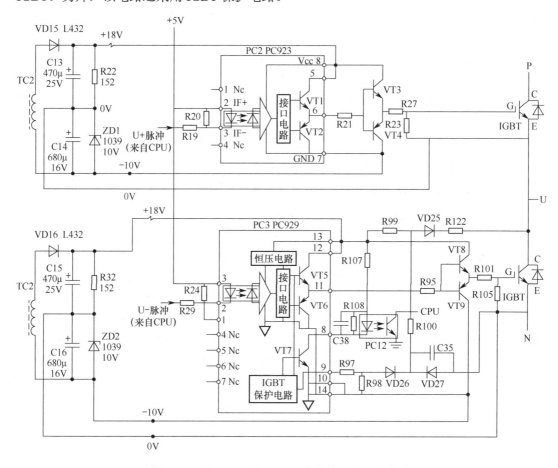

图 13-17　由 PC923 和 PC929 构成的 U 相驱动电路

① 驱动电路工作原理。开关变压器 TC2 次级线圈上的感应电动势经整流二极管 VD15 对 C13、C14 充得 28V 电压，该电压由 R22、ZD1 分成 18V 和 10V，以 R22、ZD1 连接点为 0V，则 R22 上端电压为+18V，ZD1 下端电压为-10V。+18V 电压送到 PC2（PC923）的 8 脚（Vcc），-10V 电压送到 PC2 的 7 脚（GND）。在变频器正常工作时，CPU 会送 U+相脉冲到 PC2 的 3 脚，当脉冲低电平到来时，PC2 输入为 ON（光电耦合器导通），5、6 脚内部的三极管导通，+18V 电压→PC2 的 5 脚→PC2 内部三极管 VT1→PC2 的 6 脚→R21 降压→VT3、VT4 的基极，VT3 导通，+18V 电压经 VT3、R27 送到上桥臂 IGBT 的 G 极，IGBT 的 E 极接 ZD1 的负极，E 极电压为 0V，故上桥臂的 IGBT 因 U_{GE} 电压为正电压而导通。

在 CPU 送低电平 U+脉冲到 PC2 时，会送高电平 U-脉冲到 PC3 的 2 脚，PC3 输入为 OFF，PC3 的 11、10 脚内部的三极管 VT6 导通，-10V 电压→PC3 的 10 脚→VT6→PC3 的 11 脚→R95 降压→VT8、VT9 的基极，VT9 导通，下桥臂 IGBT 的 G 极通过 R101、VT9 接-10V，IGBT 的 E 极接 ZD2 的负极，E 极电压为 0V，故下桥臂的 IGBT 因 U_{GE} 电压为负电压而截止。

② 保护电路。R99、VD25、VD26 及 PC929 内部的 IGBT 保护电路等构成 IGBT 过流保护电路。

在下桥臂 IGBT 正常导通时，C、E 极之间的压降小，VD25 正极电压被拉低，VD26 负极电压低，VD26 导通，将 PC929 的 9 脚电压拉低，内部的 IGBT 保护电路不工作。如果流过 IGBT 的 C、E 极电流过大，IGBT 的 C、E 极间压降增大，VD25 正极电压被抬高，VD26 负极电压升高，其正极电压也升高，该上升的电压进入 9 脚使 PC929 内部的 IGBT 保护电路工作，将三极管 VT5 基极电压降低，VT5 导通变浅，11 脚输出电压降低，VT8 导通也变浅，IGBT 的 G 极正电压降低而导通变浅，使流过的电流减小，防止 IGBT 被过大电流损坏。与此同时，IGBT 保护电路会送出一个高电平到 VT7 基极，VT7 导通，PC929 的 8 脚输出低电平，外部的光电耦合器 PC12 导通，给 CPU 送一个低电平信号，告之 IGBT 出现过电流情况。如果 IGBT 过流时间很短，CPU 不做保护控制；如果 IGBT 过流时间较长，CPU 则执行保护动作，停止输出驱动脉冲到驱动电路，让逆变电路的 IGBT 均截止。

3. 典型的驱动电路实例三分析

（1）HCPL-316J 芯片介绍

HCPL-316J 是一种光电耦合驱动器，它与 A316J 功能完全相同，可以互换。HCPL-316 芯片的内部结构及引脚功能如图 13-18 所示。

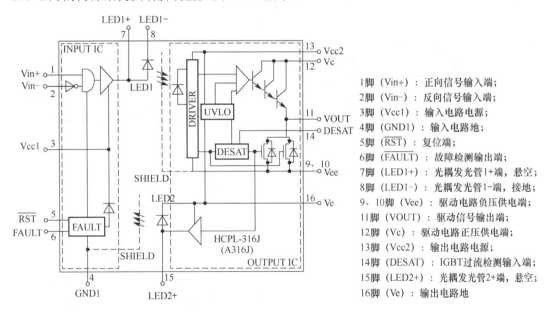

1脚（Vin+）：正向信号输入端；
2脚（Vin-）：反向信号输入端；
3脚（Vcc1）：输入电路电源；
4脚（GND1）：输入电路地；
5脚（$\overline{RST}$）：复位端；
6脚（$\overline{FAULT}$）：故障检测输出端；
7脚（LED1+）：光耦发光管1+端，悬空；
8脚（LED1-）：光耦发光管1-端，接地；
9、10脚（Vee）：驱动电路负压供电端；
11脚（VOUT）：驱动信号输出端；
12脚（Vc）：驱动电路正压供电端；
13脚（Vcc2）：输出电路电源；
14脚（DESAT）：IGBT过流检测输入端；
15脚（LED2+）：光耦发光管2+端，悬空；
16脚（Ve）：输出电路地

图 13-18　HCPL-316J 芯片的内部结构及引脚功能

HCPL-316J 的输出电流可达 2A，可直接驱动 IGBT，其内部电路由光电耦合器分成输入电路和输出电路两部分。它采用输入阻抗很高的数字电路作为信号输入端，无须较大的输入信号电流。HCPL-316J 内部具有欠压封锁和 IGBT 保护电路，当芯片输出电路的供电电压低于 12V 时，欠压保护电路动作，12、11 脚之间的内部三极管截止，停止从 11 脚输出幅度不足的驱动信号。另外，当 IGBT 出现过流时，芯片外围的过流检测电路使 14 脚电压升高，内部保护电路动作，一方面让 MOS 管导通，停止从 11 脚输出驱动信号；另一方面输出一路信号经放大和光电耦合器后送到故障检测电路（FAULT），该电路除封锁输入电路外，还会从 6 脚输出一个低电平去 CPU 或相关电路，告之 IGBT 出现过流故障。要解除输入封锁，须给 5 脚输入一个低电平复位信号。

HCPL-316J 关键引脚的输入/输出关系如表 13-3 所示。

表 13-3　HCPL-316J 关键引脚的输入/输出关系

| Vin+ | Vin− | Vcc2 | DESAT | $\overline{\text{FAULT}}$ | VOUT |
1 脚（I）	2 脚（I）	13 脚（I）	14 脚（I）	6 脚（O）	11 脚（O）
X	X	欠压	X	X	L
X	X	X	过流	L	L
L	X	X	X	X	L
X	H	X	X	X	L
H	L	电压正常	正常	H	H

注：X 表示高电平或低电平；H 表示高电平；L 表示低电平；I 表示输入；O 表示输出。

（2）由 HCPL-316J 构成的驱动电路分析

图 13-19 所示是由 HCPL-316J 构成的 U 相驱动电路，用来驱动 U 相上、下桥臂 IGBT，该电路还具有 IGBT 过流检测保护功能。

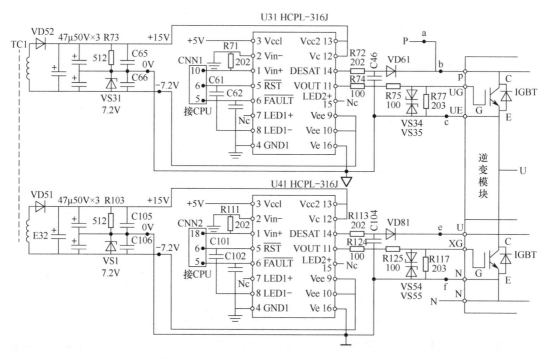

图 13-19　由 HCPL-316J 构成的 U 相驱动电路

① 驱动电路工作原理。开关变压器 TC1 次级线圈上的感应电动势经整流二极管 VD52 对电容充得 22.2V 电压，该电压由 R73、VS31 分成 15V 和 7.2V，以 R73、VS31 连接点为 0V，则 R73 上端电压为+15V，VS31 下端电压为–7.2V。+15V 电压送到 U31（HCPL-316J）

的 13、12 脚作为输出电路的电源和正电压，−7.2V 电压送到 U31 的 9、10 脚作为输出电路的负电压。在变频器正常工作时，CPU 会送 U+相脉冲到 U31 的 1 脚，当脉冲高电平送入时，U31 的 12、11 脚内部的达林顿管（复合三极管）导通，+15V 电压→U31 的 12 脚→U31 内部三极管→U31 的 11 脚→R75→上桥臂 IGBT 的 G 极，IGBT 的 E 极接 VS31 的负极，E 极电压为 0V，故上桥臂 IGBT 因 U_{GE} 电压为正电压而导通；当 U+脉冲低电平送入 U31 的 1 脚时，U31 的 11、9 脚内部的 MOS 管导通，−7.2V 电压→U31 的 9 脚→内部 MOS 管→U31 的 11 脚→R75→上桥臂 IGBT 的 G 极，IGBT 的 E 极接 VS31 的负极，E 极电压为 0V，故上桥臂的 IGBT 因 U_{GE} 电压为负电压而截止。

下桥臂驱动电路的工作原理与上桥臂相同，这里不再赘述。

② 保护电路。R72、C46、VD61 及 U31 内部的 IGBT 过流检测及保护电路等构成上桥臂 IGBT 过流保护电路。

在上桥臂 IGBT 正常导通时，C、E 极之间的导通压降一般在 3V 以下，VD61 负极电压低，U31 的 14 脚电压被拉低，U31 内部的 IGBT 检测保护电路不工作。如果 IGBT 的 C、E 极之间出现过流，C、E 极之间导通压降会升高，VD61 负极电压升高，U31 的 14 脚电压被抬高。若过流使 IGBT 导通压降达到 7V 以上，U31 的 14 脚电压被抬高很多，U31 内部 IGBT 检测保护电路动作，它一方面控制 U31 停止从 11 脚输出驱动信号，另一方面让 U31 从 6 脚输出低电平去 CPU，告之 IGBT 出现过流，同时切断 U31 内部输入电路。过流现象排除后，给 U31 的 5 脚输入一个低电平信号，对内部电路进行复位，U31 重新开始工作。

R77 用于释放 IGBT 栅电容上的电荷，提高 IGBT 通断转换速度；VS34、VS35 用于抑制窜入 IGBT 栅极的大幅度干扰信号。

4．驱动电路典型实例四分析

（1）A4504 和 MC33153P 芯片介绍

A4504 是一种光电耦合器芯片，其内部结构如图 13-20 所示。前面介绍的几种光电耦合器都采用双管推挽功率放大输出电路，而 A4504 采用单管集电极开路输出电路。

MC33153P 是一种驱动放大器，内部不带光电耦合器，但具有较完善的检测电路。MC33153P 芯片的内部结构及引脚功能如图 13-21 所示。MC33153P 的 4 脚输入脉冲信号，在内部先由两个二极管抑制正负大幅度干扰信号，再经整形电路进行整形倒相处理，然后由与门电路分成一对相反的脉冲，送到输出电路两个三极管的基极。当 4 脚输入脉冲高电平时，送到上三极管基极的为低电平，送到下三极管基极的为高电平，下三极管导通，5 脚通过二极管和下三极管与 3 脚（电源负）接通；当 4 脚输入脉冲低电平时，上三极管导通，5 脚通过上三极管与 6 脚（电源正）接通。MC33153P 的 4、5 脚之间有一个三输入与门，脉冲信号能否通过受另两个输入端控制，任意一个输入端为低电平则与门不能通过 4 脚输入的信号。与门下输入端接欠压检测电路，当 6 脚（Vcc）电压偏低时，欠压检测电路会给与门送一个低电平，不允许脉冲信号通过，禁止电源电压不足时放大电路输出幅度小的驱动脉冲，因为 IGBT 激励不足时功耗增大容易烧坏。与门上输入端接欠电流检测电路（1 脚内部电路）和过电流检测电路（8 脚内部电路），当 1 脚输入电流偏小和 8 脚电压偏高时，检测电路都会送一个低电平到与门，禁止输入脉冲通过与门。与门上输出端输出低电平，下输出端（反相输出端）输出高电平，下三极管导通，5、3 脚接通。当

MC33153P 检测到 1 脚欠电流或 8 脚过电流时，会从 7 脚输出故障信号（高电平）去 CPU。

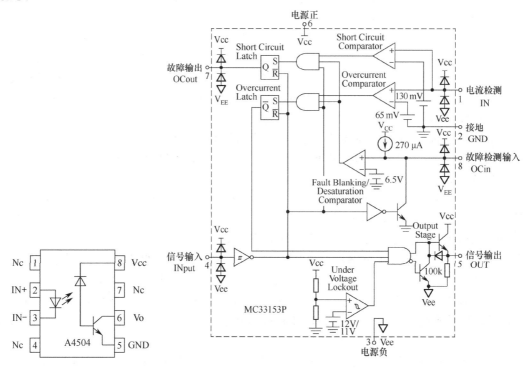

图 13-20　A4504 芯片内部结构　　　图 13-21　MC33153P 芯片的内部结构及引脚功能

（2）由 A4504 和 MC33153P 构成的驱动电路分析

图 13-22 所示是由 A4504 和 MC33153P 构成的 U 相驱动电路，用来驱动 U 相上、下臂 IGBT，该电路还具有 IGBT 过流检测保护功能。

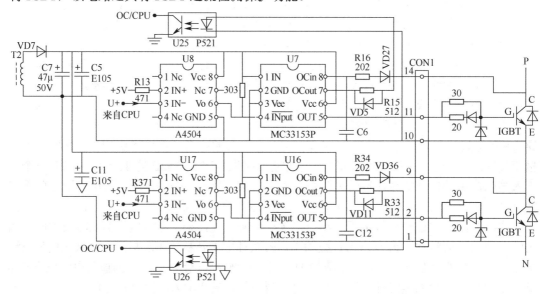

图 13-22　由 A4504 和 MC33153P 构成的 U 相驱动电路

① 驱动电路工作原理。开关变压器 T2 次级线圈上的感应电动势经整流二极管 VD7 对电容 C7 充得上正下负的正电压，该电压送到 U8、U17 的 8 脚和 U7、U16 的 6 脚作为电源。

来自 CPU 的 U+脉冲送到 U8（A4504）的 3 脚，在内部经光电耦合器隔离传递并放大后从 6 脚输出，送到 U7（MC33153P）的 4 脚，在内部先整形倒相，再通过控制门分成一对相反脉冲（见图 13-21 所示），分别送到输出端两个三极管的基极。当 U7 的 4 脚输入脉冲低电平时，上三极管导通，6、5 脚内部接通，5 脚输出高电平，经过 30Ω 的电阻送到 IGBT 的 G 极，IGBT 的 U_{GE} 为正电压而导通；当 U7 的 4 脚输入脉冲高电平时，下三极管导通，3、5 脚内部接通，5 脚输出低电平，IGBT 的栅-射电容在导通时储存的电荷迅速放电，放电途径：IGBT 的 G 极→30Ω、20Ω 的电阻及二极管→U7 的 5 脚→U7 内部二极管和导通的下三极管→U7 的 3 脚→IGBT 的 E 极，IGBT 的 U_{GE} 为零电压而截止。

本电路未采用为 IGBT 的 G、E 极提供负电压的方式来使 IGBT 截止，而是通过迅速释放 IGBT 栅-射电容上的电荷（在 G、E 极加正电压时充得的），使 U_{GE} 为零电压而截止。

② 保护电路。R16、C6、VD27 及 U7（MC33153P）内部的过流检测电路等构成上桥臂 IGBT 过流保护电路。

在上桥臂 IGBT 正常导通时，C、E 极之间的导通压降一般在 3V 以下，VD27 负极电压低，U7 的 8 脚电压被拉低，U7 内部的过流检测电路不工作。如果 IGBT 的 C、E 极之间出现过流，C、E 极之间导通压降会升高，VD27 负极电压升高，U7 的 8 脚电压被抬高，U7 内部过流检测电路动作，它一方面禁止从 5 脚输出脉冲，另一方面从 7 脚输出高电平，通过光电耦合器 U25 送给 CPU。

 ### 13.2.4　制动电路的驱动

变频器是通过改变输出交流电的频率来控制电机转速的。当需要电机减速时，变频器的逆变电路输出交流电频率下降，由于惯性原因，电机转子转速会短时高于定子绕组产生的旋转磁场转速（该磁场由交频器提供给定子绕组的已降频的交流电源产生），电机处于再生发电状态，它会产生电动势通过逆变电路中的二极管对滤波电容反充电，使电容两端电压升高。为了防止电机减速再生发电时对电容充的电压过高，同时也为了提高减速制动速度，通常需要在变频器的中间电路中设置制动电路。

制动电路的作用是在电机减速时为电机产生的再生电流提供回路，提高制动速度，同时减少再生电流对储能电容的充电，防止储能电容被充得过高电压损坏电容本身及有关电路。典型的变频器制动电路如图 13-23 所示。

开关变压器次级线圈上的感应电动势经 VD23 对 C18 充电，得到上正下负电压。该电压经 R62、VD14 分成两部分，以 VD14 负极电压为 0V，则 R62 上端为正电压，VD14 正极为负电压，正、负电压分别送到 PH7（T250V）的 8、5 脚。在正常工作时，T250V 的 7、5 脚之间的内部三极管导通，5 脚的负电压通过内部晶体管从 7 脚输出，送到制动 IGBT 的 G 极，IGBT 因 U_{GE} 为负电压而截止，制动电路不工作。在电机减速制动时，CPU 送 BRK 信号到 T250V 的 3 脚，经内部光耦隔离传递后，使 8、7 脚之间的晶体管导通，8 脚正电压通过 7 脚加到制动 IGBT 的 G 极，IGBT 的 U_{GE} 为正电压而导通。电机产生的再生电流经逆变电路上桥臂二极管、充电接触器触点、制动电阻 RB、制动 IGBT、逆变电路下桥臂二极管流回电机。该电流在流回电机绕组时，绕组产生磁场对转子产生很大的制动力矩，从而使电机快速由高速转为低速，回路电流越大，绕组产生的磁场对转子形成的制动力矩越大。

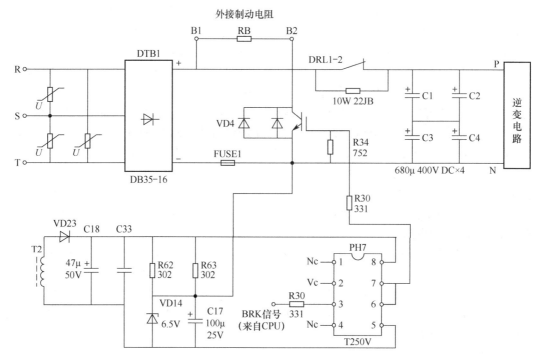

图 13-23　典型的变频器制动电路

 ### 13.2.5　检修驱动电路的注意事项及技巧

驱动电路的功能是将 CPU 送来的 6 路驱动脉冲进行放大，去驱动逆变电路 6 个 IGBT，使之将主电路直流电压转换成三相交流电压输出。逆变电路工作在高电压、大电流状态下，而驱动电路与逆变电路联系紧密，**为了避免检修驱动电路时损坏逆变电路，应注意以下一些事项。**

① **在上电检测驱动电路时，必须断开逆变电路的供电。** 因为在检测驱动电路时，测量仪器可能会产生一些干扰信号，如果干扰信号窜到逆变电路 IGBT 的 G 极，可能会使 IGBT 导通。如果正好是上、下桥臂 IGBT 导通，逆变电路的供电会被短路，而烧坏 IGBT 和供电电路。

② **若给逆变电路正常供电，则严禁断开驱动电路。** IGBT 的 G、E 极之间存在分布电容 Cge，C、G 极之间存在分布电容 Ccg，当上、下桥臂 IGBT 串接在 P、N 电源之间且 IGBT 的 G 极悬空时，如图 13-24（a）所示，电源会对上、下桥臂 IGBT 的分布电容 Ccg、Cge 充电，在 Cge 上充得上正下负的电压，IGBT 的 G、E 极之间为正电压。若 Cge 电压达到开启电压，IGBT 会导通，两个 IGBT 同时导通会将 P、N 电源短路，不但 IGBT 会烧坏，还会损坏供电电路。如果在逆变电路正常供电时，让 IGBT 保持与驱动电路连接，如图 13-24（b）所示，则 Cge 上的电压会通过与之并联的电阻 R1 和驱动末级电路释放，IGBT 无法导通。

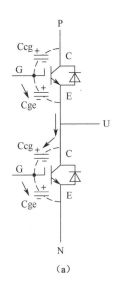
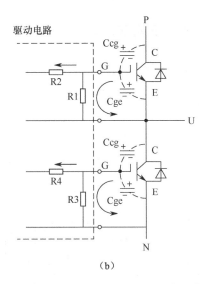

图 13-24　IGBT 的分布电容

 13.2.6　驱动电路的常见故障及原因

1. 变频器上电时显示正常，启动操作时马上显示 OC（过流）代码

变频器上电时显示正常，说明开关电源和控制电路正常；启动操作时马上显示 OC 代码，说明逆变电路的 IGBT 管压降过高。

故障具体原因如下。

① 逆变电路的 IGBT 开路，IGBT 的 C、E 管压降大，OC 检测电路动作，使 CPU 做出 OC 报警。

② 驱动电路损坏，导致 CPU 送出的驱动脉冲无法到达逆变电路的 IGBT，IGBT 截止，C、E 管压降大。

③ 驱动电路输出到逆变电路 IGBT 的驱动脉冲幅度小，IGBT 导通不充分，C、E 管压降大。

④ 驱动电路供电电压偏低，导致 OC 检测电路误动作。

2. 变频器上电后即显示 OC 代码

故障原因可能有：

① 变频器三相输出电流检测电路损坏，引起 CPU 误报 OC 故障。

② 驱动电路 OC 检测电路出现故障，让 CPU 误认为出现 OC 故障。

3. 变频器空载或轻载运行正常，但带上一定负载（在正常范围内）后，出现电机振动和频跳 OC 故障等现象

故障原因可能有：

① 驱动电路供电电源输出电流不足。

② 驱动电路的放大能力下降，使送到逆变电路的电压或电流幅度不足。

③ IGBT 性能下降，导通内阻增大，使导通压降增大。

13.2.7 驱动电路的检修

变频器的驱动电路种类很多，但结构大同小异，区别主要在于采用不同的光耦隔离及驱动芯片。下面以图 13-25 所示的由 PC923 和 PC929 芯片构成的驱动电路为例，来说明驱动电路的检修。

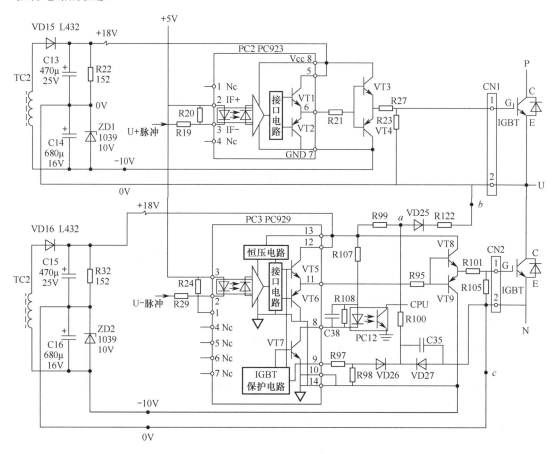

图 13-25　驱动电路检修例图

1. 无驱动脉冲输出的检修

在检修驱动电路前，先将逆变电路供电断开，再将驱动电路与逆变电路之间的连接也断开。若断开驱动电路而不将逆变电路的供电切断，逆变电路中的 IGBT 会被分布电容上充得的电压触发导通而损坏。

在检修驱动电路时，一般先进行静态检测，当静态检测正常时再进行动态检测。

（1）静态检测

静态检测是指在无驱动脉冲输入时检测驱动电路。当变频器处于待机状态时，CPU 不会送驱动脉冲给驱动电路；当对变频器进行启动操作时，CPU 才会输出驱动脉冲。

驱动电路的静态检测过程如下。

① 测量驱动电路电源是否正常。将万用表置于直流电压挡，黑表笔接电容 C13 的负

极（零电位端），红表笔接 PC2（PC923）的 8 脚，正常应有+18V 左右的电压。若电压为 0，可能是 VD15 开路、C13 短路、PC923 内部短路、VT3 短路等。再用同样的方法测量 PC3（PC929）的 13 脚电压是否正常。

② 测量驱动电路输入引脚电压是否正常。将万用表置于直流电压挡，测 PC2 的 2、3 脚之间的电压（红、黑表笔分别接 PC2 的 2、3 脚），在无驱动脉冲输入时，前级电路相当于开路，故 R20 和发光管无电流流过，2、3 脚之间的电压为 0V。若电压不为 0V，则可能是 PC2 输入脚内部开路，或 R19 前级电路损坏。再用同样的方法测量 PC3（PC929）的 3、2 脚之间的电压是否正常，正常电压应为 0V。

③ 测量驱动电路输出引脚电压是否正常。将万用表置于直流电压挡，红表笔接 C13 的负极（零电位端），黑表笔接插件 CN1 的 1 脚，正常 CN1 的 1 脚电压约为-10V。这是因为在无脉冲输入时，PC2 内部的 VT2 饱和导通，外部的 VT4 也饱和导通，CN1 的 1 脚通过 R27、VT4 接-10V。如果电压为 0V，可能是 R21、VT4、R27 和 VT2 开路；如果电压为正电压，可能是 VT3、VT1 短路。再用同样的方法检测 CN2 的 1 脚电压，正常电压也为-10V。

（2）动态检测

动态检测是指在有驱动脉冲输入时检测驱动电路。在变频器运行时 CPU 会产生驱动脉冲送给驱动电路，但由于先前已将下桥臂 IGBT 与驱动电路断开，上电后 a 点电压很高，PC3 的 9 脚电压也很高，PC3 内部的 IGBT 保护电路动作，VT7 导通，8 脚电压下降，通过光电耦合器 PC12 向 CPU 送 OC 信号，CPU 停止输出驱动脉冲，驱动电路无输入脉冲。在检修驱动电路时，为了在断开逆变电路后不跳 OC 且 CPU 仍输出驱动脉冲，可模拟 OC 检测正常，具体操作方法是将 b、c 两点用导线连接起来，模拟下桥臂 IGBT 的 C、E 极正常导通，这样在断开逆变电路的情况下，CPU 仍会输出驱动脉冲。

驱动电路的动态检测过程如下。

① 测量驱动电路输入引脚电压。使用万用表直流电压挡测量 PC2 的 2、3 脚之间的电压，当 3 脚有驱动脉冲输入时，2、3 脚之间的正常电压约为 0.3V（静态时为 0V）。若电压为 0V，则可能是 R19 开路、PC2 的 3 脚至 CPU 脉冲输出引脚之间的前级电路损坏（详见第 7 章），或 PC2 的 2、3 脚内部短路。再用同样的方法测量 PC3 输入引脚电压。

② 测量驱动电路输出引脚电压。使用万用表直流电压挡测量插件 CN1 的 1 脚电压（黑表笔接 C13 负极，红表笔接 CN1 的 1 脚），CN1 的 1 脚正常电压约为+4V（静态时为-10V）。这是因为在有脉冲输入时，PC2 内部的 VT1、VT2 交替导通、截止，外部的 VT3、VT4 也交替导通、截止，VT3 导通、VT4 截止时 CN1 的 1 脚电压为+18V，VT4 导通、VT3 截止时 CN1 的 1 脚电压为-10V，VT3、VT4 交替导通、截止时 CN1 的 1 脚平均电压为+4V，这也表明有驱动脉冲送到 CN1 的 1 脚。如果 CN1 的 1 脚电压为-10V（或接近-10V），而 PC2 的 2、3 脚又有脉冲输入，可能原因有 VT4、VT2 短路，VT1、VT3 开路，或 PC2 内部有关电路损坏。如果 CN1 的 1 脚电压为+18V（或接近+18V），可能原因有 VT4、VT2 开路，VT1、VT3 短路，或 PC2 内部有关电路损坏。

（3）防护试机

对 6 路驱动电路进行静态和动态检测后，如果都正常，则可初步确定驱动电路正常，能输出 6 路驱动脉冲，这时可以给驱动电路接上逆变电路进行试机。**为了安全起见，在试**

机时需要给逆变电路加一些防护措施，常用的防护方法有以下 **3** 种。

方法一：在供电电路与逆变电路之间串接两只 **15～40W** 的灯泡，如图 13-26（a）所示。当逆变电路的 IGBT 出现短路时，流过灯泡的电流增大，灯泡温度急剧上升，阻值变大，逆变电路的电流被限制在较小范围内，不会烧坏 IGBT。

方法二：在供电电路与逆变电路之间串接一只 **2A** 的玻壳熔断器，如图 13-26（b）所示。当逆变电路的 IGBT 出现短路时，一旦电流超过 2A，熔断器即烧断，而 IGBT 允许通过的最大电流一般大于 2A，故在 2A 范围内不会烧坏。

方法三：断开供电电路，给逆变电路接一个 **24V** 的外接电源，如图 13-26（c）所示。当逆变电路的 IGBT 出现短路时，因为 24V 电源电压较低，流过 IGBT 的电流在安全范围内，不会烧坏 IGBT。

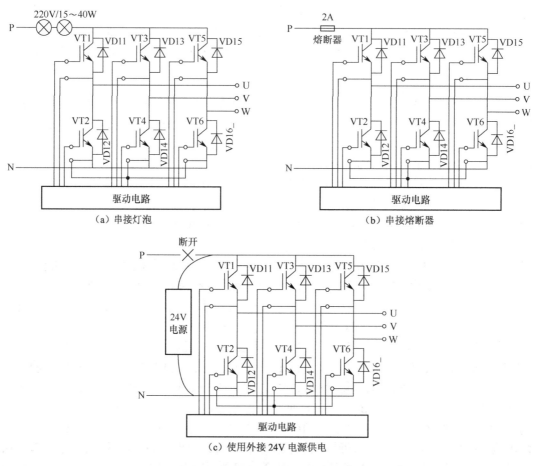

图 13-26　通电试机的 3 种防护措施

在这 3 种防护方法中，串接灯泡的方法使用较多，这主要是因为灯泡容易找到，成本也低，而且可以通过观察灯泡的亮暗来判别电路是否存在短路现象。

在防护空载试机时，可能会出现以下情况。

① 变频器上电待机时，灯泡亮。变频器上电待机时，无驱动脉冲送给逆变电路的 IGBT，灯泡亮的原因是逆变电路某上、下桥臂存在漏电或短路，如 VT1、VT2 同时短路

或漏电，用万用表测 VT1、VT2 可能是正常的，但在通电高压下故障会表现出来。

② 变频器上电待机时，灯泡不亮，但对变频器启动操作后灯泡一亮一暗闪烁。变频器启动时，驱动电路送驱动脉冲给逆变电路的 IGBT，灯泡闪亮说明流过灯泡的电流时大时小，其原因是某个 IGBT 损坏，如 VT2 短路，当 VT1 触发导通时，VT1、VT2 将逆变电路供电端短路，流过灯泡的电流很大而发出强光。

③ 变频器待机和运行时，灯泡均不亮。用万用表交流 500V 挡测量 U、V、W 端子的输出电压 U_{UV}、U_{UW}、U_{VW}，测量 U_{UV} 电压时，一支表笔接 U 端子，另一支表笔接 V 端子，发现三相电压平衡（相等），说明逆变电路工作正常，可给变频器接上负载进一步试机。

如果万用表测得 U_{UV}、U_{UW}、U_{VW} 电压不相等，差距较大，其原因是某个 IGBT 开路或导通电阻变大。为了找出损坏的 IGBT，可用万用表直流 500V 挡分别测量 U、V、W 端与 N 端之间的直流电压。如果逆变电路正常，U、V、W 端与 N 端之间的电压应都相等。如果 U、N 之间的电压远远高于其他两相电压，说明 VT2 的 C、E 极之间导通电阻很大或开路，或 VT2 的 G、E 极之间开路，也可能是 VT2 无驱动脉冲（可检测 U 驱动电路与 VT2 的 G、E 极之间的连接插件和有关元件）；如果 U、N 之间的电压远远低于其他两相电压，说明 VT1 的 C、E 极之间导通电阻很大或开路，或 VT1 的 G、E 极之间开路，也可能是 VT1 无驱动脉冲（可检测 U 驱动电路与 VT1 的 G、E 极之间的连接插件和有关元件）。

（4）正常通电试机

在防护试机正常后，可以给逆变电路接上主电路电压进行正常试机。在试机前一定要认真检查逆变电路各 IGBT 与驱动电路之间的连接，以免某 IGBT 的 G 极悬空而损坏。另外，要取消 OC 检测电路的模拟正常连接，让 OC 电路正常检测 IGBT 的压降。

2. 驱动电路带负载能力的检修

驱动电路的负载是 IGBT，为了让 IGBT 能充分导通与截止，驱动电路需要为 IGBT 提供功率足够的驱动脉冲。**驱动电路带负载能力差是指驱动电路输出的脉冲电压和电流偏小，不能使 IGBT 充分导通或截止。**

（1）故障表现

驱动电路带负载能力差的主要表现有：正向脉冲不足时，IGBT 不能充分导通，导通压降大，会出现电机剧烈振动、频跳 OC 故障；负向脉冲不足或丢失时，IGBT 不能完全截止，IGBT 容易烧坏。

（2）故障判别方法

判别一节 1.5V 电池是否可以正常使用，一般方法是测量其两端是否有 1.5V 电压，若电压大于或等于 1.5V，则认为电池可用。这种方法虽然简单，但不是很准确。准确可靠的判别方法是给电池接一个负载，如图 13-27 所示，然后断开电路，测量电池的输出电流。如果输出电流正常（如负载为 10Ω，电池电压为 1.5V，输出电流在 150mA 左右可视为正常），则电池可以正常使用；如果输出电流很小，如为

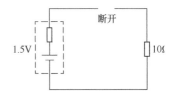

图 13-27　检测电池输出电流来判别其是否可用

50mA，则电池不能使用（即使未接负载时电池的电压有 1.5V）。有些电池未接负载时两端电压正常，而接上负载后输出电流很小，其原因是电池内阻很大，在开路测量时由于测量仪表内阻很大，电池输出电流很小，电流在内阻上的压降小，故两端电压接近正常电压；一旦接上较小的负载，电池输出电流增大，电池内阻上的压降增大，输出电压下降。

驱动电路带负载能力的检测也可采用与判别电池带负载能力类似的方法，下面以图 13-28 所示驱动电路为例进行说明。

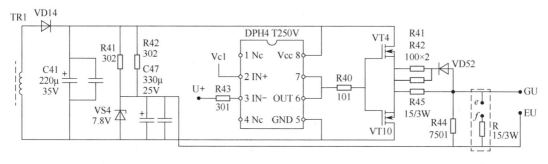

图 13-28　检测驱动电路带负载能力

驱动电路带负载能力的检测过程如下。

① 断开驱动电路与逆变电路的连接，逆变电路的供电也必须断开，同时模拟 IGBT 压降检测正常。

② 在驱动电路的输出端与 0V 电位之间串接一只与栅极电阻（R45）阻值相等的电阻 R，如图 13-28 虚线框内电路所示，电阻 R 与输出端断开，e、f 为断开处的两点。

③ 用万用表直流挡测量 e、f 之间的电流，同时启动变频器，让驱动电路输出脉冲。正常电流大小约为 150mA，如果 6 路驱动电路中的某路电流不正常，故障即在该驱动电路。

如果不能确定 e、f 间的正常电流大小，可测量其他各路驱动电路在该位置的电流，若某路与其他各路差距较大，则可认为该路驱动电路存在故障。

（3）故障原因

驱动电路带负载能力差的原因主要有：

① 驱动电路的电源供电不足，如 C41 容量变小，二极管 VD14 内阻增大，绕组局部短路等。

② 后级放大电路增益下降，如 VT4、VT10 的导通电阻增大。

③ 驱动芯片内部电路性能不良。

此外，R40、R45 阻值增大，或 R44 阻值变小，也会使送到逆变电路的驱动脉冲幅度变小。

变频器的电路原理与检修（三）

14.1 检测电路详解与检修

检测电路主要有电压检测电路、电流检测电路和温度检测电路，当变频器出现电压、电流和温度不正常情况时，相关的检测电路会送有关信号给 **CPU**，以便 **CPU** 进行相应的控制来保护变频器。

 14.1.1 电压检测电路及检修

电压检测通常包括主电路电压检测、三相输入电压检测和三相输出电压检测，大多数变频器仅检测主电路电压，少数变频器还会检测三相输入电压或三相输出电压。

1. 主电路电压检测电路及检修

变频器的主电路中有 500V 以上的直流电压，该电压是否正常对变频器非常重要。检测主电路电压有两种方式：直接检测和间接检测。

（1）主电路电压直接检测电路及检修

① 电路分析。主电路电压直接检测电路如图 14-1 所示。

主电路 P、N 两端的直流电压经电阻降压后送到 U14（A7840）的 2、3 脚，U14 是一种带光电耦合的放大器（其内部结构如图所示），从 U14 的 2、3 脚输入的电压经光电隔离传递并放大后从 7、6 脚输出，再送到 LF353 进行放大从 1 脚输出，输出电压经电位器和 R174 送至 CPU 的 53 脚。主电路的直流电压发生变化，送到 CPU 53 脚的电压也会发生变化，CPU 可根据该电压值按比例计算出主电路的实际直流电压值（主电路电压为530V 时，电位器中心端 VPN 的电压约为 3V），再通过显示器显示出主电路的电压值。CPU 也可以通过该电压识别主电路电压是否过压和欠压等。

78L05C 为电源稳压器，开关变压器绕组上的电动势经二极管 VD41 对 C46 充得一定的电压，电压送到 78L05C 的 8 脚，经内部稳压后从 1 脚输出+5V 供给 U14 的 1 脚作为输入电路的电源。

② 电路检修。图 14-1 所示的主电路电压直接检测电路的常见故障有：变频器上电后马上报过电压（OU）或欠电压（LU）。

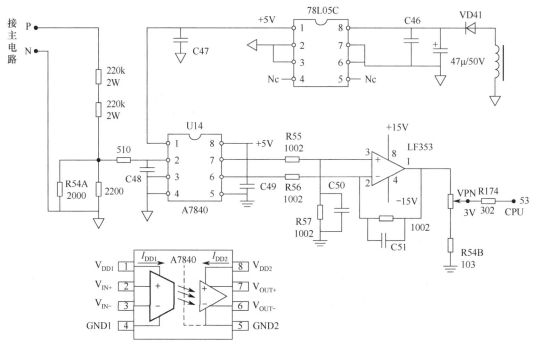

图 14-1　主电路电压直接检测电路

检修过程如下。

a. 测量主电路是否正常（500V 以上），若不正常应检查主电路。

b. 若主电路电压正常，可测量 VPN 端电压，正常为 3V。如果该电压偏高或偏低，则说明主电路电压检测电路有故障，可按后面步骤继续检查。

c. 测量 A7840 输入和输出侧的+5V 供电是否正常，若不正常则检修相应的供电电路。

d. 测量 A7840 的 2、3 脚之间的电压，正常应有 0.1V 以上的输入电压。用导线短路 2、3 脚，测量 LF353 的 1 脚（输出脚）电压，若电压有明显下降，说明 A7840、LF353 及有关外围元件正常，故障原因可能是电位器不良或失调，可重新调节。

e. 如果短路 A7840 的 2、3 脚后，LF353 的 1 脚电压变化不明显，可进一步测量 LF353 的输入脚电压，正常为 3V 左右。短路 A7840 输入脚后电压会变为 0V，如果电压不变化，则 A7840 及外围元件损坏；若电压有变化，则为 LF353 及外围元件损坏。

（2）主电路电压间接检测电路及故障分析

① 电路分析。主电路电压间接检测电路不是直接检测主电路电压，通常是检测与主电路电压同步变化的开关电源的某路输出电压，以此来获得主电路电压的情况。主电路电压间接检测电路如图 14-2 所示。

开关变压器 T1 次级绕组的上负下正电动势经 VD16 对电容 C25、C24 充电，得到上负下正电压，该电压经电位器 RP 送到放大器 U15d（LF347）的 3 脚，放大后从 1 脚输出，经 R28、R104 送到 CPU 的 47 脚。当主电路的直流电压变化时，C25、C24 两端的电压会随之变化，U15d（LF347）的 1 脚输出电压也会变化，送到 CPU 47 脚的电压发生变化，CPU 以此来获得主电路电压变化情况。

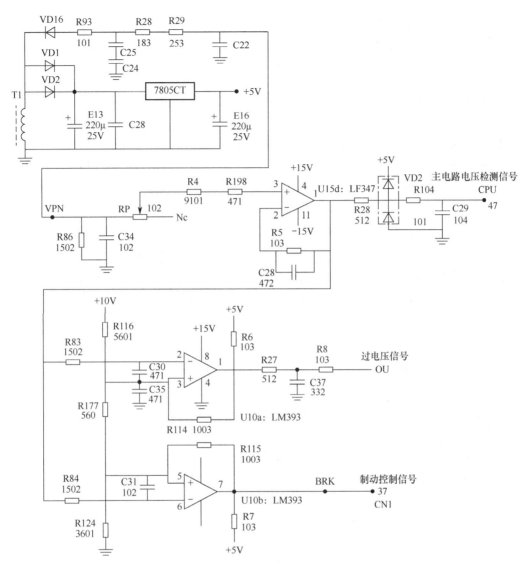

图 14-2 主电路电压间接检测电路

在电机减速制动时，电机工作在再生发电状态，电机会通过逆变电路对主电路储能电容充电，主电路的直流电压升高，U15d（LF347）的 1 脚输出电压升高，U10b（比较器）的 6 脚电压升高。当主电路电压升高到一定值（如 680V）时， U10b 的 6 脚电压会大于 5 脚电压，U10b 的 7 脚输出低电平，该低电平作为制动控制信号去后级电路，让主电路中的制动开关管导通，释放储能电容两端的直流电压，同时为电机再生电流提供回路，让回流电机的电流对电机进行制动。很多变频器的制动控制信号由 CPU 发出，本电路则通过检测主电路电压来判别电机是否工作在制动状态。若主电路电压上升到一定值，制动检测电路则认为电机处于制动工作状态，马上输出制动控制信号，通过有关驱动电路让主电路中的制动开关管导通，对电机进行制动控制，同时通过放电将主电路储能电容两端的电压降下来。

如果因某些原因使主电路电压上升过高，U15d（LF347）的 1 脚输出电压也会很高，U10a（比较器）的 2 脚电压很高，当 2 脚电压大于 3 脚电压时，U10a 的 1 脚输出低电平，该低电平作为 OU（过电压）信号经后级电路进一步处理后送给 CPU，CPU 根据内部设定程序做出相应的保护控制。

② 故障分析。图 14-2 所示的主电路电压间接检测电路的故障分析如下。

a. 变频器上电后，马上报过电压（OU）。

这是 U10a 电路报出的 OU 信号，故障原因有：供电电压偏高；U10a 电路有故障，误报 OU 信号。

b. 变频器运行过程中报过电压（OU）或欠电压（LU）。

故障原因有：主电路存在轻度的过电压或欠电压，由 U15d 检测送 CPU；U15d 及外围元件参数变异，误报过电压或欠电压；主电路电压异常上升，使 U10a 的 2 脚电压大于 3 脚电压，而输出 OU 信号（低电平）；U10a 及外围元件参数变异，误报 OU 信号。

2. 三相输入电压检测电路及检修

三相输入电压检测电路用来检测三相输入电压是否偏低或存在缺相。当变频器三相输入电压偏低或缺相时，主电路的直流电压也会偏低，若强行让逆变电路在低电压下继续工作，可能会损坏逆变电路。三相输入电压检测电路检测到输入电压偏低或缺相时会送信号给 CPU，CPU 会做出停机控制。

（1）电路分析

三相输入电压检测电路如图 14-3 所示。

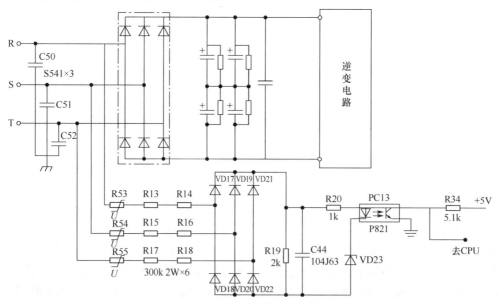

图 14-3　三相输入电压检测电路

三相交流电压通过 R、S、T 三个端子进入变频器，分作两路：一路去主电路的整流电路，对主电路的储能电容充得 500V 以上的电压；另一路经压敏电阻和阻值很大的电阻降压后送到 VD17～VD22 构成的整流电路，对 C44 充电，在 C44 上得到上正下负的电压。如果 R、S、T 端子输入的三相交流电压正常，主电路储能电容两端电压正常，三相输入电压检测电路中的 C44 两端电压较高，它通过 PC13 内部的发光二极管击穿稳压二极管 VD23，有电流流过 PC13，PC13 内部的光敏管导通，产生一个低电平信号去 CPU。如果 R、S、T 端子输入的三相交流电压中有一相电压偏低或缺少一相电压，主电路储能电容两端电压下降，同时三相检测电路该相输入压敏电阻不能导通，只有两相电压送入检测电路，C44 两端电压下降，无法通过 PC13 内部的发光二极管击穿稳压二极管 VD23，PC13 内部的光敏管截止，产生一个高电平信号去 CPU，CPU 发出输入断相报警，并做出停机控制。

（2）故障检修

图 14-3 所示的三相输入电压检测电路的常见故障为变频器报输入断相。

故障原因有：

① 三相输入电压检测电路中有一相电路存在元件开路，如 R53、R13、R14、VD17 开路。

② R20、VD23、PC13 开路。

③ C44 短路。

3．三相输出电压检测电路及检修

（1）电路分析

三相输出电压检测电路通常用来检测逆变电路输出电压是否断相。图 14-4 所示是一种常见的三相输出电压检测电路。

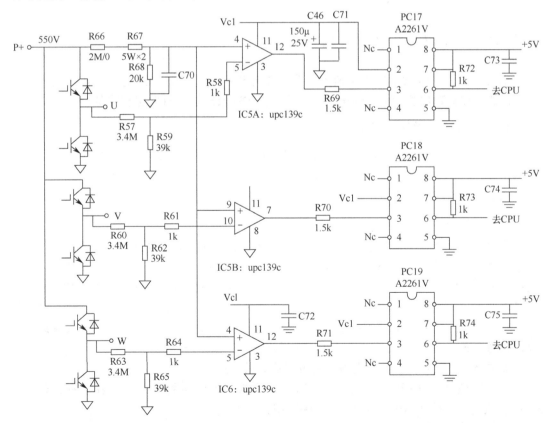

图 14-4　一种常见的三相输出电压检测电路

主电路的 500V 以上的直流电压经 R66、R67 降压后得到约 2.7V 电压，该电压提供给 IC5 的 4、9 脚（比较器同相输入端）和 IC6 的 4 脚。在变频器待机时，逆变电路的 IGBT 均处于截止状态，IC5 的 5、10 脚（比较器反相输入端）和 IC6 的 5 脚电压均为 0V，比较器输出均为高电平，A2261V 的 3 脚为高电平，内部光电耦合器不导通，6 脚输出高电平。在变频器正常工作时，逆变电路的 IGBT 工作在导通、截止状态，U、V、W 端有较高的电压，该电压经降压后送到比较器反相输入端，使反相输入端电压大于同相输入端电压，比较器输出低电平，A2261V 内部光电耦合器导通，6、5 脚内部晶体管导通，6 脚输出低电平，该低电平去 CPU 告之本相输出电压正常。如果逆变电路某相上桥臂 IGBT 开路或下桥臂 IGBT 短路，以 U 相为例，U 相上桥臂 IGBT 开路会使 U 端电压变为 0V，比较器 IC5A 输出高电平，PC17 内部光电耦合器不能导通，6 脚输出由低电平变为高电平，CPU 根据该变化的电平知道本相出现输出缺相故障，马上停机保护。

（2）故障检修

图 14-4 所示的三相输出电压检测电路常见故障为输出缺相报警。

故障原因有：

① 逆变电路某相上桥臂 IGBT 开路，或下桥臂 IGBT 短路。

② 三相输出电压检测电路中的某相检测电路存在故障，以 U 相为例，R57、R69 开路，IC5A、A2261V 损坏等。

14.1.2　电流检测电路及检修

电流检测通常包括主电路电流检测和输出电流检测，当检测到电路中存在过流情况时，检测电路会输出相应的信号去 CPU，以便 CPU 及时进行有关保护控制。

1. 主电路电流检测电路及检修

在使用电流表检测电路电流时，需要先断开电路，再将电流表串接在电路中。主电路电流检测一般不采用这种方式，它通常在主电路中串接取样电阻或熔断器，通过检测取样电阻或熔断器两端的电压来了解主电路电流情况。

（1）利用电流取样电阻来检测主电路电流

图 14-5 所示是一种常见的利用电流取样电阻来检测主电路电流的检测电路。该电路在主电路中串接了两只 30mΩ 的取样电阻，当主电路流往后级电路（主要是逆变电路）的电流正常时，取样电阻两端电压 U_{q1}、U_{q2} 较低，不足以使光电耦合器 PC12、PC8 内部的发光管导通，光敏管截止，送高电平信号去 CPU。如果主电路流往后级电路的电流很大，取样电阻两端电压 U_{q1}、U_{q2} 很高，使光电耦合器 PC12、PC8 内部的发光管导通，光敏管导通，送低电平信号去 CPU，CPU 让后级电路停止工作。

该电路常见故障为变频器上电后跳过电流。故障原因有：

① 电流取样电阻开路，光电耦合器发光管两端电压高而导通，光敏管随之导通，CPU 从该电路获得低电平，误认为主电路出现过电流。

② 光电耦合器 PC8 或 PC12 短路。

③ C63 短路。

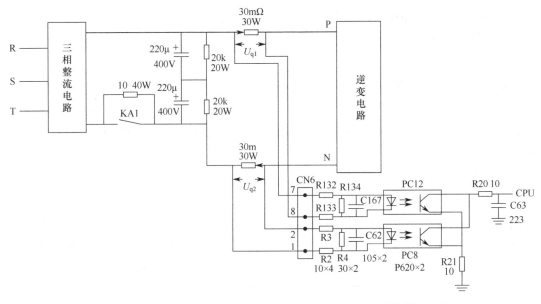

图 14-5　一种常见的利用电流取样电阻来检测主电路电流的检测电路

由于电流取样电阻阻值很小，损坏后难以找到这种电阻，可用细铁丝来绕制。具体做法是找到一段较长的细铁丝，将万用表（可选精度高的数字万用表）一支表笔接铁丝一端，另一支表笔往铁丝另一端移动，观察阻值大小，当阻值为 30mΩ 时停止移动表笔，在该处将铁丝剪断，再将铁丝绕在绝缘支架上（保持匝间绝缘）。如果单层不够，可在已绕铁丝上缠绕绝缘胶带，再在绝缘胶带上继续绕制。

（2）利用熔断器来检测主电路电流

图 14-6 所示是一种常见的利用熔断器来检测主电路电流的检测电路。该电路在主电路中串接了一只熔断器 FU1，当主电路流往后级电路（主要是逆变电路）的电流正常时，熔断器两端电压为 0V，无电流流过 PC2 内部的发光管，光敏管截止，PC2 输出高电平。如果主电路流往后级电路的电流过大，熔断器开路，有电流经 R37、R38 流入 PC2 内部的发光管，光敏管导通，PC2 输出低电平，该低电平作为 FU 故障信号去 CPU，CPU 控制停机并发出 FU 故障报警。

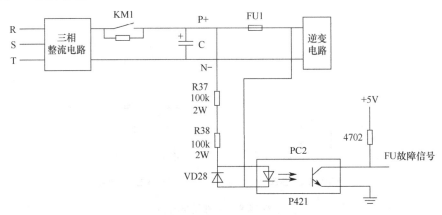

图 14-6　一种常见的利用熔断器来检测主电路电流的检测电路

该电路常见故障为变频器报 FU 故障。故障原因有：
① 熔断器 FU1 开路。
② 光电耦合器 PC2 光敏管短路。

2. 输出电流检测电路及检修

输出电流检测电路的功能是检测逆变电路输出的 **U、V、W** 相电流，当输出电流在正常范围时，**CPU** 通过显示器将电流值显示出来；当输出电流超过正常值时，**CPU** 则做出停机控制。

（1）输出电流的两种取样方式

在检测输出电流时，主要有电阻取样和电流互感器取样两种方式，如图 14-7 所示。输出电流越大，取样电阻或电流互感器送给输出电流检测电路的电压越高。采用电阻取样方式的电流检测电路较少，且常用在中小功率变频器中，大多数变频器采用电流互感器。

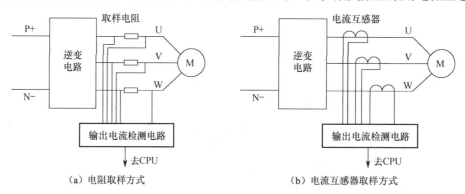

图 14-7　输出电流的两种取样方式

（2）电流互感器

早期的变频器检测输出电流多采用普通的电流互感器，其结构如图 14-8（a）所示。当有电流通过导线时，会产生环形磁场，磁环中有磁感线通过，绕在磁环上的线圈会产生感应电动势。如果给线圈外接电路，线圈就会输出电流流入电路，导线通过的电流越大，线圈输出的电流就越大。

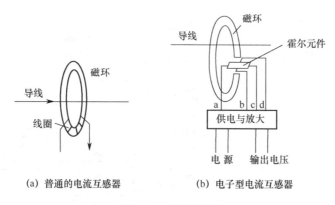

图 14-8　电流互感器

现在越来越多的变频器采用电子型电流互感器，其结构如图 14-8（b）所示。当导线中有电流通过时，磁环中会有磁感线通过，在磁环上开有一个缺口，在缺口内放置一种对磁场敏感的元件——霍尔元件，磁环的磁感线会穿过霍尔元件。如果在霍尔元件一个方向通入电流，当有磁场穿过霍尔元件时，霍尔元件会在另一个方向产生电压。在通入电流不变的情况下，磁环的磁场越强，霍尔元件产生的电压越高，该电压经放大后送去电流检测电路。

（3）输出电流检测电路

图 14-9 所示是一种典型的输出电流检测电路。

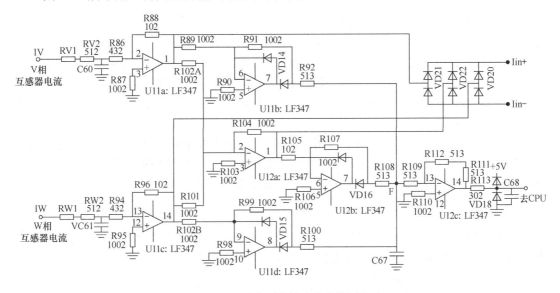

图 14-9　一种典型的输出电流检测电路

来自 V、W 相电流互感器的 IV、IW 电流经 RC 元件滤除高频干扰信号后，分别送到 U11a、U11c 的 2、13 脚，放大后分别从 1、14 脚输出。U11a 的 1 脚输出的 IV 信号分作三路：第一路去 VD20～VD22 构成的三相整流电路；第二路经 R89 去 U11b 的 6 脚；第三路经 R102A 去 U12a 的 2 脚。U11c 的 14 脚输出的 IW 信号也分作三路：第一路去 VD20～VD22 构成的三相整流电路；第二路经 R102B 去 U11d 的 9 脚；第三路经 R101 去 U12a 的 2 脚。

IV、IW 信号在 U12a 的 2 脚混合成 IU 信号，经 U12a 放大后从 1 脚输出，送到三相整流电路。IV、IW、IU 三路信号经三相整流电路汇合成一路总直流电流，从 Iin+、Iin-端送到后级电路进行进一步的处理。如果逆变电路输出电流过大，从 Iin+、Iin-端送往后级电路的电流也很大，后级电路会得到一个反映过电流的电平信号送给 CPU，CPU 则做出停机控制。

U11b 6 脚的 IV 信号经 U11b 与 VD14 组成的精密半波整流电路取出半周 IV 信号，通过 R92 送到 F 端；U11d 9 脚的 IW 信号经 U11d 与 VD15 组成的精密半波整流电路取出半周 IW 信号，通过 R100 送到 F 端；U12b 6 脚的 IU 信号经 U12b 与 VD16 组成的精密半波整流电路取出半周 IU 信号，通过 R108 送到 F 端。IV、IW、IU 三路半周信号在 F 端汇合成一个电压信号，经 R109 送到 U12c 的 13 脚，放大后从 14 脚输出去 CPU。逆变电路输出电流越大，从 14 脚输出送给 CPU 的电压幅度越大，CPU 根据该电压值按比例计算出实际输出电流大小，并通过显示器显示出来。

该电路常见故障为变频器报过电流或无法显示输出电流。

对于变频器报过电流故障，应检查与过电流检测有关的电路，如 U11a、U11c、U12b 及有关外围元件，电子型电流互感器损坏也可能会出现报过电流故障。

对于无法显示输出电流故障，应检查与电流大小检测有关的电路，如 U11b、U11d、U12a、U12c 及有关外围元件。

 ## 14.1.3　温度检测电路及检修

逆变电路的 IGBT 和整流电路的整流二极管都在高电压、大电流下工作，电流在通过这些元件时有一定的损耗而使元件发热，因此通常需要将这些元件安装在散热片上。由于散热片的散热功能有限，有些中、大功率变频器还会使用散热风扇对散热片进一步散热。如果电路出现严重的过电流或散热不良（如散热风扇损坏），元件温度可能会上升很高而烧坏。为此变频器常设置温度检测电路来检测温度，当温度过高时，CPU 则会进行停机保护。

对于一些小功率机型，如果采用模块化的逆变电路和整流电路，在模块中通常已含有温度检测电路；对于中、大功率的机型，一般采用独立的温度检测电路，并且将温度传感器安装在逆变电路和整流电路附近，如安装在这些电路的散热片上。

1．不带风扇控制的温度检测电路及检修

有些变频器通电后就给散热风扇供电，让风扇一直运转，温度检测电路不对散热风扇进行控制。常见的不带风扇控制的温度检测电路如图 14-10 所示。

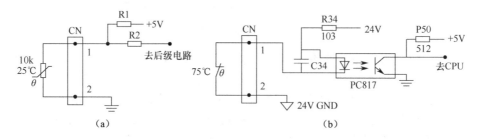

图 14-10　常见的不带风扇控制的温度检测电路

图 14-10（a）采用热敏电阻作为温度传感器，当逆变电路或整流电路温度上升时，该电阻阻值会发生变化，送到后级电路的电压也会变化。当温度上升到一定值时，后级电路会将经 R2 送来的电压处理成一个电平信号送给 CPU，CPU 会做出 OH（过热）报警并停机保护。

图 14-10（b）采用温控继电器作为温度传感器，在常温下该继电器触点处于闭合状态，当温度上升超过 75℃时，触点断开，光电耦合器 PC817 截止，电路会送一个高电平信号给 CPU，CPU 会做出 OH（过热）报警并停机保护。

该电路常见故障为变频器报 OH（过热）。以图 14-10（b）所示电路为例，变频器报 OH 故障原因有：

① 温度继电器触点开路。

② 光电耦合器 PC817 开路。

③ R34 开路，C34 短路。

2．带风扇控制的温度检测电路及检修

带风扇控制的温度检测电路可在温度低时让风扇停转，在温度高时运转，温度越高让风扇转速越快，当温度过高时让 CPU 发出 OH（过热）报警，并停机保护。图 14-11 所示是一种典型的带风扇控制的温度检测电路。

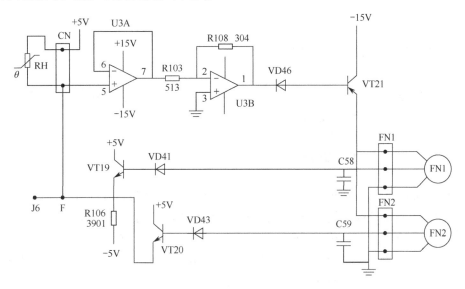

图 14-11　一种典型的带风扇控制的温度检测电路

图 14-11 采用一只负温度系数热敏电阻（阻值变化与温度变化相反，温度上升阻值减小）作为温度传感器。在变频器刚开始运行时，热敏电阻 RH 温度低阻值大，U3A 的 5 脚为负压，7 脚输出也为负压，U3B 的 2 脚输入为负压，1 脚输出为正压，二极管 VD46 截止，三极管 VT21 截止，散热风扇无电流通过不工作。变频器工作一段时间后，RH 温度升高阻值减小，U3A 的 5 脚为正压，7 脚输出也为正压，U3B 的 2 脚输入为正压，1 脚输出为负压，二极管 VD46 导通，三极管 VT21 导通，散热风扇有电流流过而开始运转。热敏电阻 RH 温度越高，其阻值越小，U3A 的 5、7 脚电压越高，U3B 的 1 脚电压越低，VT21 导通程度越深，流过风扇的电流越大，风扇转速越快。风扇运转一段时间后，RH 温度下降阻值增大，U3A 的 5 脚为负压，U3B 的 1 脚输出为正压，VD46、VT21 截止，散热风扇无电流通过停转。散热风扇按这种间歇方式工作可提高使用寿命。

在三线散热风扇运转过程中，风扇内部电路会输出运转信号，经 VT19、VT20 放大后从 J6 端去后级电路做进一步处理，再送至 CPU，告之风扇处于运行状态。当热敏电阻 RH 开路或风扇出现故障停转时，F 端电压很低，该电压经后级电路处理后会形成一个电平信号去 CPU，CPU 做出 OH 报警并停机保护。

该电路常见故障有：风扇不转、报 OH 故障；风扇不转、不报 OH 故障。

对于风扇不转、报 OH 故障可能原因有：

① VT21、VD46 开路，无法为风扇供电，风扇不转无法散热，整流和逆变模块温度上升引起报 OH 故障。

②U3A、U3B 及其外围元件损坏，无法为 VT21 基极提供低电平。

对于风扇不转、不报 OH 故障可能原因有：

①温度传感器 RH 短路，U3A 的 5 脚电压很高，U3B 的 1 脚输出为高电平，风扇不转。另外，因为 RH 短路使 F 端电压很高，不会报 OH 故障。由于风扇不转无法散热，而 CPU 又不能接收到 OH 检测信号进行保护，整流和逆变模块容易因温度上升而烧坏。

②VT19 或 VT20 短路，F 端电压很高，CPU 不报 OH；同时 U3A 的 5 脚电压很高，U3B 的 1 脚输出为高电平，风扇不转。

14.2 CPU 电路详解与检修

CPU 电路是指以 CPU 为中心的电路，具体可分为 CPU 基本电路、外部输入/输出端子接口电路、内部输入/输出电路等。

14.2.1 CPU 基本电路及检修

CPU 基本电路包括 CPU 工作必需的供电电路、复位电路和时钟电路。此外，有些变频器的 CPU 还具有外部存储电路、面板输入及显示电路和通信接口电路。

图 14-12 所示是一种典型的 CPU 基本电路，它既含有 CPU 必备的供电电路、复位电路和时钟电路，也含有 CPU 常备的外部存储电路、面板输入及显示电路和通信接口电路。

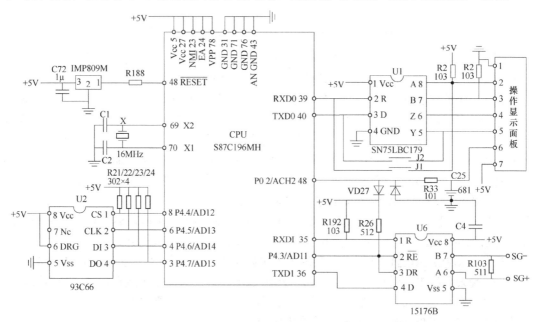

图 14-12　一种典型的 CPU 基本电路

1. CPU 必备电路及检修

（1）电路分析

CPU 必备电路是指 CPU 工作时必须具备的电路，这些电路不管缺少哪一个，CPU

都不能工作。CPU 必备电路有供电电路、复位电路和时钟电路。

① 供电电路。CPU 的 5、27 脚为电源脚，由电源电路送来的+5V 电压连接到这些脚，为内部电路供电。对于一些不用并且需要接高电平的引脚，通常与电源脚一起接+5V 电压。

② 时钟电路。CPU 内部有大量的数字电路，这些电路工作时需要通过时钟信号进行控制。CPU 的 69、70 脚外接 C1、C2 和晶振 X，它们与内部电路一起构成时钟振荡电路，产生 16MHz 的时钟信号，控制内部的数字电路有条不紊地工作。

③复位电路。CPU 内部的数字电路很多，在 CPU 通电时内部各电路的状态比较混乱，复位电路的作用是产生一个复位信号提供给各数字电路，使其全部恢复到初始状态。复位信号的作用类似于学校的上课铃声，铃声一响，学校所有学生都会马上回到教室坐好，等待老师上课。CPU 的 48 脚为复位信号输入引脚，IMP809M 为复位专用芯片，当+5V 电压提供给该芯片时，芯片马上送一个低电平到 CPU 的 48 脚，对内部数字电路进行复位。复位完成后，复位芯片送高电平到 48 脚，在正常工作时 CPU 的 48 脚为高电平。

（2）故障特征及检修

① 故障特征。CPU 必备电路典型的故障特征为：上电后操作面板无显示或显示一些固定的字符，操作面板所有按键失灵。

②故障检修。当 CPU 的三个必备电路有一个不正常时，CPU 均不会工作，因此遇到 CPU 不工作时，应先检查其三个必备工作电路。

a. 测量 CPU 的电源脚有无+5V 电压，若无，检查其供电电路。

b. 测量 CPU 的复位脚（48 脚）电压，正常应为+5V，若电压不正常，检查 R188、C72 和复位芯片 IMP809M。该 CPU 采用低电平复位，即开机瞬间复位电路为复位脚提供一个低电平，然后恢复为高电平（+5V），因此即使测得复位脚为+5V，也不能说明复位电路一定正常，可采用人工复位的方法来进一步判别。用一根导线将复位脚与地瞬间短路，如果 CPU 马上工作（操作面板内容发生变化），说明复位电路有故障，应检查复位电路。如果 CPU 采用高电平复位，可用导线瞬间短路复位脚与电源脚来人工复位。

c. 在检查时钟电路时，如果条件允许，可用示波器测量时钟脚（69、70 脚）有无时钟脉冲，也可用万用表测量时钟脚电压，正常 69 脚为 2V，70 脚为 2.3V；如果电压不正常，可检查 C1、C2 是否损坏。对于晶振，无法测量其是否开路，可通过更换来判别。

如果 CPU 的三个必备电路都正常，而 CPU 又不工作，则通常为 CPU 损坏。

2. CPU 常备电路及检修

CPU 常备电路是指为了增强和扩展 CPU 的功能而设置的一些电路，CPU 缺少这些电路仍可工作，但功能会减弱。CPU 常备电路主要有外部存储电路、面板输入及显示电路和通信接口电路等。

① 外部存储电路。CPU 内部有 ROM（只读存储器）和 RAM（随机存储器），ROM 用来存储工厂写入的程序和数据，用户无法修改，断电后 ROM 中的内容不会消失；RAM 用来存放 CPU 工作时产生的一些临时数据，断电后这些数据会消失。在使用变频器时，经常需要修改一些参数并且将修改后的参数保存下来，以便变频器下次工作时仍按这些参数工作，这就需要给 CPU 外接另一种存储器——EEPROM（电可编程存储器）。这种存储器中的数据可以修改，并且断电后数据可保存下来，EEPROM 用来存放用户可修改的程

序数据。

U2（93C66）为 EEPROM 芯片，它通过四个引脚与 CPU 连接。CS 为片选引脚，当 CPU 需要读写 U2 中的数据时，必须给 CS 引脚送一个片选信号来选中该芯片，然后才能操作该芯片；DI 为数据输入引脚，CPU 的数据通过该引脚送入 U2；DO 为数据输出引脚，U2 中的数据通过该引脚送入 CPU；CLK 为时钟引脚，CPU 通过该引脚将时钟信号送入 U2，使 U2 内部数字电路工作步调与 CPU 内部电路保持一致。

外部存储电路的典型故障特征为：变频器操作运行正常，也能修改参数，但停电后参数无法保存。

外部存储器不工作的原因有：

a. 外部存储器供电不正常。

b. 外部存储器与 CPU 之间的连线开路，或者连线的上拉电阻损坏。

c. 外部存储器损坏。

② 面板输入及显示电路。为了实现人机交互功能，变频器一般配有操作显示面板，在操作显示面板中含有按键、显示器及有关电路。CPU 往往不能直接与操作显示面板通信，它们之间需要加设接口电路。U1（SN75LBC179）为 CPU 与操作显示面板的通信接口芯片，当操作面板上的按键时，面板电路会送信号到 U1 的 A、B 脚，经 U1 转换处理后从 R 脚输出去 CPU 的 RXD0（接收）脚；在变频器工作时，CPU 会将机器的有关信息数据通过 TXD0（发送）脚送入 U1 的 D 脚，经 U1 转换后从 Z、Y 脚输出去面板电路，面板显示器将机器有关信息显示出来。

面板输入及显示电路常见故障有：面板按键输入无效，显示器显示不正常（如显示字符缺笔画）。如果仅个别按键输入无效，可检查这些按键是否接触不良；如果所有按键均失效，则可能是面板电路损坏。显示器出现字符缺笔画现象一般是因为显示器个别引脚与显示驱动电路接触不良；如果显示器不显示，则可能是显示驱动电路无供电或损坏。如果操作面板不正常，更换新面板后故障依旧，则可能是面板与 CPU 之间的接口电路 U1 及外围元件有故障。

③ 通信接口电路。在一些自动控制场合需要变频器与一些控制器（如 PLC）进行通信，由控制器发出指令控制变频器工作。为适应这种要求，变频器通常设有 RS-485 通信端口，外部设备可使用该通信端口与变频器 CPU 通信。U6（15176B）为 RS-485 收发接口芯片，它能将 CPU 发送到 R 脚的数据转换成 RS-485 格式的数据从 A、B 脚送出，去外部设备，也可以将外部设备送到 A、B 脚的 RS-485 格式的数据转换成 CPU 可接受的数据，从 D 脚输出，去 CPU 的 TXD1 脚。U6 的 RE、DR 引脚为通信允许控制端。

通信接口电路的典型故障特征为：变频器无法通过通信端口与其他设备通信。在检查时，先要检查通信端口是否接触良好，再检查收发接口芯片 U6 及其外围元件。

 ### 14.2.2　外部输入/输出端子接口电路及检修

变频器有大量的输入/输出端子，图 14-13 所示为典型的变频器输入/输出端子图，除 R、S、T、U、V、W、PI、P、N 端子内接主电路外，其他端子大多通过内部接口电路与 CPU 连接。与 CPU 连接的端子可分为两类：数字量输入/输出端子和模拟量输入/输出端子。

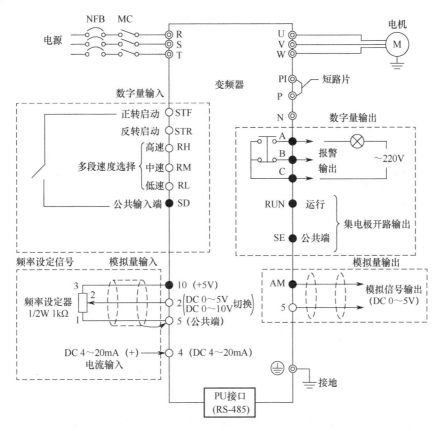

图 14-13　典型的变频器输入/输出端子图

1. 数字量端子接口电路及检修

数字量端子又称开关量端子，用于输入或输出 ON、OFF（即开、关）信号。例如，在图 14-13 中的 STF 端子为数字量输入端子，A 端子为数字量输出端子。当 STF、SD 端子之间的开关闭合时，变频器的 STF 端子输入为 ON，变频器驱动电机正转。如果 A 端子输出为 ON，则 A、C 端子内部开关闭合，A 端子外接灯泡会被点亮，由于 A、B 端子内部开关是联锁的，A、C 内部接通时 B、C 内部断开。

（1）电路分析

CPU 的数字量端子接口电路如图 14-14 所示。

S1～S6 为数字量输入端子，COM（相当于图 14-13 中的 SD）为数字量输入公共端子，变频器可通过 24V 端子往外部设备供电。当 S1、COM 端子之间的外部开关闭合时，有电流从 S1 端子流出，电流途径是：+24V→光电耦合器 U22 的发光管→R182→S1 端子→外部开关→COM 端子→地（24V 负），有电流流过光电耦合器 U22，U22 导通，给 CPU 的 20 脚输入一个低电平。CPU 根据该脚预先的定义执行相应程序，再发出相应的驱动或控制信号。比如 S1 端子定义为反转控制，CPU 的 20 脚接到低电平后知道 S1 端子输入为 ON，马上送出与正转不同的反转驱动脉冲去逆变电路，让逆变电路输出与正转不同的三相反转电源，驱动电机反向运转。

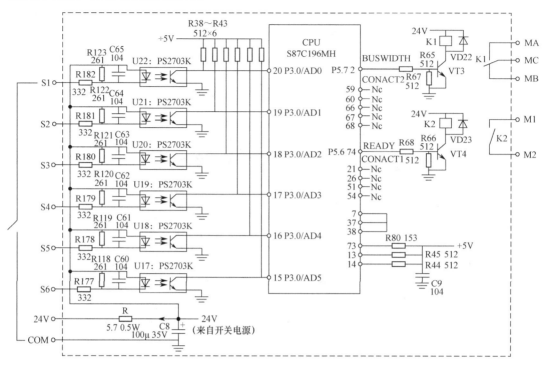

图 14-14　CPU 的数字量端子接口电路

MA、MC、MB、M1、M2 为数字量输出端子。当 CPU 的 2 脚输出高电平时，三极管 VT3 导通，有电流流过继电器 K1 线圈，K1 常开触点闭合、常闭触点断开，结果 MA、MC 端子内部接通，而 MB、MC 端子内部断开。

（2）故障检修

① 某数字输入端子输入无效。这种故障由该数字输入端子接口电路损坏所致。以 S1 端子输入无效为例，检查时测量 CPU 20 脚，正常应为高电平，然后将 S1 端子外接开关闭合，20 脚电压应降为低电平。如果闭合开关后 20 脚电压仍为高电平。则可能是 R182 开路，光电耦合器 U22 短路，R123、C65 短路。

② 所有的数字输入端子均无效。这种故障由数字输入端子公共电路损坏所致。先检测数字输入端子接口电路的+24V 电源是否正常，若不正常，可检测 C8 是否短路；如果 C8 正常，应检查开关电源 24V 电压输出电路。另外，接口电路的+5V 电压不正常、COM 端子开路，也会导致该故障的出现。

③ 某数字输出端子无法输出。这种故障由该数字输出端子接口电路损坏所致。以 M1、M2 端子为例，在 VT4 的基极与+5V 电源之间串接一个 2kΩ 的电阻，为 VT4 基极提供一个高电平，同时测量 M1、M2 端子是否接通。如果两端子接通，表明 VT4 及继电器 K2 正常，故障在于 R68 开路或 CPU 74 脚内部电路损坏；如果两端子不能接通，应检查 VT4、继电器 K2 和两端子等。在确定某输出端子是否有故障前，一定要明白该端子在何种情况下有输出，只有在该情况下无输出时才能确定该端子接口电路有故障。

2. 模拟量端子接口电路及检修

（1）电路分析

模拟量端子用于输入或输出连续变化的电压或电流。CPU 的模拟量端子接口电路如图 14-15 所示。

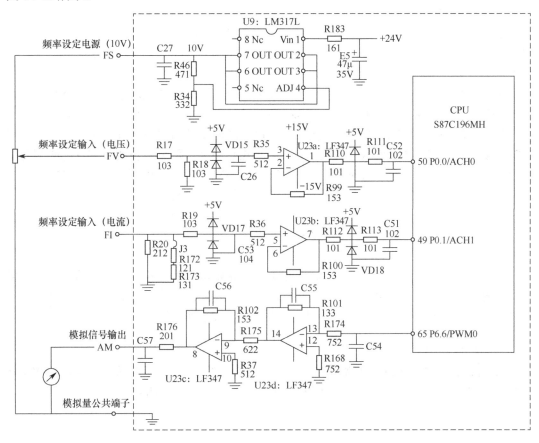

图 14-15 CPU 的模拟量端子接口电路

FS 为频率设定电源输出端，变频器内部 24V 电压送入 U9 的 1 脚，经稳压调整后从 7 脚输出 10V 电压，再送到 FS 端子。

FV 为频率设定输入（电压）端子，该端子可以输入 0～10V 电压，先经 R17、R18 分压成 0～5V 电压，再经由 U23a 送到 CPU 的 50 脚。FV 端子输入电压越高，CPU 的 50 脚输入电压也越高，CPU 会送出高频率的驱动脉冲去逆变电路，驱动逆变电路输出高频率的三相电源，让电机转速更高。在使用电压方式调节输出频率时，通常在 FV 端子和模拟量公共端子之间接一个 1kΩ 的电位器，电位器的滑动端接 FV 端子，调节电位器即可调节变频器输出三相电源的频率。

FI 为频率设定输入（电流）端子，该端子可以输入 0～20mA 电流，电流流过 R20、R172、R173 时，在电阻上会得到 0～5V 的电压，电压经 U23b 送到 CPU 的 49 脚。FI 端子输入电流越大，CPU 的 49 脚输入电压越高，CPU 会送出驱动脉冲使逆变电路输出高频率的三相电源，让电机转速变快。

AM 为模拟信号输出端子，可以输出 0～10V 电压，常用于反映变频器输出电源的频率，输出电压越高，表示输出电源频率越高。当该端子外接 10V 量程的电压表时，可以通过该表监视变频器输出电源的频率变化情况。

（2）故障检修

① 使用模拟输入端子无法调节变频器的输出频率。该故障由模拟量输入接口电路损坏所致。以 FV 端子为例，如果调节 FV 端子外接电位器无法调节变频器输出频率，应先测量 FS 端子有无 10V 电压输出，若无电压输出，可检查稳压器 U9 及其外围元件。若 FS 端子有 10V 电压输出，可调节 FV 端子外接的电位器，同时测量 CPU 50 脚电压，正常 50 脚电压有变化，若电压无变化，故障应为 FV 端子至 CPU 50 脚之间的电路损坏，如 R17、R35、R110、R111 开路，C26、C52 短路，或者 U23a 及其外围元件损坏。

② 模拟信号端子无信号输出。该故障由模拟量输出接口电路损坏所致。在调节变频器输出频率时，AM 端子电压应发生变化，如果电压不变，可进一步测量 CPU 65 脚电压是否变化，若电压变化，故障应在 CPU 65 脚至 AM 端子之间的电路损坏，如 R174、R175、R176 开路，C54、C57 短路，U23c、U23d 及其外围元件损坏。

 14.2.3　内部输入/输出电路及检修

CPU 是变频器的控制中心，在输入方面，它除要接收外部端子输入信号外，还要接收反映内部电路情况的信号（如内部电路过流、过压等）；在输出方面，它除要往外部输出端子输出信号外，还要发出信号控制内部电路（如发出驱动脉冲）。

1. 输入检测电路及检修

输入检测电路用来检测变频器某些电路的状态及工作情况，并告之 CPU，以便 CPU 做出相应的控制。图 14-16 所示是一种典型的 CPU 输入检测电路，其输入检测内容较全面。

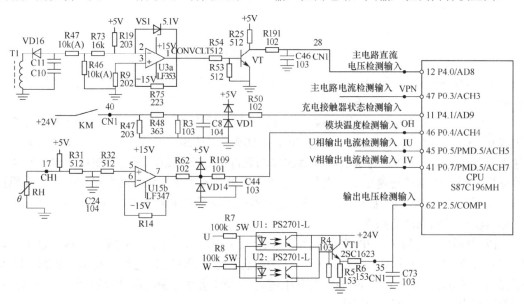

图 14-16　一种典型的 CPU 输入检测电路

（1）主电路直流电压检测输入电路

开关变压器 T1 次级线圈上负下正电动势经 VD16 对 C11、C10 充电，在电容上充得上负下正的负压，送到 U3a 反相放大后输出，去三极管 VT 的基极，放大后送到 CPU 的 12 脚，CPU 根据 12 脚电压来判断主电路电压的高低。主电路直流电压越高，C11、C10 上的负压越高，VT 基极的正压越高，CPU 的 12 脚电压越低。

该电路常见故障为变频器报欠电压（LU）或过电压（OU）。当 VD16、R47、R73 开路时，U3a 的 2 脚电压很高，1 脚输出低电平，三极管 VT 截止，CPU 12 脚电压很高，CPU 会误以为主电路电压很低而报 LU；另外，R54、VT 开路也会使 CPU 12 脚电压很高。当 VT、C46 短路或 R25 开路时，CPU 12 脚电压很低，CPU 会报 OU。

（2）充电接触器状态检测输入电路

变频器在刚通电时，输入电源通过整流电路和充电电阻对储能电容充电，当储能电容两端电压达到一定值时，让充电接触器触点闭合。变频器正常工作时，整流电路始终通过接触器触点对储能电容充电，如果正常工作时接触点处于断开状态，储能电容充电仍需经过充电电阻，充电电流较小，电容两端电压偏低，主电路不能正常工作。为此，有些变频器设有充电接触器状态检测输入电路，在变频器正常工作时如果 CPU 检测到充电触点仍断开，则停机保护。在图 14-16 中，由开关电源为充电接触器 KM 的触点提供+24V 电压，如果触点处于断开状态，CPU 的 11 脚输入为低电平，触点闭合时 CPU 的 11 脚输入为高电平。

该电路常见故障为变频器报充电接触器故障或欠电压故障。例如，当 R48、R50 开路，C8 短路时，都会使 CPU 的 11 脚输入为低电平，CPU 会误以为充电接触器触点未闭合，而做出充电接触器故障报警。

（3）模块温度检测输入电路

RH 为温度检测传感器（热敏电阻），当模块温度变化时，RH 的阻值会发生变化，U15b 的 5 脚电压也会变化，送到 CPU 46 脚的电压随之变化。如果模块温度过高，会使 CPU 46 脚电压达到一定值，CPU 则认为模块温度过高，会做出过热报警，并停机保护。

该电路常见故障为变频器报过热（OH）故障。当变频器报 OH 故障时，可检查整流和逆变模块是否真正过热，若温度正常，应检查 CPU 46 脚外围的温度检测电路。在检查时，用导线短路温度传感器 RH，同时测量 CPU 46 脚电压有无变化，若无变化说明 RH 至 CPU 46 脚之间的电路不正常，因为该电路无法将 RH 阻值变化引起的电压变化传递给 CPU；若有变化则可能是温度传感器损坏。

（4）输出电压检测输入电路

由输出电压检测电路送来的 U、W 相检测电平送到光电耦合器 U1、U2，U1、U2 导通。如果输出电压过高，U、W 检测电平为高电平，U1、U2 导通，三极管 VT1 也导通，CPU 的 62 脚得到一个高电平信号。

该电路常见故障为变频器报过电压故障。例如，U1、U2 的光敏管短路，VT1 短路，CPU 62 脚输入高电平，而做出过电压报警。

（5）其他输入电路

CPU 还具有检测主电路输入电流，逆变电路 U、V 相输出电流等功能，具体检测电路可参见 10.1 节内容。

2. CPU 驱动脉冲输出电路及检修

（1）电路分析

逆变电路工作所需的六路驱动脉冲由 CPU 提供，由于 CPU 输出的驱动脉冲幅度较小，故通常需要将 CPU 输出的驱动脉冲先进行一定程度的放大，再送到驱动电路。CPU 驱动脉冲输出电路如图 14-17 所示，74LS07 为六路缓冲放大器，它将 CPU 送来的六路驱动脉冲放大后输出，送至驱动电路。

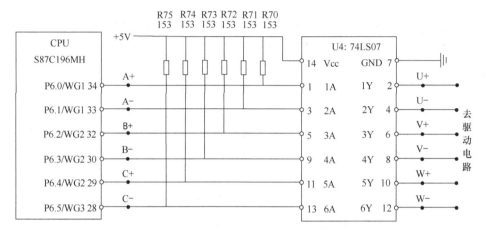

图 14-17　CPU 驱动脉冲输出电路

（2）故障检修

CPU 驱动脉冲输出电路常见故障及原因如下。

① 三相输出断相、电机剧烈振动。当缺少一路或两路驱动脉冲时，会出现这种故障。例如，缺少 A+脉冲的可能原因有 R70 开路，U4 的 1、2 脚之间的放大器损坏。驱动电路有一个特点：在驱动脉冲输入期间，IGBT 压降检测有效，而无驱动脉冲输入时，IGBT 保护电路检测无效。因此，当驱动电路缺少一路或两路驱动脉冲输入时，并不会报出 OC 故障。

② 操作面板有输出频率显示，但变频器无三相电压输出。面板有输出频率显示，说明 CPU 已输出驱动脉冲，变频器无三相电压输出的原因在于 CPU 送出的驱动脉冲未送到驱动电路，出现这种情况可能是 U4 供电不正常或 U4 损坏。

3. 控制信号输出电路及检修

控制信号输出电路的功能是 CPU 根据有关输入信号或内部程序的要求，送出控制信号去控制有关电路。图 14-18 所示是一种变频器的控制信号输出电路。

CPU 的 52 脚为驱动电路复位信号输出端。当驱动电路采用某些芯片（如 A316J）时，如果 IGBT 出现过电流（OC），这些芯片将会锁定，即使 OC 现象消除仍不会为 IGBT 提供驱动脉冲，需要 CPU 为这些芯片提供复位信号重新开通驱动电路。当 OC 故障消除后，CPU 的 52 脚会送出一个复位信号到驱动电路有关芯片的复位端，使这些芯片解除锁定，重新开始工作。

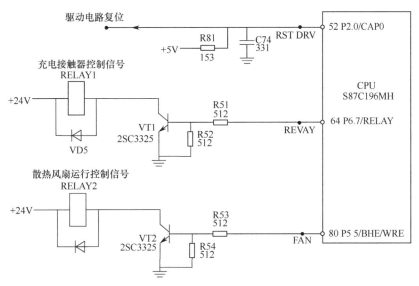

图 14-18　一种变频器的控制信号输出电路

驱动复位电路损坏的表现为变频器报 OC 故障，如果排除 OC 故障后仍无法继续工作，应检查 R81 是否开路，C74 是否短路。

CPU 的 64 脚为充电接触器控制端。在变频器刚接通电源时，输入电源经整流电路、充电电阻对储能电容充电，由于充电电阻的限流作用，充电电流较小，这样不容易损坏整流电路。当 CPU 通过主电路电压检测电路知道储能电容两端电压达到一定值时，从 64 脚输出高电平，三极管 VT1 导通，有电流流过充电接触器线圈，接触器触点闭合，以后整流电路通过接触器触点对储能电容充电。VD5 为阻尼二极管，用于吸收三极管 VT1 由导通转为截止时线圈产生的左负右正的反峰电压，防止其击穿 VT1。

充电接触器控制电路损坏的故障表现为充电接触器触点无法闭合，应检查 R51、VT1 和接触器线圈是否开路，+24V 电压是否丢失。

CPU 的 80 脚为散热风扇运行控制端。CPU 通过温度检测电路探测整流和逆变电路的温度，当温度上升到一定值时，CPU 从 80 脚输出高电平，VT2 导通，有电流流过继电器线圈，继电器触点闭合，为散热风扇接通电源，让散热风扇对有关模块降温。

散热风扇运行控制电路损坏的故障表现为风扇不会运转，应检查 R53、VT2 和继电器线圈是否开路，+24V 电压是否丢失。